Wissenschaft und Kultur, Band 29

# CONVIVIUM COSMOLOGICUM

## Interdisziplinäre Studien

HELMUT HÖNL
zum 70. Geburtstag

herausgegeben von ANASTASIOS GIANNARÁS

1973
BIRKHÄUSER VERLAG BASEL
UND STUTTGART

ISBN 3-7643-0675-0

Gedruckt mit Unterstützung des Kultusministeriums Baden-Württemberg

# Inhaltsverzeichnis

# Der Weg zum «Convivium»

All science is cosmology, I believe, and for me the interest of philosophy, no less than of science, lies solely in its bold attempt to add to our knowledge of the world, and to the theory of our knowledge of the world.
KARL R. POPPER,
*Conjectures and Refutations*

Die Genesis der vorliegenden Studien zur Kosmologie geht auf folgenden Anlaß zurück: Im Wintersemester 1971/72 hat sich im Rahmen meiner philosophischen Lehrveranstaltungen an der Universität Freiburg i. Br. ein interdisziplinärer Arbeitskreis gebildet aus Kollegen, Doktoranden, Studenten und philosophisch interessierten Gästen, in dessen Mittelpunkt das Thema «Grundtypen der Kosmologie» stand. Da es die Absicht des Arbeitskreises war, die Kosmologie nicht nur in ihrer philosophischen, sondern auch in ihrer wissenschaftlichen Grundtypik zu erörtern, wandte er sich an HELMUT HÖNL mit der Bitte, die Einführung in die Errungenschaften der kosmologisch orientierten Physik zu übernehmen. HÖNL hat sich in zwei Semestern dieser Aufgabe in einer Weise bemächtigt, die eindeutig erkennen ließ, welche Unterschiede, aber auch welche erstaunliche Kontinuität die Fragestellung der philosophischen und der wissenschaftlichen Kosmologien beherrschten. Seinem klaren Sinn für die Geschichte des Denkens und der Wissenschaft ist es zu verdanken, daß – sei es am Leitfaden des Problems der Endlichkeit oder Unendlichkeit des Kosmos, sei es hinsichtlich des herakliteischen Gedankens der ἁρμονίη ἀφανής – der Dialog zwischen den voneinander entfremdeten Weltsystemen der Antike und der Neuzeit, einschließlich der Gegenwart, neu hergestellt und fruchtbar gemacht werden konnte.

Ursprünglich war es geplant, die aus dieser interdisziplinären Zusammenarbeit entstandenen Anregungen in einem Sammelband erscheinen zu lassen. Da HÖNL jedoch auf die Vollendung desjenigen Alters zuging, die Freunde und Schüler veranlaßt, ihre dankbare Anerkennung dem vollbrachten Werk gegenüber und ihre Verbundenheit mit der Person zu bekunden, schien es angemessener zu sein, die geplante Veröffentlichung in eine Festschrift zu seinem siebzigsten Geburtstag am 10. Februar 1973 umzuwandeln. Dazu war es nötig, den Freiburger Kreis der Mitarbeiter so auszuweiten, daß auch auswärtigen Kollegen, Freunden und ehemaligen Schülern des Jubilars die Möglichkeit gegeben werden konnte, an unserem «Convivium» teilzunehmen. Dabei wurden die Autoren gebeten, nach Möglichkeit an der kosmologischen Problematik und an dem interdisziplinären Charakter der Schrift festzuhalten. Denn mit dieser Schrift sollte nicht allein der fachwissenschaftlichen Seite von HÖNLS Werk, sondern der ganzen Person, die sich durch Offenheit für alle Richtungen des Geistes auszeichnet, unsere Ehre erwiesen werden.

Die Bereitwilligkeit, mit der sich Physiker, Philosophen, Philologen und Kunstbetrachter in diesem *Convivium cosmologicum* zusammengefunden haben, bezeugt, daß HÖNLS Bemühungen, die durch eingewurzelte Vorurteile zementierte Trennung von Natur- und Geisteswissenschaften zu durchbrechen, nicht ohne Echo geblieben sind. Ihnen allen gilt mein verbindlicher Dank.

Dem Birkhäuser Verlag ist desgleichen für seine Bereitschaft besonders zu danken, das *Convivium cosmologicum* mit der ihm entsprechenden drucktechnischen Ausstattung in die Reihe *Wissenschaft und Kultur*, die gleichgerichtete interdisziplinäre Zwecke verfolgt, aufzunehmen. Meinen weiteren Dank spreche ich dem Kultusministerium des Landes Baden-Württemberg für die Bewilligung eines Zuschusses zu den Druckkosten aus. Dem Verlag E. Battenberg, München, danke ich für die Erlaubnis, die *Rückerinnerung* HÖNLS wieder abzudrucken; außerdem danke ich W. ERNST BÖHM, Ludwigshafen, für seine Bereitschaft, das von ihm hergestellte Bild HÖNLS verwenden zu dürfen.

Wenn ich hier den Autoren nicht nur für ihre Beiträge, sondern auch für ihre ständige Mitwirkung beim Zustandekommen des Bandes noch einmal danken soll, so gilt dieser Dank an erster Stelle HEINZ DEHNEN, Konstanz, für seine wertvollen Bemühungen um die Zusammenstellung der kosmologisch-physikalischen Beiträge und für sein waches Interesse am Gelingen des Vorhabens. Der zweite, dem ich schließlich meinen herzlichen Dank aussprechen möchte, ist ALBRECHT RIETHMÜLLER, Freiburg i. Br., dessen Hilfe und Sorgfalt bei der Durchführung der Korrespondenz, der Redaktion und der Korrekturen nicht genug hervorgehoben werden kann.

Freiburg i. Br., Januar 1973 — ANASTASIOS GIANNARÁS

# Kosmologie und Empirie

## Hippokrates, De prisca medicina: Ein Beitrag der griechischen Medizin zur Methodik der Naturerklärung

Karin Alt

Die Versuche der frühen griechischen Philosophen, die Welt in ihrem Entstehen, ihrer Existenz, ihrer Vielfalt und ihrem Wandel zu erklären, zielen auf eine rationale Deutung der Phänomene, bei der die mythischen Vorstellungen etwa Hesiods oder auch die halbmythische allegorische Weltinterpretation eines Pherekydes von Syros aufgegeben worden sind[1]. Die Frage allerdings, wieweit die Empirie eine wesentliche Funktion innerhalb dieser rationalen Konzeptionen erfüllte, ist schwer detailliert zu beantworten. Zwar ging man offensichtlich von Beobachtungen aus, von erkannten oder vermeintlich erkannten Fakten, und suchte sie in ein kosmologisches Modell einzuordnen, aber die Deutung, die man dem Beobachteten gab, die Schlüsse, die man daraus zog, gehören ins Reich der Spekulation, und für uns erscheinen die Erklärungen, die man fand, die Konstruktionen, die man erstellte, oft allzu phantastisch. Hier sei dafür nur an die Lehren über die Gestirnbahnen erinnert: Anaximander vermutet in dunklen Dunst gehüllte Feuerräder, bei denen durch Öffnungen in der Dunsthülle der Feuerschein der Sterne nach außen dringt; für Anaximenes sind die Sterne feurige Blätter, die in der Luft schweben[2]. Auch über die Motive, die zur Ausbildung bestimmter Anschauungen führten, wissen wir bei den frühesten Philosophen

1 Aristoteles läßt die griechische Philosophie mit Thales beginnen (*Metaph.* A 3, 983 b 20 ὁ τῆς τοιαύτης ἀρχηγὸς φιλοσοφίας) und räumt Männern wie Pherekydes eine Zwischenstellung zwischen Mythos und Philosophie ein (*Metaph.* N 4, 1091 b 8 τῷ μὴ μυθικῶς ἅπαντα λέγειν). Im allgemeinen ist man ihm darin bis heute gefolgt; O. Gigon allerdings möchte in Hesiod den ersten Philosophen sehen (*Der Ursprung der griechischen Philosophie*, 1945, 13 ff.).

2 Anaximander VS 12 A 11,4; Anaximenes VS 13 A 7,4 und A 14.

3 *Metaph.* A 3, 983 b 22 ff., eingeführt mit der vorsichtigen Formulierung λαβὼν ἴσως τὴν ὑπόληψιν ταύτην ἐκ... Als weiterer Grund wird genannt: die Entstehung des Warmen selbst aus dem Feuchten; vgl. dazu den Kommentar von W. D. Ross (*Aristotle's Metaphysics* I, 1924, 129). Der für moderne Kritiker naheliegende Gedanke an die Evidenz der Aggregatzustände des Wassers ist in den antiken Begründungen für die Lehre des Thales nirgends zu finden.

wenig oder nichts, können also nicht den Anteil empirischer Faktoren daran abschätzen. ARISTOTELES, der seine Vermutungen darüber vorträgt, scheint empirische Momente für dominant zu halten, etwa wenn er bei THALES die feuchte Natur der Nahrung und des Samens als mögliche Gründe für die Annahme des Wassers als ἀρχή anführt[3]. Aber in welcher Weise und wieweit auch immer Beobachtetes und Erfahrenes als Ausgangsbasis für kosmologische Theorien gedient haben mag: nachprüfbar, beweisbar wurden diese Theorien dadurch nicht. An Stelle von Beweisen finden wir denn auch Vergleiche, Metaphern, Analogien; so illustriert zum Beispiel ANAXIMENES die Bahn der Gestirne um die Erde am Bild der Mütze, die sich um den Kopf drehen kann[4]. Nun bestand freilich keinerlei Möglichkeit, die Wahrheit einer Lehre – wie der, daß alles aus dem Wasser stamme, oder daß alles, was existiert, durch Wandlungen des ἀήρ zustande käme – zu überprüfen oder zu beweisen. Aber man wird fragen dürfen, ob es ein Bewußtsein dieses Problems, nämlich der Diskrepanz zwischen dem gedanklichen Entwurf und seiner Verifizierbarkeit, damals gegeben habe. Vermutlich war dies zur Zeit der milesischen Philosophen nicht der Fall. Einige Generationen später jedoch, am Ausgang des fünften Jahrhunderts, ist dieses kritische Bewußtsein anzutreffen, das sich nicht mehr mit Spekulationen begnügen will, deren Wahrheitsgehalt unerweislich bleibt; davon wird noch ausführlicher zu sprechen sein.

Zunächst aber nimmt der Weg des Suchens nach der Wahrheit eine andere, entscheidende Wende mit der Frage des PARMENIDES nach dem ὄν. Indem die Wahrheit bei PARMENIDES allein dem ewigen unveränderlichen Seienden zuerkannt wird und die Welt der Erscheinungen und des Werdens und Wandels zum Schein, zur δόξα verblaßt, verliert die Frage nach dem Wahrheitsanspruch einer kosmologischen Theorie ihren strengen Sinn. Wohl verkündet die Göttin dem PARMENIDES, sie werde ihm auch die δόξαι βροτῶν darstellen, und zwar so, wie sie sein müßten, wenn sie Konsequenz besäßen, wenn sie, unter den (irrigen) Voraussetzungen der Menschen, stimmen sollten[5]. Aber das Erfahrbare innerhalb des Kosmos bleibt doch etwas Unverbindlicheres, Vorläufiges; die Wahrheit ist durch kein Kriterium aus der empirischen Welt zu erreichen oder gar zu beweisen, sie ist zugänglich allein dem Denken, dem Schauen, dem geistigen Erfassen, das ihr korrespondiert.

4 VS13 A7,6.

5 VS28 B1, 31f. ὡς τὰ δοκοῦντα χρῆν δοκίμως εἶναι διὰ παντὸς πάντα περῶντα, vgl. B8,60 διάκοσμον ἐοικότα πάντα. Auf die umfangreiche Literatur zur Interpretation dieser Stellen kann hier nicht verwiesen und eingegangen werden.

Nach PARMENIDES können die Begriffe Sein und Werden nicht mehr naiv, unreflektiert wie zur Zeit der Milesier verstanden und gebraucht werden; Sein schließt Werden aus. Will man also die Welt in ihrem Werden und Wandel erklären und ihr (gegenüber der δόξα des PARMENIDES) einen neuen Grad an Realität und gültiger Erfahrbarkeit zurückgeben, so muß man Sein und Werden, Wahrheit und Erscheinung, aber entsprechend auch geistiges Erfassen und den empirischen Zugang zu den Dingen in eine Relation zueinander setzen. Dies geschieht in den Kosmologien des EMPEDOKLES, ANAXAGORAS und DEMOKRIT. Dabei tritt eine Mehrzahl der ὄντα an die Stelle des einen Seienden des PARMENIDES und übernimmt von diesem einige Prädikate, vor allem das der Unvergänglichkeit. Durch Vereinigung und Trennung dieser ewig existierenden Elemente wird bewirkt, was uns als Entstehen und Vergehen in der Welt erscheint. Am radikalsten werden die Konsequenzen aus den parmenideischen Grundlagen im Atomismus gezogen. In Wahrheit – so lautet seine Lehre – gibt es nur die Atome, deren Seinscharakter auf ihre räumliche Ausdehnung sowie ihre Festigkeit reduziert ist[6]; alle sonstigen Eigenschaften und Erscheinungsformen haben keinen Wahrheitswert: νόμῳ χροιή, νόμῳ γλυκύ, νόμῳ πικρόν, ἐτεῇ δ'ἄτομα καὶ κενόν heißt es bei DEMOKRIT[7]. Die Atome sind nicht sichtbar, nicht erfahrbar, nur denkbar. Verstand und Sinne sind im Widerstreit[8]; die Sinne sind unzuverlässig und trügerisch und können nicht zur Wahrheit der Atome hindurchdringen, also läßt sich diese Wahrheit auch nicht durch Beobachtung, Empirie bestätigen. Die Atomlehre ist Theorie – mit dem griechischen Ausdruck: ὑπόθεσις – und unbeweisbar.

Anders verhält es sich bei den Konzeptionen des EMPEDOKLES und ANAXAGORAS. Hier besteht die Welt der Phänomene nicht nur νόμῳ, sondern sie besitzt Realität und Wahrheit, ist erfahrbar und den Sinnen zugänglich. Bei den sie konstituierenden Elementen wird nicht – wie bei den Atomen – von den sinnlich erfaßbaren Qualitäten abstrahiert, vielmehr enthalten die Elemente die Voraussetzungen für alle sinnlich wahrnehmbaren Phänomene realiter in sich. Durch Mischung und Sonderung werden Entstehen und Vergehen, durch den jeweiligen Anteil der elementaren Bestandteile wird die

6 Dies ist der wesentliche Unterschied gegenüber den kleinsten Teilchen der Elemente bei EMPEDOKLES (falls diese überhaupt in der Lehre des EMPEDOKLES selbst vorauszusetzen sind); man sollte daher nicht in EMPEDOKLES den «Ahnherrn» des Atomismus sehen wollen (so W. KRANZ, *Empedokles*, 1949, S. 83).

7 VS 68 B 125.

8 Wie sehr DEMOKRIT sich dieser Problematik bewußt war, zeigt die Fortsetzung des zitierten Fragments B 125, vgl. auch B 9, B 117.

Verschiedenheit und Vielfalt der Dinge in dieser Welt erklärt. Wie aber steht es nun mit der Richtigkeit und Wahrheit und Nachprüfbarkeit einer solchen Lehre, die nicht nur die noetisch erfaßbaren Strukturen des Seienden, sondern seine reale Beschaffenheit beschreiben will? Gibt es Möglichkeiten und Kriterien, ihre Gültigkeit zu beweisen oder zu widerlegen? Bleibt auch eine derartige Theorie, sosehr sie die empirischen Gegebenheiten zum Inhalt hat, hypothetisch? Reicht sie überhaupt aus, um die empirische Welt zu erklären? Diese Fragen sind nicht gemeint vom Stand unserer heutigen Kenntnisse her, auch nicht etwa aus der Sicht der aristotelischen Kritik, sondern im Sinne dessen, was zur Zeit des EMPEDOKLES und ANAXAGORAS und ihrer Nachfolger, in der zweiten Hälfte des 5. Jahrhunderts v. Chr., als denkbar und möglich erschien.

Die Denkansätze und Lösungen bei EMPEDOKLES und ANAXAGORAS kann man als einander entgegengesetzt betrachten, ebenfalls die Probleme, die aus diesen Antworten resultieren. EMPEDOKLES hat Feuer, Luft, Wasser, Erde, die nach ihm für lange Zeit kanonisch gewordenen Elemente, als «Wurzeln», ῥιζώματα[9], aller Dinge eingeführt. Unter seinen Fragmenten sind uns für einzelne Fälle Angaben über die Mischungsproportionen erhalten; so lesen wir, in welchem Verhältnis die vier Elemente sich zusammenfügen, um Knochen, Blut und Fleisch zu bilden[10]. Aber kann eine solche Erklärung quantitativer und dazu recht ungenauer Art genügen? Welche Eigenschaften der einzelnen Elemente sind es, die das Entstehen von Knochen oder aber Fleisch bewirken? Gibt es gewisse den Elementen fest zugeordnete Eigenschaften, etwa – wie später in der Kosmologie des ARISTOTELES, aber auch bei verschiedenen medizinischen Autoren[11] – die Qualitäten des Warmen, Kalten, Trockenen und Feuchten? Ferner: Was geschieht, wenn die Elemente sich «mischen»? Ist es eine Addition kleinster Bestandteile, ein mechanisches Zusammentreten? Aber würde damit das Entstehen z. B. von Fleisch aus Erde, Feuer, Wasser, Luft verständlich? «Wie könnte aus Nicht-Haar Haar werden und aus Nicht-Fleisch Fleisch?» Dieser Satz ist

9 VS31 B6; die Elemente sind mit den mythologischen Namen Zeus, Here, Nestis, Aidoneus bezeichnet.

10 VS31 B96 und 98.

11 In der hippokratischen Schrift *De victu* gehören die Prädikate warm und trocken zum Feuer, kalt und feucht zum Wasser. In *De natura hominis* (dem Schwiegersohn des HIPPOKRATES, POLYBOS, zugeschrieben) übernehmen das Warme, Kalte, Trockene, Feuchte geradezu die Funktion der Elemente des EMPEDOKLES. Bei PHILISTION (dessen Einfluß im medizinischen Teil von PLATONS *Timaios* deutlich ist) sind die vier Qualitäten den vier Elementen zugeordnet, vgl. ANON. LONDIN. XX 25ff. Zu EMPEDOKLES vgl. unten Anm. 71.

uns von ANAXAGORAS überliefert[12], und er mutet an wie eine Kritik an der empedokleischen Vorstellung von Element und Werden[13]. Die Lösung des ANAXAGORAS für das Dilemma, wie Vielfalt und Wandel zu erklären seien, ist die Lehre des ὁμοῦ πάντα, des allgemeinen Miteinander, in welchem nichts isoliert existiert, sondern alles an allem Anteil hat, wobei jeweils das Überwiegende den Ausschlag für die Charakteristik und Erkennbarkeit der einzelnen konkreten Dinge gibt[14]. Mögen damit die materialen Voraussetzungen für das Entstehen zum Beispiel von Haar oder Fleisch gegeben erscheinen, so stellt sich doch hier das Problem, wie denn dieses materiale Gemisch des «alles zusammen» und «alles in allem» vorzustellen sei. In einer (natürlich nur beispielhaften) Aufzählung nennt ANAXAGORAS als Bestandteile: das Feuchte und das Trockene, das Warme und das Kalte, das Helle und das Dunkle, dazu viel Erde und zahllose Keime (σπέρματα), die in nichts einander gleichen[15]; an anderen Stellen stehen ergänzend: das Weiße und Schwarze, das Schwere und Leichte, das Dünne und Dichte[16]. Überwiegend, wenn auch nicht ausschließlich, sind es also Gegensatzpaare, in der für die griechische Sprache bezeichnenden Form der substantivierten Adjektive, wobei (wie allgemein in der Vorsokratik) noch nicht Substanz und Qualität unterschieden werden; das, was ist – τὰ χρήματα, τὰ ἐόντα – wird substantiell gedacht. Wie aber kann alles dies in einer Mischung vereint sein? Ist das Phänomen von Mischung und Vermischtsein überhaupt reflektiert?

Die Details und Schwierigkeiten, die sich bei der Interpretation der Lehren des EMPEDOKLES und ANAXAGORAS ergeben, sind hier nicht näher zu erörtern. Es sollte nur aufgezeigt werden, welcher Stand der Naturerkenntnis und Naturerklärung mit diesen Lehren erreicht war und welche Probleme sich als Konsequenz ihrer Lösungen neu stellten. Diese Probleme betreffen die Methode wie den Inhalt. Zur Methode: Können mit derlei Theorien und Spekulationen die Vorgänge in der Natur erklärt werden? Läßt sich die

12 VS 59 B 10.

13 Die Frage der relativen Chronologie der Werke des EMPEDOKLES und ANAXAGORAS ist umstritten; die Angabe bei ARISTOTELES *Metaph.* A 3, 984 a 11f. zu ANAXAGORAS: τῇ μὲν ἡλικίᾳ πρότερος ὢν τούτου (sc. als EMPEDOKLES), τοῖς δ'ἔργοις ὕστερος, läßt verschiedene Interpretationen des ὕστερος zu. Neuerdings ist von D. O'BRIEN (*The Relation of Anaxagoras and Empedocles*, J. Hell. Studies *88*, 1968, 93ff.) die Priorität des anaxagoreischen Werkes und Beeinflussung des EMPEDOKLES durch ANAXAGORAS vertreten worden. Mir ist das Umgekehrte wahrscheinlicher.

14 VS 59 B 1. 4. 6. 8. 11. 12. Die Sonderstellung und Funktion des νοῦς gegenüber der Mischung kann in unserem Zusammenhang außer Betracht bleiben.

15 VS 59 B 4.

16 VS 59 B 10. 12. 15. 21.

Wahrheit einer Theorie nachweisen? In welchem Verhältnis stehen Empirie und Spekulation zueinander? Zum Inhalt: Was geschieht bei dem Prozeß der Mischung? Ist alles in gleicher Weise fähig, sich miteinander zu vermischen?

Nun hat es damals keine exakte Naturwissenschaft gegeben und keine Methode des experimentellen Beweisens. Auch waren die Bereiche, die wir Physik und Chemie nennen, noch nicht unterschieden – dies noch nicht einmal bei ARISTOTELES[17] –, und bei den Mischungstheorien ist der Vorgang etwa einer chemischen Verbindung gedanklich gar nicht erfaßt. Aber es gab eine praktische Wissenschaft, eine τέχνη, die sich mit den beiden genannten Problemkomplexen, durch ihre eigene Tradition bedingt, auseinandersetzen mußte: die Medizin. Ohne sich nur in der Empirie zu erschöpfen – seit früher Zeit finden wir Berührungen mit der Naturphilosophie und kam dem spekulativen Element, zumal für die Krankheitsaitiologie, eine wichtige Funktion zu[18] –, war sie doch darauf angewiesen, die Theorie in der Praxis, nämlich der Therapie, zu bewähren. Inhalt dieser Theorie aber war in besonderem Maße das Faktum der Mischung, nämlich der richtigen Mischung der Säfte oder Kräfte im menschlichen Körper; so hatte schon ALKMAION VON KROTON (um 500 v. Chr.) die Gesundheit als den ausgeglichenen Zustand, ἰσονομία, der verschiedenen Kräfte bezeichnet[19].

In der Schrift des *Corpus Hippocraticum* ‹*Über die alte Heilkunst*›, deren Verfasser wir nicht kennen, wird die Frage nach dem Wahrheitswert und der Nachprüfbarkeit von spekulativen Naturerklärungen, ὑποθέσεις, präzis und mit klarem Bewußtsein der eigenen Methode behandelt, wie dies nirgends sonst in der erhaltenen vorplatonischen Literatur geschieht, und es wird ein

17 Vgl. R. P. MULTHAUF, *The Origins of Chemistry*, 1966, 66ff.: «Microphysics in antiquity».

18 O. TEMKIN schreibt in der Zeitschrift Kyklos *1*, 1928, 27: «Die experimentelle Methodik ist ersetzt durch die Spekulation... Das spekulative Element macht aber gerade die Wissenschaftlichkeit der hippokratischen Medizin aus, da es sie harmonisch einfügt in das wissenschaftliche Denken ihrer Zeit.» Jedoch dürfte die Wissenschaftlichkeit vor allem in der kritischen Auswertung naturphilosophischer Spekulationen, nicht in deren bloßer Übernahme zu suchen sein. Gegen die Überschätzung der Naturphilosophie für die Medizin in der Darstellung J. SCHUMACHERS (*Antike Medizin*, 1940, *Die Anfänge abendländischer Medizin in der griechischen Antike*, 1956) wendet sich F. KUDLIEN, *Der Beginn des medizinischen Denkens bei den Griechen*, 1967, z.B. S. 150: «Die Naturphilosophie ist *eine* der Grundlagen, besser der ‹Hilfestellungen› für die Medizin des 5. Jh.».

19 VS 24 B4; als Kräfte, δυνάμεις, werden in diesem Referat (es stammt aus dem AETIUS) genannt: das Feuchte, Trockene, Kalte, Warme, Süße, Saure «und die übrigen»; vgl. auch A3.

Beitrag zum Erfassen des Mischungsproblems geleistet, der über den Stand der Lehren des EMPEDOKLES wie ANAXAGORAS – deren Kenntnis vorausgesetzt ist – deutlich hinausführt. Gegen EMPEDOKLES wird namentlich polemisiert, anaxagoreische Lehre erscheint, ohne Namensnennung, in wörtlicher Anspielung. Die Abfassung dieser Schrift wäre also, im Sinne einer aktuellen Auseinandersetzung, in nicht zu großem zeitlichem Abstand zu diesen Philosophen, etwa im vorletzten oder letzten Jahrzehnt des 5. Jahrhunderts, zu denken[20]. In scharfer Polemik wendet sich der Verfasser, programmatisch, zu Beginn seiner Darlegung, gegen die Einführung spekulativer, der Naturphilosophie verpflichteter Methoden in der Medizin. Naturspekulation und medizinische Wissenschaft werden kontrastiert: die Medizin ist eine τέχνη, die seit alters über erprobte und bewährte Methoden verfügt und die daher der neuartigen spekulativen Thesen, ὑποθέσεις[21], nicht bedarf. Anders verhält es sich mit der Naturphilosophie: ihre Objekte sind ungewiß und keinem sicheren Wissen erschließbar (τὰ ἀφανέα τε καὶ ἀπορεόμενα); wenn man es unternimmt, über derartiges, wie die Dinge «am Himmel oder unter der Erde»[22], etwas auszusagen, muß man sich notwendigerweise einer Theorie, ὑπόθεσις, bedienen, deren Wahrheit freilich weder dem Vortragenden selber noch den Zuhörern ersichtlich sein kann. Es gibt nämlich keinen Maßstab und kein Kriterium, um ihre Wahrheit zu erweisen und eine Sicherheit im Wissen zu erzielen: οὐ γὰρ ἔστι, πρὸς ὅ τι χρὴ ἀνενέγκαντα εἰδέναι τὸ σαφές (Ende Kap. 1). Eine Wissenschaft, τέχνη, ist dagegen gekennzeichnet und ausgewiesen durch die Nachprüfbarkeit ihrer Ergebnisse, das Vorhandensein eines Kriteriums für die Wahrheit, und dieses ist im empirischen Bereich zu suchen. Denn es handelt sich hier nicht um den Gegensatz von Erfahrung und Wissenschaft, der bei

20 Im allgemeinen wird dieser zeitliche Ansatz heute in der Forschung vertreten, vgl. W. H. S. JONES, *Philosophy and Medicine in Ancient Greece*, 1946, 47; A.-J. FESTUGIÈRE, *Hippocrate, L'Ancienne médicine*, 1948, 38ff. (datiert noch etwas früher, zwischen 450 und 420); H. WANNER, *Studien zu* Περὶ ἀρχαίης ἰητρικῆς, Diss. Zürich 1939, 101; J.-H. KÜHN, *System- und Methodenprobleme im Corpus Hippocraticum*, 1956, 46ff. (für Entstehung um die Wende des 5./4. Jahrhunderts). Für eine Spätdatierung, nach dem platonischen *Phaidros*, vor allem auf Grund des methodischen Bewußtseins des Verfassers, hat H. DILLER plädiert (*Hippokratische Medizin und attische Philosophie*, Hermes *80*, 1952, 385ff., vgl. auch: *Hippokrates Schriften*, Rowohlts Klassiker, Griech. Literatur Bd. 4, S. 101f.).

21 Der in der griechischen Philosophie wichtige Begriff ὑπόθεσις wird hier zuerst gebraucht; vgl. JONES (s. vorige Anm.) S. 26ff.: "Hypothesis in Greek thought".

22 Die traditionelle thematische Umschreibung der Naturphilosophie, vgl. PLATON, *Apologie* 18b 7f., 19b 5, 23d 5.

PLATON diskutiert und bei ARISTOTELES klar vorausgesetzt wird; hier ist Empirie noch nicht getrennt von der τέχνη, nicht Vorstufe, wohl aber ein Bestandteil, den man mit kritischem Verstand, λογισμός[23], auswertet, um so immer weiter auf dem Wege zur Vollendung der Wissenschaft – dem fernen Ziel – voranzuschreiten[24].

Der Spekulation über die Natur, περὶ φύσεως, die mit Hypothesen arbeitet, kommt also der Wissenschaftscharakter nicht zu; ein sicheres, exaktes Wissen kann sie nicht vermitteln. Der Verfasser bleibt aber bei dieser negativen Diagnose nicht stehen, sondern richtet den Blick auf eine Methode, mit der auch in der Naturerklärung exakte Kenntnisse erreichbar werden könnten. Im 20. Kapitel wendet er sich, in erneutem polemischem Einsatz, gegen Ärzte und Philosophen, ἰητροὶ καὶ σοφισταί, die behaupten, eine Kenntnis der Heilkunst und der richtigen Therapie sei unmöglich ohne eine Kenntnis dessen, «was der Mensch ist, woraus er zuallererst entstand und woraus er sich zusammenfügte»[25]. Diese Richtung, die zur Philosophie tendiert (τείνει... ἐς φιλοσοφίην) und für die EMPEDOKLES als beispielhafter Name derer steht, die περὶ φύσιος[26] geschrieben haben, wird nicht nur abgelehnt, sondern ihre Forderung wird geradewegs umgekehrt; einzig und allein aus der Heilkunst könne man ein sicheres Wissen über die Natur erlangen: νομίζω δὲ περὶ φύσιος γνῶναί τι σαφὲς οὐδαμόθεν ἄλλοθεν ἢ ἐξ ἰητρικῆς. Hinzugefügt wird, daß die insgesamt und vollkommen beherrschte Heilkunst gemeint ist, ein Ideal, von dem man noch weit entfernt sei. Aber der methodische Weg für die Naturerkenntnis im Sinne einer Wissenschaft ist damit gewiesen. Da der Autor verdient, ernst genommen zu werden, und diese Stelle also nicht nur als polemische Pointe, vielmehr als sinnvolles Programm aufzufassen sein dürfte, muß man fragen, wie die medizinische Wissenschaft hier verstanden wird und inwiefern sie (selbst als die erst künftig erreichbare Idealmedizin) die Grundlage für eine wahre Erkenntnis περὶ φύσεως bilden könnte. Es ist daher nötig, auf die eigentliche medizinische Lehre einzugehen, die im Hauptteil der Schrift *Über die alte Heilkunst* expliziert wird. Damit werden wir auf das Problem der Mischung zurückkommen.

23 Vgl. Kap. 12 S.44,4 HEIB. (Zitate nach der Ausgabe von I. L. HEIBERG, CMG I1, 1927).

24 Bei allem Selbstbewußtsein angesichts der Methode und des Erreichten weist der Verfasser doch wiederholt darauf hin, wieviel es erst noch zu erreichen gilt.

25 ἐξ ἀρχῆς ὅ τι ἐστὶν ἄνθρωπος καὶ ὅπως ἐγένετο πρῶτον καὶ ὁπόθεν συνεπάγη. Den Ausdruck (συμ)πηγνύναι gibt es bei EMPEDOKLES wie ANAXAGORAS, vgl. VS31 B15,4 und 59 B4. B16.

26 Dies ist der erste Beleg für den später geläufigen Titel περὶ φύσεως.

Abgelehnt wird eine moderne Richtung der Medizin, die auf Hypothesen aufbaut. Wenn der Verfasser ihr gegenüber die «alte Heilkunst» verteidigt, so spricht er nicht einfach als Empiriker gegen medizinische Theoretiker. Man hat sogar, mit gewissem Recht, festgestellt, daß auch er eine Hypothesis vertrete[27], hinzugefügt werden muß nur, daß die Forderung nach deren Nachprüfbarkeit zu seinen Prinzipien gehört: die Richtigkeit einer medizinischen Theorie erweist sich in der Praxis, nämlich bei der Therapie unmittelbar in der Reaktion des Körpers auf die Behandlung[28], aber auch bei den Gesprächen, die der Arzt mit dem Patienten führt, um ihm die Ursachen und den Ablauf seiner Krankheit zu erklären und einsichtig zu machen[29]. Der wesentliche Unterschied zwischen alter und neuer, zwischen bewährter und (für den Autor) dubioser Medizin betrifft jedoch den Inhalt der Lehre, die jeweils der Krankheitsaitiologie wie der Therapie zugrunde liegt. In der Schrift *Über die alte Heilkunst* wird die Medizin verstanden als eine außerordentlich diffizile Diätlehre. Gesundheit und Gedeihen sind nur möglich, wenn der Körper die aufgenommene Nahrung «bewältigt» (ἐπικρατέει), wenn also die in ihr enthaltenen Kräfte (δυνάμιες) mittels der im Körper vorhandenen verarbeitet und genützt werden. Dabei gilt es, die richtige Relation dieser Kräfte genau zu beachten; was nämlich bei der Nahrung zu stark ist (ἰσχυρόν), kann nicht verarbeitet werden und führt daher nicht zu Ernährung, Wachstum und Gesundheit, sondern zu Beschwerden, Krankheit und Tod. Diese Erkenntnis, daß die Nahrung auf die menschliche Natur abgestimmt sein muß[30], haben die Menschen – durch die Notwendigkeit, ἀνάγκη, getrieben – schon früh erlangt; sie führte zur Erfindung der Kochkunst, nämlich der dem gesunden Menschen bekömmlichen Kost, so wie sie analog zur Herausbildung der Krankendiät führte und mit zunehmender Er-

27 Vgl. Jones, op. cit. 31: "His main theme... is as hypothetical as the ὑπόθεσις, which he rejects."

28 Kap. 9 (S.41, 19ff. Heib.) δεῖ γὰρ μέτρου τινὸς στοχάσασθαι. μέτρον δὲ οὔτε ἀριθμὸν οὔτε σταθμὸν ἄλλον, πρὸς ὃ ἀναφέρων εἴσῃ τὸ ἀκριβές, οὐκ ἂν εὕροις ἀλλ' ἢ τοῦ σώματος τὴν αἴσθησιν.

29 Verständlichkeit für den Laien, den Kranken, wird gefordert; wenn die ärztliche Darlegung nicht mit der Erfahrung des Kranken übereinstimmt, verfehlt sie die Wahrheit: Kap. 2 (S.37,10ff. Heib.) δεῖν... γνωστὰ λέγειν τοῖσι δημότῃσιν... εἰ δέ τις τῶν ἰδιωτέων γνώμης ἀποτεύξεται καὶ μὴ διαθήσει τοὺς ἀκούοντας οὕτως, τοῦ ἐόντος ἀποτεύξεται. Bei der Therapie nach der Hypothesenmedizin dagegen wird der Kranke das Verordnete nicht verstehen und den Arzt fragen, was gemeint sei, woraufhin dieser zu Geschwätz (ληρεῖν) oder Ausflüchten genötigt ist (Kap. 15 S.46,18ff. Heib.).

30 Kap. 3 S.38,13 Heib. ζητῆσαι τροφὴν ἁρμόζουσαν τῇ φύσει, vgl. Kap. 14 S.45, 17 und 21 Heib.

weiterung der Kenntnisse und Einsichten in immer größerer Vervollkommnung führen wird. Wie der Gesunde nicht die Nahrung genießen kann, die den Tieren zuträglich ist, etwa rohes Fleisch und Getreidekörner, und wie er also lernen mußte, sie zuzubereiten, das Fleisch zu kochen oder zu braten und aus den Körnern Brot, Fladen oder Grütze herzustellen, so ist auch der Kranke auf eine wiederum veränderte, und zwar weiter verfeinerte Kost angewiesen und muß zum Beispiel anstatt des Brotes Brei oder Suppen oder Tränke zu sich nehmen[31].

Die medizinischen Einzelheiten und die Erörterung von Schwierigkeiten bei der Therapie brauchen hier nicht referiert zu werden; der Autor legt dar, wie kompliziert es für den Arzt ist, die richtige Diät, das für den individuellen Fall genau stimmende Maß zu treffen, da es keineswegs immer mit einer quantitativen Abschwächung der Nahrung allein getan ist; aber obwohl vieles noch zu erforschen bleibt, hält er doch das bereits Erreichte für bewundernswert und die Richtigkeit der Methode, des Weges, auf dem man weiter voranschreiten solle, für erwiesen[32]. Für unsere Fragestellung ist wichtig vor allem das Prinzip, auf das die hier vorgetragene Diätlehre sich gründet: das Prinzip von Kräften, die aufeinander wirken. In der Nahrung sind vielfältige Kräfte enthalten; sind sie hinreichend miteinander vermischt und also ausgeglichen, so kann der Körper sie bewältigen, ihrer Herr werden, sie nützen und verdauen. Sind aber einzelne zu stark, was besonders durch Isolation, durch mangelndes Vermischtsein erklärlich ist, gelingt dem Körper das Bewältigen nicht; der Mensch wird krank (und ist er bereits krank, wird er kränker und kann sterben). Es ist also nötig, das Schädigende in der Nahrung unschädlich zu machen, das «Starke und Unvermischte» (τὰ ἰσχυρά τε καὶ ἄκρητα), das «was die großen Wirkkräfte besitzt» (μεγάλας δυνάμιας ἔχοντα[33]), durch bestimmte Prozeduren zu mildern und zu verwandeln. Gelegentlich mag bloßes Verdünnen zur Abschwächung ausreichen; im allgemeinen aber wird die schädliche Stärke durch «Mischung und Kochung» (τῇ κρήσει τε καὶ ἑψήσει) zu entfernen sein[34]. Da die zu große Kraft durch Isolation entsteht, leuchtet ein, daß sie durch «Mischung» gebunden wird; der hinzugefügte Begriff «Kochung» zeigt indes, daß nicht

31 Kap. 3–8.

32 Kap. 12 S.44,4ff. Heib. διὰ τὸ ἐγγὺς οἶμαι τοῦ ἀτρεκεστάτου δύνασθαι ἥκειν λογισμῷ ἐκ πολλῆς ἀγνωσίης θαυμάζειν τὰ ἐξευρημένα ὡς καλῶς καὶ ὀρθῶς ἐξεύρηται καὶ οὐκ ἀπὸ τύχης. Zur Überzeugung von der alleinigen Richtigkeit dieses «Weges» vgl. besonders Kap. 2.

33 Kap. 3 S.38,5 und 18 Heib.

34 Kap. 5, S.39,22 Heib.; vgl. die Erklärung des πεφθῆναι Kap. 19, S.50,1f. Heib.

an einen nur mechanischen Vorgang gedacht ist, wofür auch das wiederholte Beispiel der Zubereitung von Fleisch und Getreidekost zeugt.

In der bisherigen Erörterung, die den ersten Teil der Schrift (Kap. 3–12) umfaßt, sind wir über das Prinzipielle dieser Diätlehre unterrichtet worden, jedoch ist noch offengeblieben, was denn unter jenen Kräften, δυνάμιες, zu verstehen sei. Lassen sie sich einer bestimmten Gruppe von Stoffen, Substanzen zuordnen? Was ist es, das zu «stark», ἰσχυρόν, sein kann, und dem Menschen bei falscher Ernährung schadet? Die inhaltliche Explikation folgt in einem zweiten Teil (Kap. 13–19), und zwar in polemischer Auseinandersetzung mit den Gegnern, den Vertretern der Hypothesismedizin, die, wie nun deutlich wird, nicht wegen einer ὑπόθεσις allgemein, sondern wegen einer speziellen Lehre angegriffen werden. Diese Lehre besagt, daß die vier Qualitäten warm, kalt, trocken, feucht die Ursache für Beschwerden und Krankheiten seien und daß die Heilung durch den jeweiligen Gegensatz geschehen müsse[35]. Die Fragen, die die Argumentation des Autors bestimmen, sind etwa folgende: Was ist «das Warme»? Gibt es etwas, das schlechthin und nur «warm» ist? Offenbar nicht – wie kann also «das Warme» die Ursache einer Krankheit oder andererseits die mögliche Therapie bedeuten? Wenn der Arzt dem Patienten «Warmes» verordnet, was ist damit gemeint? «Warm» kann vieles sein, der Arzt aber muß genau angeben, was der Patient zu sich nehmen soll, mag dies dann obendrein auch warm sein, und er muß eine möglichst präzise Kenntnis davon besitzen, welche Wirkung die einzelnen Bestandteile und Kräfte in den Speisen auf den Körper ausüben. Die entscheidende Wirkung geht dabei nicht vom Warmen, Kalten, Trockenen, Feuchten aus, sondern von anderem. Was aber ist dieses andere?

Wenn man sich bewußt macht, daß zur Zeit, da die Schrift *De prisca medicina* entstand, das begriffliche Erfassen der Materie noch nicht vollzogen war, also auch nicht die logische Scheidung von Substanz und Attribut (sowenig wie die von Materiellem und Immateriellem[36]), wenn man ferner bedenkt, daß auch die sprachlichen Möglichkeiten noch nicht ausgebildet waren, um die gedankliche Differenzierung wiederzugeben, daß

35 Kap. 13, S. 44, 8ff. HEIB. Schon im ersten Satz der Schrift waren diese Qualitäten (θερμὸν ἢ ψυχρὸν ἢ ὑγρὸν ἢ ξηρὸν ἢ ἄλλο τι) als Inhalt der Hypothesis genannt worden, doch beginnt die Auseinandersetzung mit dieser Lehre erst in Kap. 13.

36 Selbst der νοῦς des ANAXAGORAS wird als «das feinste und reinste von allen Dingen» bezeichnet (VS 59 B 12 λεπτότατόν τε πάντων χρημάτων καὶ καθαρώτατον), und von der göttlichen Kraft der Liebe, die die Elemente durchwaltet, sagt EMPEDOKLES, sie sei «gleich an Länge und Breite» (VS 31 B 17, 20 ἴση μῆκός τε πλάτος τε). Das Wort ἀσώματος «unkörperlich, nicht stofflich» ist zuerst bei PLATON belegt (*Phaed.* 85e 5 und an anderen Stellen).

vielmehr der im Griechischen übliche Gebrauch substantivierter Adjektive (τὸ θερμόν «das Warme» usw.) den Unterschied von Qualität und Stoff eher verschleiern mochte, so wird man verstehen, wie schwer es für den Autor sein mußte, zu einer Klarheit vorzudringen und sie seinen Hörern oder Lesern deutlich zu machen. Dabei denkt und spricht er nicht als Philosoph, sondern als Arzt, und der Ansatz zu seiner Erkenntnis dürfte aus der medizinischen Praxis gekommen sein, aus der Beobachtung und Erfahrung, daß bestimmte Wirkungen, schädliche wie positive, von bestimmten Stoffen ausgehen – anders gesagt: von Qualitäten, die notwendigerweise an Stoffe gebunden sind –, nicht aber, oder doch in geringerem Maße, von dem stofflich nicht fixierbaren Warmen oder Kalten (das Trockene und das Feuchte spielen in der Argumentation nicht ganz dieselbe Rolle wie das Warme und das Kalte). Von der Empirie her werden also Einsichten gewonnen, die Vorgänge in der φύσις, in der Natur, erklären helfen und diese, durch Erfolg oder Mißerfolg der Therapie, in der Reaktion des menschlichen Körpers, als nachprüfbar erscheinen lassen – mindestens in den Grenzen dessen, was für den Autor, bei allem Bewußtsein der Vorläufigkeit des bisher Erreichten, als möglich und befriedigend gelten konnte.

Illustriert wird das Gemeinte wiederum am Beispiel der falschen und richtigen Ernährung[37]. Der Mensch, der rohe, unbehandelte Weizenkörner und rohes Fleisch ißt, muß krank werden, doch wird er bei veränderter Kost sich erholen. Was aber ist bei der Brotzubereitung mit dem Getreide geschehen, daß sich die schädigende in eine nützende Wirkung verwandelt? Hat man vielleicht das Warme (oder das Kalte, das Trockene, das Feuchte), als die Ursachen der Unzuträglichkeit, entfernt? Schädlich ist, wie wir schon hörten, τὸ ἰσχυρόν, etwas, das zu stark ist, eine isolierte, aus der Mischung gelöste Kraft. Aber da das Warme (und Kalte, Trockene, Feuchte) für sich, als Nur-Warmes, gar nicht existiert, kann es weder die zu große Stärke noch die schädigende Wirkung erreichen. Nein, bei der Herstellung des Brotes handelt es sich um andere Vorgänge: die Körner werden dem Feuer und Wasser ausgesetzt und mit vielen anderen Stoffen verarbeitet; dabei tritt eine Veränderung der ursprünglichen Eigenschaften (einige gehen verloren) und eine Mischung und Bindung mit anderen ein. Jedoch ist noch weiter zu präzisieren: Brot ist nicht gleich Brot; seine Wirkung auf den menschlichen Körper ist unterschiedlich, je nachdem ob es ungemischt oder gemischt ist, ob aus geschältem oder ungeschältem Weizen, ob es viel oder wenig Wasser enthält, ob es stark oder kaum geknetet und ganz durch-

37 Kap. 13–15.

gebacken oder immer noch roh ist, und vieles andere mehr[38]. Dieser Hinweis auf die Brotarten führt zum Kern der Lehre, die unser Autor vertritt: es gibt zahllose Kräfte, δυνάμιες, die stofflich, stoffgebunden zu denken sind, als Säfte (χυμοί) und Wirkungsart von Säften[39], und die in nichts einander gleichen. Sie sind in der Nahrung – und allgemein in der Natur – ebenso anzutreffen wie im Menschen. Ihre unterschiedliche Wirkung muß der Arzt genau kennen, will er über die Vorgänge im Menschen bei Gesundheit, Genesung und Krankheit Bescheid wissen. Befinden sich die Kräfte in vollkommener Durchdringung und Mischung, so kann keine schädliche Wirkung auftreten, da diese ja durch Absonderung einer Kraft entsteht. Solche isolierten Kräfte also muß man entfernen oder durch Hinzufügen anderer Stoffe integrieren, um den Schaden zu verhindern oder auszugleichen; das gilt in gleicher Weise für die Verarbeitung des Weizens zu Brot oder das Kochen des Fleisches wie für die Prozesse im menschlichen Körper, die der Arzt durch entsprechende Diät steuern kann.

Als Beispiele nun für die Stoffe oder Kräfte, die den schädigenden Grad an Stärke erreichen können, indem sie sich absondern, werden genannt: das Süße, Bittere, Sauere, ferner das Salzige, Herbe, Fade (γλυκύ, πικρόν, ὀξύ, ἁλμυρόν, στρυφνόν, πλαδαρόν), ergänzt durch ἄλλα μυρία, zahllose andere[40]. Alle genannten Adjektive bezeichnen geschmacklich wahrnehmbare Qualitäten; im Gegensatz zu der Gruppe des Warmen, Kalten, Trockenen, Feuchten haben sie nicht attributiven Charakter, sondern sind – für den Autor – ohne Substanz nicht denkbar. Sie sind Säfte mit einer je speziellen Wirkkraft und können sich, zum Schaden des Menschen, aus der Mischung herauslösen, indem sie «unvermischt und stark» werden, ἄκρητόν τε καὶ ἰσχυρόν[41]. Die Vorstellung von Säften, die den menschlichen Körper konstituieren und sich abscheiden können, war der Medizin jener Zeit geläufig, und daß die Lehre von den vier Säften Blut, Schleim, gelbe und schwarze Galle, die später allgemeine Geltung erlangte, dem Autor bekannt war, zeigt eine andere Stelle seiner Schrift, an der er von der Absonderung eines bitteren

38 S.45, 1–9 Heib.

39 Vgl. dazu, außer der oben Anm. 20 genannten Literatur, vor allem H. W. Miller, *Dynamis and Physis in On ancient Medicine*, TAPA *83*, 1952, 184–197 (weitgehend Zutreffend ist die Erklärung von *dynamis* S.192 als «something substantial in activity») und G. Plamböck, *Dynamis im Corpus Hippocraticum*, Abhandl. Akad. Mainz, Geisteswiss. Klasse, 1964, 2, S.16ff. (hier wird allerdings der Begriff der *dynamis*, wie mir scheint, zu sehr auf das Quantitative eingeschränkt).

40 Kap. 14 S.45, 23ff. Heib.

41 Kap. 14 S.46, 6, vgl. Kap. 3 S.38, 18 Heib.

Saftes spricht, «den wir gelbe Galle nennen»[42]. Offenbar schien ihm die Beschränkung auf jene vier Säfte keine ausreichende Basis für die Erklärung der Vorgänge im Körper abzugeben; auch ist es möglich, daß schon damals die vier Säfte – wie in der Schrift *De natura hominis* – mit den vier Qualitäten warm, kalt, trocken, feucht verbunden und charakterisiert waren[43], was ihn zu einer Distanzierung nötigen mußte und vielleicht sogar den Anstoß zu einem neuen Durchdenken des Säfteproblems geboten haben mag.

Das Modell für diese Konzeption der unendlich vielen verschiedenartigen und miteinander vermischten Grundstoffe ist nicht (soweit wir nach dem Überlieferten urteilen können) bei medizinischen Vorbildern zu suchen, sondern in der Kosmologie des ANAXAGORAS, mit der sich der Autor offensichtlich auseinandergesetzt hat und die ihm weniger spekulativ, unbeweisbar, unbegründbar erschienen sein mochte als andere naturphilosophische Lehren, etwa die des EMPEDOKLES. Auffallend sind in dem Kapitel 14, das von zentraler Bedeutung für die vorgetragene Lehre ist, einige wörtliche Anklänge an Formulierungen, die sich in den Fragmenten des ANAXAGORAS finden[44]. So heißt es z.B. von den Kräften, keine gleiche in irgendeiner Hinsicht der anderen, οὐδὲν ἡ ἑτέρη τῇ ἑτέρῃ ἐοικυῖα; ganz ähnlich spricht ANAXAGORAS von den πάντα χρήματα und σπέρματα[45]. Wichtig sind die Begriffe der Absonderung, Isolation, des Fürsichseins: ἀπόκρισις, ἀποκριθῆναι lesen wir bei ANAXAGORAS häufig[46], mehrmals auch ἐφ'ἑαυτοῦ γενέσθαι oder εἶναι[47]; von den Säften wird in *De prisca medicina* gesagt: «Wenn einer sich absondert und für sich selbst steht», ὅταν δέ τι τούτων

42 Kap. 19 S.50, 14f. HEIB. ὅταν πικρότης τις ἀποχυθῇ, ἣν δὴ χολὴν ξανθὴν καλέομεν. Der Zusatz «gelb» beweist, daß nicht an die knidische Lehre von den zwei Säften Schleim und Galle zu denken ist.

43 Die Schrift *De nat. hom.* wird dem Schwiegersohn des HIPPOKRATES, POLYBOS, zugeschrieben und auf etwa 400 v. Chr. datiert, sie dürfte also später entstanden sein als *De prisca medicina* (doch zur Frage der Chronologie vgl. oben S. 15 mit Anm. 20). Sie enthält das früheste uns überlieferte Referat der Vier-Säfte-Lehre, jedoch muß diese Lehre älter sein. Zur Verbindung der Säfte mit den vier Qualitäten (und außerdem mit den Jahreszeiten) vgl. *nat. hom.* Kap. 7.

44 Für die Beziehungen zu ANAXAGORAS vgl. auch G. VLASTOS, Gnomon *27*, 1955, 67 Anm. 2.

45 S. 45, 10 HEIB.; VS 59 B4.

46 VS 59 B4. 6. 7. 9. 12. 14.

47 VS 59 B6 οὐδ'ἂν ἐφ'ἑαυτοῦ γενέσθαι. B12 (vom νοῦς gesagt): μόνος αὐτὸς ἐπ'ἑωυτοῦ ἐστιν. εἰ μὴ γὰρ ἐφ'ἑαυτοῦ ἦν...; später: μόνον ἐόντα ἐφ'ἑαυτοῦ.

48 S. 46, 1 HEIB. In der Schrift *nat. hom.* Kap. 4 wird eine ähnliche Formulierung gebraucht (ὅταν... τι χωρισθῇ καὶ ἐφ'ἑωυτοῦ στῇ), doch handelt es sich hier um die vier Säfte Blut, Schleim, gelbe und schwarze Galle, also keine Lehre, die der anaxagoreischen verwandt ist. Zu αὐτὸ ἐφ'ἑωυτοῦ vgl. FESTUGIÈRE (s. Anm. 20) S. 47ff.

ἀποκριθῇ καὶ ἐφ'ἑαυτοῦ γένηται[48]. Jedoch werden nicht einfach anaxagoreische Vorstellungen übernommen, vielmehr werden sie kritisch ausgewertet und teilweise umgedeutet. Man hat den Eindruck, daß der Arzt diese naturphilosophische Erklärung der empirischen Welt als akzeptable Grundlage ansah, sie aber aus dem empirischen Bereich der Medizin, aus den Erfahrungen seiner eigenen Praxis und Forschung wie den überkommenen Traditionen, korrigierte. Eine dieser Korrekturen betrifft die Frage der Absonderung. Bei ANAXAGORAS ist sie in absoluter Weise nicht möglich, kein «Ding» kann sich völlig von anderen sondern und isolieren und rein für sich existieren, vielmehr hat alles an allem Anteil, und wie im frühesten Urzustand, so ist auch jetzt noch alles beisammen, πάντα ὁμοῦ[49]. Ausgenommen von dieser Allmischung ist allein der Geist, der νοῦς: nur von ihm gilt, daß er für sich selbst steht, gesondert und unvermischt existiert[50]. In der Schrift *Über die alte Heilkunst* ist von keinem Geist die Rede, es geht rein um physiologische Vorgänge, wobei völliges Vermischtsein und Durchdrungensein der Stoffe den normalen und gesunden Zustand bezeichnet[51], jedoch gibt es auch dessen Störung, es gibt, im Gegensatz zu ANAXAGORAS, die Isolation eines einzelnen Stoffes, der dann schadet. Hier wird also die alte medizinische Erfahrung, daß etwas sich absondern kann, etwa ein Saft des Körpers wie die schon erwähnte «gelbe Galle»[52], auf die Konzeption der zahllosen elementaren Bestandteile angewendet und von daher die Erklärung von Gesundheit und Krankheit wie auch deren Diagnose und Therapie gefunden.

Eine sehr wesentliche Veränderung gegenüber der Lehre des ANAXAGORAS bedeutet es, daß die zahllosen Grundstoffe nicht einfach als «Dinge», χρήματα, also substantielle Elemente betrachtet werden, vielmehr als aktive Substanzen, als qualitativ bestimmte Säfte, deren Qualität nicht nur eine Eigenschaft, sondern zugleich eine wirkende Kraft bezeichnet. Diese Auffassung der konstitutiven Elemente als Kräfte ist in der Medizin beheimatet, für die es primär um das Erkennen von Wirkungen gehen mußte und die sich auf ein Abstrahieren eigens wirkender Kräfte von den Substanzen – im Sinne einer aristotelischen ἀρχὴ τῆς κινήσεως – um so weniger einlassen

49 VS59 B6. 8. 12 (Ende).
50 Siehe Anm. 47.
51 So sind auch in der für den Menschen bekömmlichen Nahrung die Kräfte nicht unvermischt enthalten, sondern sie sind zu einem einheitlichen Ganzen geworden: Kap. 14 S. 46, 15ff. HEIB. εὖ γε κέκρηται καὶ οὐδὲν ἔχει οὔτε ἄκρητον οὔτε ἰσχυρόν, ἀλλ'ὅλον ἕν τε γέγονε καὶ ἁπλοῦν [καὶ ἰσχυρόν del. KÜHLEWEIN].
52 Siehe oben S. 22 mit Anm. 42.

konnte, als darin die Gefahr zu liegen schien, daß man die Ursachen vom Erkennbaren ins Ungreifbare, vom Natürlichen ins Dämonisch-Göttliche verschob[53]. Weder der νοῦς des ANAXAGORAS noch Liebe und Streit des EMPEDOKLES[54] mochten für einen kritisch denkenden Arzt, einen Vertreter der wissenschaftlich-aitiologischen Medizin, als verursachende Kräfte annehmbar sein. Das Problem der bewirkenden Ursache, die ARISTOTELES bei den frühen Philosophen vermißt und für deren Einführung er ANAXAGORAS und EMPEDOKLES lobt, ist also in dieser medizinischen Konzeption des Seienden, die keinen nur passiven Stoff kennt, aufgehoben.

Schließlich ist es als ein Fortschritt über die Lehre des ANAXAGORAS hinaus zu werten, daß bei der Vorstellung einer Mischung die Frage bedacht wird, was überhaupt miteinander mischbar sein kann. Das Allgemisch, das πάντα ὁμοῦ des ANAXAGORAS hatte wirklich «alles» enthalten; hier sei an die schon erwähnten Beispiele[55] erinnert: neben warm, kalt, trocken, feucht stehen hell und dunkel, weiß und schwarz, schwer und leicht, dünn und dicht, aber auch «viel Erde» sowie als «größte» Stoffe «Dunst und Aither»[56]. Dies alles sind «Dinge», χρήματα, also Stoffe, denn Unstoffliches als solches ist noch gar nicht erfaßt (es wäre nicht-existent, ein μὴ ὄν). Aber wie wäre zum Beispiel das Weiße als ein Stoff denkbar, als etwas, das keine Eigenschaft als das Weißsein besitzt? Und wie sollte es sich etwa mit dem Feuchten oder auch mit der Erde mischen? Was ist unter dem Vermischtsein und allseitigen Anteilhaben zu verstehen? Gegenüber diesem noch bei ANAXAGORAS offenkundigen Mangel an Differenzierung im Erfassen des Seienden und infolgedessen auch des Mischungsproblems ist es bemerkenswert und von durchaus philosophischem Interesse, daß in der Schrift *Über die alte Heilkunst* ein Versuch vorliegt, innerhalb dessen, was durch qualitative Merkmale bestimmt ist, Stoffliches und Nichtstoffliches zu scheiden, ein Versuch, der im Ausdruck noch tastend ist, da die Voraussetzungen im Denken wie in der Spra-

53 Vgl. dazu besonders die Schrift *Über die heilige Krankheit*, deren Verfasser die Epilepsie aus natürlichen Ursachen erklärt und sich nachdrücklich gegen ihre Interpretation als «göttliche» Krankheit wendet.

54 Diese Kräfte haben ihre Funktion nicht nur im kosmischen Geschehen, sondern auch in den Details, die den Arzt interessieren können: so fügen sich die vier Elemente durch die «Leimkräfte der Harmonie», Ἁρμονίης κόλλησιν, zu Knochen zusammen, und zur Bildung von Blut und Fleisch sind sie «in den vollkommenen Häfen der Kypris vor Anker gegangen», Κύπριδος ὁρμισθεῖσα τελείοις ἐν λιμένεσσιν (VS31 B96 und 98).

55 Siehe oben S. 13 und Anm. 15 und 16.

56 VS59 B1. 2. Für den Zusammenhang von Qualitäten und Erde, Wasser, Aither vgl. B15 und 16.

che nicht vorgegeben waren, in der Sache aber engagiert, denn es geht dem Autor weniger um die Lösung eines theoretischen Problems als um die Verteidigung der Grundlagen seiner τέχνη, deren Ziel Gesundheit und Wohlergehen des Menschen ist. So dürfte auch kaum logisch-philosophisches Bemühen ihn zu seiner Differenzierung geführt haben, vielmehr die aus ärztlicher Erfahrung gewonnene Überzeugung, daß die Wirkungsmöglichkeit und der Wirkungsgrad nicht bei allen feststellbaren (oder auch denkbaren) Kräften in gleicher Weise besteht und daß daher auch nicht alle gleichermaßen Schaden oder Krankheiten verursachen können. Wie oben bereits dargelegt wurde[57], sind es die durch Geschmacksqualitäten bestimmten Säfte, denen er die größte Wirkkraft zuerkennt, während er diese der Gruppe des Warmen, Kalten, Trockenen und Feuchten abspricht. Es galt also, für deren geringere Wirksamkeit Gründe aufzuzeigen, und dies mußte um so eindringlicher geschehen, als eben diese Gruppe in anderen Richtungen der Medizin eine hohe oder sogar ausschließliche Wertschätzung genoß[58].

Der erste Grund – er wurde schon genannt – ist, daß die große Wirkung durch die Isolation einer Kraft entsteht, aber warm, kalt, trocken, feucht sich gar nicht isolieren können, gar nicht rein für sich existent sind, ohne an etwas anderem teilzuhaben (μηδενὶ ἄλλῳ εἴδει κοινωνέον[59]). Diesem anderen, einer Substanz, wird die Benennung warm oder kalt, trocken, feucht hinzugefügt (προστιθέασι δὲ τῷ μὲν εἶναι θερμῷ, τῷ δὲ ψυχρῷ, τῷ δὲ ξηρῷ, τῷ δὲ ὑγρῷ[60]); mit diesem anderen zusammen tritt das Warme auf (συμπάρεστι) und übt im Verein mit ihm seine Wirkung aus, die durch die Verbindung an Stärke gewinnt[61]. Einen weiteren Grund dafür, daß warm und kalt nicht zu äußerster Stärke gelangen und Krankheiten verursachen kön-

57 S. 21. Vgl. dazu WANNER (s. Anm. 20) S. 31ff.; H. HERTER, *Die Treffkunst des Arztes in hippokratischer und platonischer Sicht*, Sudhoffs Archiv *47*, 1963, 249ff.; R. JOLY, *Le niveau de la science hippocratique*, 1966, 155ff.

58 Die besondere Funktion dieser Gruppe ist in der Medizin traditionell, also keineswegs so neu und neumodisch, wie es nach der Darstellung unseres Autors scheint. Schon für ALKMAION (um 500) werden uns als Kräfte genannt: warm, kalt, trocken, feucht, dazu freilich bitter, süß «und die übrigen», wobei die «Alleinherrschaft», μοναρχία, eines einzelnen Krankheit verursacht (VS 24 B4). Für das *Corpus Hippocraticum* sei auf die schon mehrmals zitierte Schrift *De nat. hom.* hingewiesen, ferner beispielsweise genannt: *De morbo sacro* Kap. 14: ein zu warmer oder kalter oder feuchter oder trockener Zustand (nämlich des Gehirns) als Krankheitsursache; Kap. 18: entsprechende Therapie, durch Bewirken des Feuchten, Trockenen, Warmen und Kalten im menschlichen Körper. *De locis in hom.* Kap. 42: Schmerz entsteht durch warm, kalt, trocken, feucht. *Aphor.* 4, 39.

59 Kap. 15 S. 46, 22 HEIB. Zu dieser Formulierung vgl. FESTUGIÈRE S. 50ff.

60 Kap. 15 S. 46, 23 HEIB.

61 Kap. 17 S. 49, 2ff. HEIB.

nen, sieht der Arzt darin, daß beide sich im menschlichen Körper sehr schnell gegenseitig ausgleichen, und zwar von selbst, ἀπὸ ταὐτομάτου (Beispiel der Erwärmung nach kaltem Bad). Auch bei Krankheiten erfolgt der Wärme-Kälte-Ausgleich automatisch, und wo dies nicht geschieht, wie bei starken Fiebern (Malaria), ist dies für den Verfasser gerade ein Beweis seiner Lehre, daß die Ursache nicht beim Warmen als solchem zu suchen ist, sondern anderswo, nämlich bei einem der Säfte[62].

Auch unter einem speziellen Aspekt der Mischfähigkeit ergibt sich in den Überlegungen des Autors eine Sonderstellung des Warmen und Kalten. Während ein Gemisch in den Lehren des EMPEDOKLES und ANAXAGORAS offenbar rein additiv aufzufassen ist, als eine Zusammenfügung kleinster elementarer Bestandteile, die ihr reales So-Sein auch in der Mischung beibehalten[63], wird nun diese mechanistische Vorstellung aufgegeben und die Mischung als ein Vorgang betrachtet, bei dem die ursprünglich vorhandenen Bestandteile sich verändern und also etwas Neues entsteht. Dabei ist zunächst an folgendes gedacht: ein saurer Saft etwa, der sich mit einem milden mischt, verliert von seiner Schärfe; er kann sich auch mit einem süßen oder bitteren und vielerlei anderen Säften mischen, was zu verschiedenen Resultaten und zu dem besten dann führt, wenn die Mischung möglichst vielfältig ist. Warmes und Kaltes aber können sich nur miteinander mischen; wird dagegen «warm» mit anderem, vielleicht mit «sauer», gemischt, so büßt es dabei nichts von seiner Wärme ein, vielmehr bleibt ihr Grad ebenso wie der der Säure erhalten, und folglich kann diese Art Verbindung gar nicht als Mischung gelten[64]. Doch sind die bei dem Prozeß der Mischung möglichen Veränderungen mit dem Gesagten noch nicht ausreichend angegeben, und die Defizienz des Warmen und Kalten erweist sich noch in einer weiteren Hinsicht. Wiederholt wird in *De prisca medicina* der Mischungsvorgang als «Kochung» (ἕψησις, πέψις) bezeichnet, und das Beispiel der Getreide- und Fleischzubereitung wie die in Analogie dazu gesehene Verdauung, aber auch die in Kap. 18–19 beschriebenen Krankheitserscheinungen zeigen deutlich,

62 Kap. 16–17.

63 Daß diese Bestandteile in der Mischung zum größten Teil unsichtbar, unerkennbar bleiben (ὄψις... ἀδήλων τὰ φαινόμενα VS59 B21[a], vgl. auch B1, B4, B12 Ende, B21), spricht nicht gegen ihr reales Vorhandensein. – Die nicht leicht zu beantwortende Frage, was ANAXAGORAS mit den «Keimen», σπέρματα (B4) gemeint habe, soll hier auf sich beruhen.

64 Vgl. Kap. 19 S. 50, 28ff. HEIB.

daß nicht nur die Vereinigung von Stoffen, sondern deren Verwandlung gemeint ist; wir würden von chemischen Prozessen sprechen. Bei dieser Verwandlung können die Säfte sich verdicken oder in Gärung, Fäulnis, Zersetzung geraten (παχυνθῆναι, σαπῆναι[65]). Daß dem Warmen und Kalten die Fähigkeit dazu fehlen muß, leuchtet unmittelbar ein, da sie keine Substanzen und Säfte sind. Doch war auch diese Erkenntnis damals nicht selbstverständlich; PLATON erwähnt eine Lehre von der Fäulnis oder Gärung des Warmen und Kalten[66], und es ist anzunehmen, daß dergleichen Vorstellungen in den Kreisen der Ärzte, die die Dominanz dieser Kräfte lehrten, nicht selten auftraten.

Die polemische Haltung und Tendenz in der Schrift *Über die alte Heilkunst* mag es bedingen, daß die Funktion des Warmen, Kalten, Trockenen, Feuchten vielleicht zu gering bewertet wird, jedenfalls ungewöhnlich gering im Vergleich zu ihrer Bedeutung in anderen hippokratischen Schriften[67]. Indessen wird sie nicht geleugnet; daß zum Beispiel jeder Kochvorgang der Wärme bedarf, ist evident, und für die Brotbereitung wird das Feuer eigens erwähnt[68]. Die Lehre aber, die der Autor mit größter Entschiedenheit und mit aller ihm möglichen Klarheit des Denkens und der Sprache darzulegen versucht, ist, daß die wesentlichen Vorgänge im Körper wie außerhalb, ἔξω (denn er beschränkt sich nicht nur auf medizinische Physiologie[69]), nicht erklärbar sind einfach als ein Wirken des Warmen, Kalten, Trockenen, Feuchten, sondern daß sie sich – allenfalls unter deren Ein- und Mitwirkung – innerhalb der Säfte vollziehen, modern gesprochen, daß sie als

65 Kap. 19. An späterer Stelle (Kap. 24 S. 55, 7ff. HEIB.; die Kapitel 21–24 sind eine Art Nachtrag nach Abschluß der eigentlichen Epideixis) wird noch die Möglichkeit genannt, daß ein Saft von selbst, ohne Mischung, in einen anderen umschlägt, wie der süße in den sauren. Allbekannte Phänomene wie Sauerwerden von Milch oder Wein sollten offenbar in diese Säftelehre einbezogen werden.

66 PLATON, *Phaed.* 96b 2ff. Ἆρ' ἐπειδὰν τὸ θερμὸν καὶ τὸ ψυχρὸν σηπεδόνα τινὰ λάβῃ, ὥς τινες ἔλεγον, τότε δὴ τὰ ζῷα συντρέφεται; BURNET und andere beziehen die Lehre auf ARCHELAOS, doch dürfte auch an medizinische Autoren zu denken sein. Vgl. auch HIPPOCR. *carn.* 3.

67 So fehlt auch jede Berücksichtigung des Klimas und der Jahreszeiten, sichtlich als Folge der Grundüberzeugung von der geringeren Wirksamkeit des Warmen, Kalten, Trockenen, Feuchten.

68 Kap. 13 S. 45,1 HEIB. (vgl. oben S. 20).

69 Vgl. das Beispiel des Brotbackens, doch wird auch auf andere Vorgänge «außerhalb des Menschen» verwiesen, so auf Einwirkungen auf Leder und Holz (Kap. 15 S. 47, 6ff. HEIB.).

chemische Prozesse zu verstehen sind. Daß freilich diese Vorgänge präzis naturwissenschaftlich erfaßt würden, dies wird man sowenig erwarten dürfen wie etwa eine für uns befriedigende Definition der Wärme. Für das fünfte vorchristliche Jahrhundert bedeutet es schon viel, wenn hier für die Wärme oder das Warme eine andere Weise des Daseins und Wirkens konstatiert wird als zum Beispiel für eine Säure, wenn es also gelingt, etwas eindeutig Substantielles von anders Geartetem abzugrenzen und als Folge dessen auch dem in den damals aktuellen Philosophien so wichtigen Phänomen der Mischung eine kritischere Interpretation zu geben.

Betrachten wir abschließend noch einmal das 20. Kapitel der Schrift, seine Polemik und sein Postulat[70]. Die Polemik richtet sich gegen EMPEDOKLES und andere «Ärzte und Naturphilosophen», die unbegründbare Spekulationen περὶ φύσεως zur Voraussetzung auch für die Medizin in Theorie wie Therapie machen wollen. Da die Vier-Elementen-Lehre in enger Verbindung zu der Lehre von den vier Qualitäten warm, kalt, trocken, feucht zu sehen ist, dürfte die Polemik in der Tat stärker EMPEDOKLES und seinen Anhängern gelten[71] als anderen, etwa ANAXAGORAS. Der Vorwurf der mangelnden Exaktheit aber trifft sie alle in gleicher Weise. Spekulationen über Natur und Kosmos, deren Wahrheitsgehalt unerkennbar ist, bleiben für den kritisch denkenden und dabei an der Realität, an den empirischen Gegebenheiten orientierten Arzt unbefriedigend. Er fordert exaktes und nachprüfbares Wissen, und seine eigene Wissenschaft, als Lehre von den Wirkungen der Kräfte im menschlichen Körper verstanden, erscheint ihm – mindestens in ihrer künftig erreichbaren Vollkommenheit – als Schlüssel für die Erkenntnis der Vorgänge in der Natur allgemein. Jedoch ist der von ihm aufgezeigte Weg nicht weiter beschritten worden; Nachfolge und Nachwirkung blieben aus. War es die Ungunst jener Zeit gegenüber einer solchen Richtung des Forschens, das Fehlen der Möglichkeiten zur experimentellen Erprobung? Oder

70 Siehe oben S. 16.

71 In der Sicht des Autors jedenfalls wird diese Verbindung der Elemente und Qualitäten bestanden haben; von daher ergibt sich auch der Zusammenhang von Kap. 20 (Polemik gegen Ärzte und Philosophen wie EMPEDOKLES) mit dem Hauptteil der Schrift (gegen die Lehre von den vier Qualitäten). Die Zuordnung der vier Qualitäten zu den vier Elementen ist vermutlich weniger bei EMPEDOKLES als bei den medizinischen Theoretikern vorauszusetzen, die seine Lehre benützen und weiterbilden; vgl. dazu auch J. BOLLACK, *Empédocle. Les Origines*, Comm. 2, 1969, 462f. In einem Fragment des EMPEDOKLES, VS 31 B 90, werden auch die Geschmacksqualitäten des Süßen, Bitteren, Sauren genannt, und zwar neben dem Warmen (wenn der überlieferte Text von DIELS richtig geändert wurde; die Konjektur von BOLLACK, op. cit. 463f., ἁλερόν «salzig», bleibt problematisch).

eher deren Verachtung[72]? War es die starke Neigung der Griechen zu spekulativem und konstruktivem Denken, auch zur Schematisierung? Durchgesetzt hat sich die Lehre von den vier Elementen, den vier Qualitäten, den vier Säften. Die Forderung nach exakter Erkenntnis, γνῶναί τι σαφές, bei der Erklärung der Natur blieb noch für lange Zeit unerfüllt und unerfüllbar.

72 Zur Geringschätzung des Empiristisch-Experimentellen bei PLATON-ARISTOTELES und zum fast völligen Fehlen des Experiments in der peripatetischen Naturwissenschaft vgl. O. REGENBOGEN, *Kleine Schriften*, 1961, 162ff. – Zu PLATON schreibt K. JASPERS: «Eine Wissenschaft, die nicht in das Philosophieren einbezogen ist, hat keinen Wert... Aber der selbständige Wahrheitscharakter wissenschaftlicher Erkenntnis gegenüber philosophischer Einsicht ist Plato nicht klar geworden und blieb mit wenigen Ausnahmen außerhalb des Horizontes seiner Zeit.» (*Plato*, *Augustin*, *Kant*, 1957, 88. Aus: *Die großen Philosophen*, Band I).

# Zur Grundvorstellung der Quantenmechanik

FRITZ BOPP

I come to praise the quantum,
not to bury it[1]

In dem kürzlich erschienenen Buch *Quantum Theory and Beyond*[2] sind verschiedene Schulen zu Wort gekommen, die heute am Gespräche über die Interpretation der Quantenmechanik beteiligt sind. Es ist hier nicht der Ort, näher darauf einzugehen. Doch ermutigt das Buch dazu, noch einmal die Vorstellungen[3] darzulegen, aus denen die Quantenmechanik mit gleicher Evidenz hervorgeht wie die klassische Mechanik[4] aus den ihr zugrunde liegenden. Es ist dem Verfasser eine Freude, Herrn H. HÖNL mit diesem Festschriftbeitrag zu seinem siebzigsten Geburtstag gratulieren zu können.

A. SOMMERFELD[5] hat als erster rund zwei Jahre vor der Begründung der älteren Quantenmechanik durch N. BOHR[6] gefordert, daß man nicht versuchen solle, das Plancksche Wirkungsquantum aus der Mechanik abzuleiten. Das müsse ebenso scheitern wie die Bemühungen, die Elektrodynamik auf die Mechanik zurückzuführen. Man stehe vielmehr vor der Aufgabe, die Eigenschaften des Atoms mittels des Wirkungsquantums zu verstehen.

Dieser berühmte Vortrag vor der Deutschen Naturforscher- und Ärztegesellschaft ist auch deshalb von nicht geringem historischem Interesse, weil zum erstenmal das Wirkungsintegral mit dem Wirkungsquantum in Verbindung gebracht wird, allerdings noch nicht, wie später bei BOHR, mit periodischen Bewegungen und mit Quantenzuständen.

1 T. BASTIN, *Quantum Theory and Beyond. Essays and Discussions Arising from a Colloquium* (Cambridge University Press 1971), 25.
2 Siehe Anm. 1.
3 F. BOPP, *Grundvorstellung der Quantenphysik*, in: H. P. DÜRR, *Quanten und Felder* (Braunschweig 1971); vgl. auch F. BOPP, *Quantenmechanische Messungen* (Leipzig 1973) (Nova Acta Leopoldina) (im Druck).
4 F. BOPP, *Grundlagen der klassischen Physik in gegenwärtiger Sicht*, Bayer. Akad. d. Wiss., Math.-naturw. Kl., Sitzungsberichte 1971, 93–118.
5 A. SOMMERFELD, Verhandlungen der Deutschen Physikalischen Gesellschaft 1911, Nr. 23, 1074–1093 (Referat vom 25.9.1911 in Karlsruhe).
6 N. BOHR, Phil. Mag. *26*, 1–25 (1913).

Kaum eine der heute bekannten Interpretationen ist mit der Sommerfeldschen Forderung in vollem Einklang. Denn für alle ist der Rückgriff auf klassische Vorstellungen wesentlich. Das gilt selbst für die Bohrsche Komplementarität, bei der zwei gegensätzliche klassische Vorstellungen herangezogen werden, um das quantenphysikalische Geschehen näherungsweise zu veranschaulichen. Natürlich könnte das daran liegen, daß SOMMERFELD mit seinem Analogieschluß über das Ziel hinausgeschossen hat. Wir meinen jedoch, daß man zu jener Zeit noch nicht weit genug schließen konnte, so daß sich SOMMERFELD mit einer Vorahnung begnügen mußte.

Heute können wir weiter sehen, wenn wir nicht nur die oft untersuchten Beispiele betrachten, sondern die Erfahrungen der Teilchenphysik ins Auge fassen, die keinen Zweifel darüber lassen, daß Materie nicht so ist, wie wir sie uns seit den Tagen von THALES vorgestellt haben, also seit mehr als 2500 Jahren. Von ANAXIMENES[7] ist ein Fragment überliefert, das deutlich macht, worum es den milesischen Philosophen gegangen ist: «Alles, was sich verändert, könnte sich nicht verändern, wenn es sich nicht bewegte.» Was bei der Bewegung seine Identität bewahrt, ist hier nicht ausdrücklich gesagt. Doch ist bekannt, daß darüber die Meinungen der Milesier noch auseinandergegangen sind. Der Funktion nach ist es das, was der Welt Beständigkeit verleiht. Mehr und mehr kristallisiert sich heraus, daß es der ungeformte Stoff ist, die Materie, ursprünglich wohl auch das Bewegende, seit dem Aufbruch der Neuzeit das die Bewegung Bestimmende, das Bewegungsgesetz.

In Hinblick auf die Lehre von PARMENIDES[8] und in Abwehr seiner Kritik hat sich die milesische Vorstellung fortentwickelt. Unter den verschiedenen Ansätzen hat der Atomismus von LEUKIPP und DEMOKRIT[9] in der Folgezeit die größte Bedeutung erlangt. Beständig sind die Atome, die sich im leeren Raum bewegen. Der Wandel in der Welt ist wie bei den Milesiern Folge der Bewegung.

In der klassischen Physik reduzieren sich die Atome auf Materiepunkte, bei NEWTON noch nicht expressis verbis, aber doch faktisch. Dabei sind die Materiepunkte nicht notwendig Atome, wie schon der Umstand zeigt, daß makrophysikalische Systeme wie starre Körper, Flüssigkeiten und Gase als Kontinua gedacht werden, als kontinuierliche Mengen von Massenpunkten. Ob Atomismus oder nicht, für uns ist der Umstand wesentlich, daß die

7 W. CAPELLE, *Die Vorsokratiker* (4. Aufl., Stuttgart 1953) (= Kröners Taschenausgabe, Bd. 119), 93, Quelle 13, letzter Satz.

8 CAPELLE, 165, Quelle 6; vgl. auch Quelle 8, S. 167, Abs. 4, Satz 1.

9 CAPELLE, etwa: 398, Quelle 4.

Newtonschen Massenpunkte bei der Bewegung ihre Identität bewahren und so wie schon bei THALES Garant für die Beständigkeit der Welt sind. Diese Funktion kommt heute der Materie nicht mehr zu.

Ehe wir darauf eingehen, müssen wir noch genauer die tradierte Materievorstellung und frühe Kritik derselben betrachten. Sie wurzelt in der Erfahrung, daß wir Dinge ins Auge fassen und ihre Bewegung verfolgen können. Die milesische These bis hin zur Vorstellung von Massenpunkten beruht auf der Annahme, daß die Makroerfahrung auch für kleinste Bereiche gültig bleibt. Das ist eine Hypothese, wenn auch eine gewiß sehr naheliegende.

Schon 100 Jahre nach THALES hat jedoch HERAKLIT[10] erkannt, daß eine solche Hypothese nicht unproblematisch ist. Eine Flamme verdankt ihre Beständigkeit nicht der Materie, sondern dem Gesetz, nach dem die Verbrennung vor sich geht. Die ruhig brennende Flamme bewahrt ihre Gestalt, obwohl ständig Abgase weggehen und neuer Brennstoff zugeführt wird. Ein Mensch, den wir, von ihm abgewandt, nach 10 Jahren an seiner Stimme wiedererkennen, enthält kaum noch eines der Atome aus der Zeit unserer ersten Bekanntschaft.

HERAKLIT sind als erstem solche Fließgleichgewichte zum Problem geworden. Er hat auf diese Weise die Bedeutung des Gesetzes für die Beständigkeit der Welt erkannt. Bewußt greift er dabei bildhaft auf den politischen Gesetzesbegriff[11] zurück, was seitdem zum Gemeingut vieler europäischer Sprachen geworden ist. Wissen wir auch heute, daß wir Fließgleichgewichte durchaus atomistisch verstehen können, so bleibt doch der Zweifel, ob die von der Makrophysik her bestimmte Erwartung einer Bewegung unter Wahrung der Identität bis ins kleinste hinein Gültigkeit hat, das um so mehr, als in der klassischen Physik doppelt genäht wird. Wir gehen von der Beständigkeit der Materie aus und haben außerdem Gesetze und insbesondere Erhaltungssätze.

Dieser Zweifel erlangt vollends Gewißheit, nachdem es sich gezeigt hat, daß beim Zusammenstoß zweier Teilchen hinreichend hoher Energie viele

10 CAPELLE 132, Quelle 16; 142, Quelle 58; vor allem: 136, Quelle 33. Hier erfolgt – noch in seiner Bildhaftigkeit erkennbar – die Abstraktion des Begriffes «Gesetz» als Ausdruck der nichtmanipulierbaren Wirklichkeitsordnung. Man vergleiche daneben die Abstraktion des Begriffes für den «ungeformten Stoff», bei dem man zunächst an verschiedene Bilder denkt, an das Wasser bei THALES, an das Unendliche bei ANAXIMANDER, an die Luft bei ANAXIMENES und schließlich an Bauholz = Hyle = «Materie».

11 CAPELLE, 136.

Teilchen u. U. von gleicher Art[12] entstehen können, so daß man nicht mehr von einer Zerlegung in kleinere Teile reden kann, jedenfalls nicht mehr in naiver Weise. Damit erhebt sich die Frage: Wie sieht eine Physik aus, der nicht mehr die Voraussetzung zugrunde liegt, daß sich Materie sich selbst gleichbleibend bewege, daß auch das frei dahinfliegende Teilchen seine Beständigkeit dem Gesetz verdankt, das seine Bewegung bestimmt?

Der Weg dahin ist wenigstens in einem wichtigen Punkt bereits von HERAKLIT vorgezeichnet. Wir betrachten nicht mehr Dinge, die sich im Raum bewegen, sondern Gebiete, und beobachten das Geschehen in diesen. In Hinblick auf die angestrebte Mathematisierung gehen wir statt vom Körper zum Materiepunkt vom Gebiet zum Raumpunkt über. Das Geschehen in einem Punkt soll so einfach wie möglich sein. Darum nehmen wir an, daß es nur zwei verschiedene Zustände gibt. Man kann zeigen, daß das Geschehen bei mehreren Zuständen auf das von zwei zurückgeführt werden kann, so daß die letzte Annahme zu keiner Einschränkung der Allgemeinheit führt.

Wir bezeichnen die beiden Zustände mit 0 und 1 und sagen von dem Punkt, er sei leer bzw. besetzt. Bei dem Übergang von 0 nach 1 sprechen wir von der Erzeugung, beim umgekehrten Übergang von der Vernichtung eines Teilchens. Das Teilchen, von dem hier die Rede ist, braucht nicht mit irgendwelchen realen Teilchen identisch zu sein. Wir nennen es Urfermion. Das Wort «Ur» weist auf den Urbildcharakter hin, das Wort «Fermion» = «Fermiteilchen» darauf, daß es nur zwei Zustände gibt, Sein und Nichtsein.

Alles im vorigen Absatz Gesagte ist Definition und wird darum von Sachkritik nicht berührt. Man kann sich aber fragen, ob die Nomenklatur zweckmäßig ist. Wir haben sie gewählt, weil wir so einem eingebürgerten Sprachgebrauch nahekommen. Dadurch wird aber ein wichtiger Sachverhalt verschleiert. Das wird gemildert, wenn wir statt von Sein und Nichtsein von Sosein und Anderssein reden. Denn die beiden Zustände sind zwei Seinsweisen des betrachteten Punktes.

Damit entgehen wir einerseits dem Einwand von PARMENIDES[13], daß Nichtsein nicht sein kann, der schon zu seiner Zeit mehr philologischer als

12 L. E. AGNEW et al.: Phys. Rev. *108*, 1545 (1957). In dieser Arbeit wird über die Entdeckung des Antiprotons berichtet. Beim Zusammenstoß von zwei Protonen $p + p$ entstehen zusätzlich ein Proton $p$ und ein Antiproton $\overline{p}$ gemäß $p + p \rightarrow p + p + p + \overline{p}$. Die Protonen zerfallen also nicht in kleinere Teile, sondern es entstehen neben den vorhandenen neue Teile gleicher oder verwandter Art. Bei den höchsten heute im Laboratorium erreichbaren Energien können viele Teilchen entstehen, überwiegend Pionen, z.B. $p + p \rightarrow p + p + p + \overline{p}$ + irgend etwas.

13 Siehe oben Anm. 8.

sachlicher Art gewesen ist. Positiv gewendet kann man sagen, daß die hier formulierte Vorstellung der von EMPEDOKLES[14] gleicht, der von der Mischung zweier oder mehrerer Bestandteile spricht und das Geschehen als Wechsel der Mischung versteht. Das mag historisch interessant sein, weil EMPEDOKLES und ANAXAGORAS[15] wie LEUKIPP und DEMOKRIT zu denjenigen Philosophen gehört haben, die die Tradition der Milesier auf eine Weise fortzusetzen suchen, mit der man der Kritik des PARMENIDES und der Eleaten entgeht.

Wir benutzen also die in unserem Zusammenhang gebräuchliche Redeweise von Sein und Nichtsein so, daß die beiden Worte austauschbar sind, ohne daß sich die Struktur der Physik ändert. Das kann im Konkreten so weit gehen, daß die physikalischen Gesetze in beiden Fällen die nämlichen sind. Doch muß das nicht so sein; vielmehr wird es zur Aufgabe der konkreten Formulierung der Theorie gehören, festzustellen, ob eine solche Symmetrieeigenschaft besteht.

Natürlich sind die Vorstellungen der Alten weit entfernt von dem Ziel, das wir hier anstreben. Doch mag die Verwandtschaft deutlich machen, daß die Mannigfaltigkeit elementarer Vorstellungen, mit denen wir Wirklichkeitsordnung in den Griff zu kriegen suchen, begrenzt ist. Der Hinweis auf die griechischen Philosophen ist darum keineswegs an den Haaren herbeigezogen, sondern nur Ausdruck dessen, daß in jener virulenten Periode der Philosophie die menschenmöglichen Vorstellungsweisen bereits durchgespielt worden sind, mit denen wir Wirklichkeitsordnung erfassen, ohne daß man damals zu entscheiden vermochte, welche von ihnen tragfähig sind.

So bedeutend solche Feststellungen für das Verständnis des Erkenntnisprozesses sein mögen, für unser Ziel ist ein anderer Punkt wichtiger, nämlich der, daß wir, indem wir von Erzeugungs- und Vernichtungsprozessen ausgehen, von vorneherein Quantenzustände und Quantensprünge voraussetzen[16].

Als Elementarprozesse bedürfen sie keiner weiteren Erklärung. Insbesondere hätte es keinen Sinn, sie auf Bewegungen zurückführen zu wollen.

14 CAPELLE, 193, Quelle 13.

15 CAPELLE, 260, Quelle 24. Die Verwerfung der Begriffe «Entstehen» und «Vergehen» steht, wenn man sie auf die Materie bezieht, im Gegensatz zu der Vorstellung, von der wir hier ausgehen. Natürlich gilt auch in der Quantenmechanik, daß nichts ohne Ursache geschieht.

16 A. LANDÉ z.B. in *New Foundation of Quantum Mechanics* (Cambridge University Press 1965), verfolgt das gleiche Ziel mit dem Unterschied, daß er nicht auf die Elementarprozesse zurückgeht, bei denen es nur Übergänge zwischen zwei Zuständen gibt. Das zieht nach sich, daß er Voraussetzungen braucht, die hier als Folge erscheinen.

Denn Bewegung kommt nun erst dadurch zustande, daß an einer Stelle ein Urfermion vernichtet und an einer anderen erzeugt wird. Die Bewegung ist also, anders als in der klassischen Physik, kein elementarer Prozeß mehr. Nicht nur die Bewegung, auch die sie beherrschenden Gesetze, die Erzeugung und Vernichtung realer Teilchen, darüber hinaus Begriffe wie Energie und Impuls, Ladung, Spin, Isospin u.dgl. und nicht zuletzt die Strukturgesetze von Raum und Zeit wird man vom Zusammenspiel der Elementarprozesse her verstehen müssen und nicht aus der klassischen Physik übernehmen dürfen.

Speziell die Zeit ist implizite bereits in der Grundvorstellung enthalten. Die Besetzungszahl $\nu$ mit den Werten $\nu = 0$ oder $\nu = 1$ ist eine Funktion der Zeit $t$, offensichtlich eine unstetige. Nehmen wir die Zeit als stetig ablaufend an, so wäre es selbst dann ausgeschlossen, die Funktion $\nu(t)$ empirisch zu bestimmen, wenn wir Urfermionen unmittelbar beobachten könnten. Denn Beobachtungen finden stets nur in einzelnen Augenblicken statt. Was zwischen diesen geschieht, muß unter Voraussetzung eines stetigen Ablaufs durch Interpolation gefunden werden. Das ist bei unstetigen Prozessen nicht möglich. Wie klein auch die Dauer zwischen zwei Beobachtungen sein mag, wir können niemals wissen, wieviel Sprünge in den Zwischenzeiten geschehen. Gesetzmäßigkeiten gibt es also nur bei stetig veränderlichen Größen.

Von hier aus fällt ein bemerkenswertes Licht auf die These von G. W. Leibniz[17]: «Natura non facit saltus.» Es ist primär nicht eine Forderung an die Natur, sondern stellt eine Bedingung für die Existenz von Naturgesetzen dar. Erst wenn wir fordern, daß es für die zeitlichen Änderungen einer ins Auge gefaßten Größe ein Gesetz gibt, können wir schließen, daß sich diese stetig ändern muß.

Zu solchen Größen gehört klarerweise die Besetzungszahl $\nu$ nicht. Wenn es für sie überhaupt Gesetze gibt, so können es nur statistische sein. Denn die Wahrscheinlichkeiten $w_\nu(t)$, mit denen die Zustände $\nu = 0$ und $\nu = 1$ vorkommen, können sich stetig ändern. Eine Physik auf herakliteischer Basis ist also von Anfang an eine statistische.

Hierzu ist eine Anmerkung nötig, von der man meinen könnte, sie sei seit den Tagen von W. Gibbs[18] überflüssig. In dem ausgezeichneten Editorial des Herausgebers von *Quantum Theory and Beyond* findet sich eine Fuß-

17 G. W. Leibniz, *Nouveaux Essais* IV, 16.

18 J. W. Gibbs, *Elementare Grundlage der Statistischen Mechanik*, übers. von E. Zermelo (Leipzig 1905).

note[19], in der festgestellt wird, eine rein statistische Deutung der Wellenfunktion sei nicht möglich, weil es bereits für einzelne Lichtquanten oder Teilchen Interferenzen gebe. Wäre das richtig, so wären die Glücksräder auf Jahrmärkten, die nur einen statistisch relevanten Freiheitsgrad haben, keine statistisch beschreibbaren Systeme. Doch weiß jedermann, daß das mit einer den Anforderungen der Praxis genügenden Genauigkeit der Fall ist, so daß es sich um ein «ehrliches» Spiel handelt. M. BORN[20] hat das an einem verwandten Beispiel, an einem Massenpunkt, der zwischen zwei Wänden hin- und herreflektiert wird, genauer analysiert. Klarerweise steht hinter diesen Wahrscheinlichkeiten eine Gibbsche Gesamtheit, eine virtuelle oder gedachte Gesamtheit, wie man auch sagt, die man dadurch in den Griff kriegt, daß man den nämlichen Versuch hinreichend oft wiederholt.

So ist auch das Interferenzexperiment mit einem Quant oder Teilchen zu verstehen. L. JANOSSI[21] hat Interferenzen mit einem Michelson-Interferometer untersucht, dessen Ausdehnung (13 m) groß gegen die Kohärenzlänge des Lichtes (1 m) und klein gegen den Lichtquantenabstand (200 m) gewesen ist, so daß es in jedem Augenblick nur ein experimentell relevantes Lichtquant gegeben hat, ohne daß die Gesamtheit der vereinzelten Lichtquanten aufhörte, Interferenzstreifen zu geben[22].

Wenn wir hier von Wahrscheinlichkeiten reden, so stehen Gibbsche Gesamtheiten im Hintergrund. Wir fragen nun nach dem Gesetz der zeitlichen Änderung von $w_\nu(t)$. Zunächst gilt

$$w_0 \geqslant 0,\ w_1 \geqslant 0,\ w_0 + w_1 = 1. \tag{1}$$

Wir haben also nur eine unabhängige Zeitfunktion zu bestimmen. Als solche wählen wir die Wahrscheinlichkeitsspanne

$$-1 \leqslant w(t) := w_1(t) - w_0(t) \leqslant +1. \tag{2}$$

Gleichungen, die die zeitlichen Veränderungen von Wahrscheinlichkeiten beschreiben, heißen stochastisch. Wir werden hier stochastische Gleichungen von einem anderen Typ als dem von PLANCK-KOLMOGOROFF[23]

19 A.a.O., 5.

20 M. BORN, Dän. Akad. Wiss., Math.-phys. Kl. 30, Nr. 2 (1955); Z. f. Physik *153*, 372–388 (1958).

21 L. JANOSSI, Ungarische Akad. d. Wiss., Zentrales Forschungsinstitut für Physik (Budapest 1957).

22 Mit Strahlen aus zwei Lasern: R. L. PFLEEGOR, L. MANDEL, Phys. Rev. *159*, 1084 (1967) nach Abschwächung wie Anm. 21; ohne Abschwächung: MAGYAR, MANDEL, Nature *198*, 255 (1963).

23 Vgl. J. L. DOOB, *Stochastic Processes* (New York und London 1953).

brauchen. Allen stochastischen Gleichungen ist das Mischungsgesetz gemeinsam. Wenn $w'_\nu(t)$ und $w''_\nu(t)$ Lösungen der stochastischen Gleichungen sind, so muß das auch für

$$w_\nu(t) = p\, w''_\nu(t) + q\, w''_\nu(t), \quad p, q \geqslant 0, \quad p + q = 1, \quad p, q = \text{const} \tag{3}$$

gelten. Für die Wahrscheinlichkeitsspanne folgt daraus

$$w(t) = p\, w'(t) + q\, w''(t) \tag{4}$$

wegen

$$w_0 = \frac{1 - w}{2}, \quad w_1 = \frac{1 + w}{2}. \tag{5}$$

Hiernach müssen die stochastischen Gleichungen für $w_\nu(t)$ linear homogen sein und die für die Spanne $w(t)$ linear.

Wenn auch die Gleichung für $w(t)$ homogen ist, stellt $w(t) = 0$ eine mögliche Lösung dar, d.i. nach (5) die Gleichwahrscheinlichkeit der beiden Zustände $\nu = 0$ und $\nu = 1$ wegen $w_0 = w_1 = 1/2$. Normieren wir die Wahrscheinlichkeiten so, daß die Gleichwahrscheinlichkeit der völligen Unkenntnis zugeordnet ist, so ist die Forderung einer homogenen Gleichung für $w$ gleichbedeutend mit der Forderung, daß Kenntnis nicht durch bloßes Abwarten erreicht werden kann.

Nehmen wir außerdem an, daß die Zeit homogen sei, so hat die allgemeinste Lösung, wie man zeigen kann, folgende Form

$$w(t) = \sum_{\nu=1}^{\infty} c_\nu\, e^{i\omega_\nu t} \tag{6}$$

Darin sind die $c_\nu$ mathematisch willkürlich wählbar und die $\omega_\nu$ sind charakteristische Frequenzen, die im allgemeinen komplexe Werte haben.

Da $w(t)$ eine reelle Größe ist, muß es zu jeder komplexen Größe $i\,\omega_\nu$ auch die konjugiert komplexe $-i\,\omega_\nu^*$ geben. Komplexwertige Frequenzen treten also stets nur paarweise auf:

$$\omega_\nu = \pm\,\Omega_\nu + i\,\alpha_\nu.$$

Nur rein imaginäre $\omega_\nu$ können einfach sein. Damit folgt aus (6):

$$w(t) = \sum_\nu C_\nu \cos \Omega_\nu (t - t_\nu)\, e^{-\alpha_\nu t} + \sum_\mu C'_\mu\, e^{-\beta_\mu t} \tag{7}$$

Negative $\alpha_\nu$ und $\beta_\nu$ scheiden von vorneherein aus. Denn sie liefern exponentiell wachsende Glieder, so daß die Ungl. (2) nicht eingehalten werden können. Wir behaupten, daß alle $\alpha_\nu$ und $\beta_\nu$ gleich 0 sein müssen. Das ist keineswegs selbstverständlich. Eher würde man das Gegenteil erwarten. Denn Planck-Kolmogoroffsche Gleichungen haben stets positive $\alpha_\nu$ und $\beta_\nu$. Sie sind Ausdruck wachsender Entropie, was nur für kollektive Prozesse charakteristisch ist.

Gesetze für Elementarprozesse sollten die Beständigkeit der Welt garantieren. Gäbe es in (7) abklingende Glieder, so müßten diese längst abgeklungen sein oder so langsam abnehmen, daß wir zunächst von der Abnahme absehen können. In diesem Fall geht Gl. (7) über in

$$w(t) = \sum_\nu C_\nu \cos \Omega_\nu (t - t_\nu) + C_0. \tag{8}$$

Viele Frequenzen $\Omega_\nu$ wären Ausdruck von komplexen Strukturen, die wir dem Zusammenspiel von Elementarprozessen zubilligen werden, nicht aber den Elementarprozessen selbst. Damit überhaupt Änderungen möglich sind, muß mindestens eine der Frequenzen von 0 verschieden sein. Wir nehmen an, daß es für Elementarprozesse nur eine solche Frequenz gibt. Somit erhalten wir schließlich

$$w(t) = C_0 + C \cos \Omega (t - t_0). \tag{9}$$

$C_0$ kann von 0 verschieden sein. Denn für fast alle Punkte im Raumkontinuum muß gelten, daß sie immer unbesetzt sind, so daß $w(t) = -1$ eine mögliche Lösung ist. Gl. (9) genügt der Differentialgleichung

$$\dddot{w} + \Omega^2 \dot{w} = 0. \tag{10}$$

Umgekehrt sind mit (10) nur Lösungen vom Typus (9) verträglich. Wir betrachten also Gl. (10) als stochastische Gleichung für Elementarprozesse.

Damit es sich wirklich um eine stochastische Gleichung handelt, muß man den Bereich der zulässigen Lösungen begrenzen. Beispielsweise muß wegen $|w| \leqslant 1$ die Konstante $C = 0$ sein, wenn $C_0 = 1$ ist. Um das mehr systematisch zu tun, ist es zweckmäßig, von der Differentialgleichung dritter Ordnung zu einem System von drei Gleichungen erster Ordnung überzugehen. Das ist auf vielfältige Weisen möglich. Doch ist eine Gleichung bequem, in die die drei Funktionen

$$\underline{p} = (p_1, p_2, p_3), \tag{11}$$

die an die Stelle von $w$, $\dot{w}$, $\dot{w}$ treten, symmetrisch eingehen. Sei $\underline{\Omega} = (\Omega_1, \Omega_2, \Omega_3)$ eine vektorartige Größe, so ist

$$\dot{\underline{p}} = \underline{\Omega} \times \underline{p}, \underline{\Omega} = \text{const} \tag{12}$$

ein möglicher Ansatz.

Daraus folgt nämlich:

$$\ddot{\underline{p}} = \underline{\Omega} \times \dot{\underline{p}} = \underline{\Omega} \times (\underline{\Omega} \times \underline{p}) = \underline{\Omega}\,(\underline{\Omega} \cdot \underline{p}) - \underline{\Omega}^2 \underline{p},$$

so daß

$$\dddot{\underline{p}} = \underline{\Omega}\,(\underline{\Omega} \cdot \dot{\underline{p}}) - \Omega^2 \cdot \dot{p} = -\,\Omega^2 \dot{\underline{p}}$$

ist und jede Komponente von $\underline{p}$ Gl. (10) genügt:

$$\dddot{\underline{p}} + \Omega^2 \dot{\underline{p}} = 0, \tag{13}$$

wenn wir $\Omega$ mit dem Betrag $|\underline{\Omega}|$ des Vektors $\underline{\Omega}$ identifizieren. Setzen wir

$$p_3 = w, \tag{14}$$

so folgt

$$\dot{w} = \Omega_1 p_2 - \Omega_2 p_1,$$
$$\ddot{w} = \Omega_3 (\Omega_1 p_1 + \Omega_2 p_2) - (\Omega_1^2 + \Omega_2^2)\, w.$$

Danach sind $p_1$ und $p_2$ durch $w$ und die Ableitungen $\dot{w}$ und $\ddot{w}$ bestimmt. In der Tat sind die Gl. (12) und (10) äquivalent.

Die Lösungen von (12) lassen sich leicht geometrisch beschreiben. Dazu betrachten wir den Raum der $\underline{p}$-Vektoren (s. Figur 1). Nach Gl. (2) ist

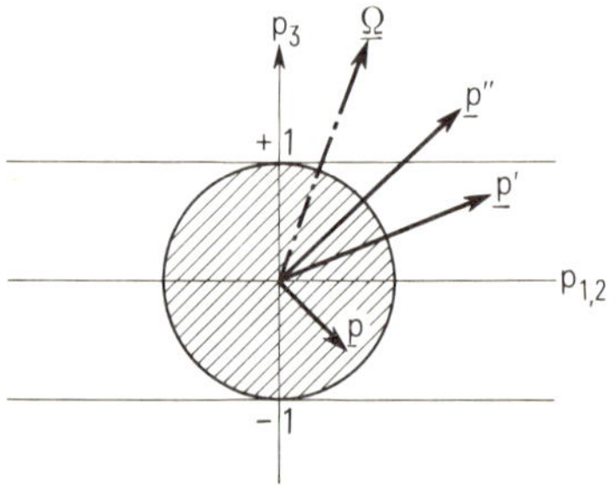


Fig. 1. Raum der $p$-Vektoren. Definitionsbereich von $w = p_3$: $-1 \leq p_3 \leq +1$. Schraffiert: Einheitskugel $\underline{p}^2 \leq 1$.

nur das Gebiet $|w| = |p_3| \leqslant 1$ zugelassen. Vektoren $\underline{p}''$, die außerhalb dieses Gebietes enden, haben keine physikalische Bedeutung.

Ähnliches gilt für Vektoren, die innerhalb der Platte $|p_3| \leqslant 1$, aber außerhalb der Kugel $\underline{p}^2 \leqslant 1$ liegen. Denn es kann Vektoren $\underline{\Omega}$ geben, bei denen $\underline{p}'$, das nach (12) eine Drehung um $\underline{\Omega}$ ausführt, aus der Platte herauswandert. Folglich sind nur solche $\underline{p}$ stochastisch zulässig, deren Ende nicht außerhalb der Einheitskugel liegt. Es muß

$$\underline{p}^2 \leqslant 1 \tag{15}$$

sein. Dabei ist angenommen, daß $\underline{p}$ für alle $\underline{\Omega}$ stets innerhalb der Platte bleiben muß, daß also die die zeitlichen Veränderungen bestimmende Größe von den Wahrscheinlichkeiten unabhängig ist. Das Bewegungsgesetz ist Ausdruck eines objektiven Geschehens.

Ehe wir Folgerungen ableiten, seien die Voraussetzungen zusammenhängend dargestellt:

1. Es gibt zwei Zustände «leer» und «besetzt».
2. Zustandsänderungen werden statistisch beschrieben.
3. Es gilt für alle Zeiten das Mischungsgesetz.
4. Unkenntnis kann nicht durch Abwarten gemildert werden.
5. Die Zeit ist homogen.
6. Das Gesetz garantiert die Beständigkeit der Welt.
7. Maximale Einfachheit gebietet: Es gibt nur eine Frequenz.
8. Die Lösung «ständig leer» ist möglich.
9. Das Bewegungsgesetz ist objektiv, d.h. unabhängig von Wahrscheinlichkeiten.

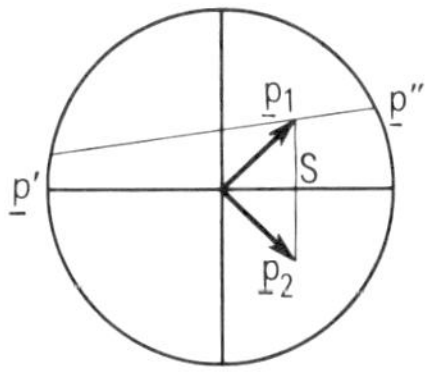


Fig. 2. Der stochastische Konvexkörper.

Ungl. (15) und Fig. 1 zeigen, daß die statistischen durch $\underline{p}$ charakterisierten Gesamtheiten einen Konvexkörper bilden. Mit $\underline{p}_1$ und $\underline{p}_2$ liegen alle Vektoren (Fig. 2) in der Kugel, die auf der Strecke S zwischen den Pfeilspitzen von $\underline{p}_1$ und $\underline{p}_2$ enden. Die auf S endenden Vektoren können durch Mischung der Gesamtheiten $\underline{p}_1$ und $\underline{p}_2$ entstehen. Jeder Vektor, der innerhalb der Kugel endet, kann auf mannigfache Weisen durch Mischung von Gesamtheiten entstehen, die durch Oberflächenpunkte $\underline{p}'$, $\underline{p}''$ bestimmt sind (Fig. 2). Oberflächenpunkte können klarerweise nicht durch Mischung entstehen. Man spricht in diesen Fällen von reinen Gesamtheiten:

$$\underline{p}^2 = 1. \tag{16}$$

Offensichtlich bleiben reine Gesamtheiten nach (12) stets rein. Doch entstehen durch Mischung reiner Gesamtheiten stets Gemische. Im Bereich der reinen Gesamtheiten gibt es also keine Superposition der Wahrscheinlichkeiten. Andererseits sind mit reinen Gesamtheiten beliebige Wahrscheinlichkeitsverteilungen verträglich. Beispielsweise kann $p_3'' = w''$ in Fig. 2 beliebige Werte zwischen $-1$ und $+1$ annehmen.

Wir begegnen hier einer aus der Quantenmechanik bekannten Situation. Tatsächlich ist Gl. (12) mit der v. Neumannschen Gleichung für dichotomische Prozesse (für Prozesse zwischen zwei Zuständen) äquivalent. Denn mit den Paulimatrizen

$$\underline{\sigma} = (\sigma_1, \sigma_2, \sigma_3) = \left[\begin{pmatrix} 0, & +1 \\ +1, & 0 \end{pmatrix}, \begin{pmatrix} 0, & -i \\ +i, & 0 \end{pmatrix}, \begin{pmatrix} +1, & 0 \\ 0, & -1 \end{pmatrix}\right] \tag{17}$$

kann man die Matrizen

$$P = \frac{1}{2}(1 + \underline{p} \cdot \underline{\sigma}), \; H = \frac{1}{2} \underline{\Omega} \cdot \underline{\sigma} \tag{18}$$

einführen und Gl. (12) wie folgt schreiben:

$$i \dot{P} = [H, P] := HP - PH, \tag{19}$$

was unmittelbar aus

$$\underline{\sigma} \times \underline{\sigma} = 2 i \underline{\sigma} \tag{20}$$

folgt. In (19) ist $P$ die v. Neumannsche Zustandsmatrix und $H$ der Schrödingeroperator. Klarerweise gilt für $P$ wie für $\underline{p}$ das Superpositionsprinzip. Die Gleichung

$$\text{Spur}\, P = 1 \tag{21}$$

ist mit

$$\frac{1}{2}(1 + p_3) + \frac{1}{2}(1 - p_3) = w_0 + w_1 = 1$$

äquivalent.

Reine Fälle sind durch folgende Gleichung gekennzeichnet:

$$P^2 = \frac{1}{4}(1 + \underline{p}^2) + \frac{1}{2}\underline{p} \cdot \underline{\sigma} = P, \tag{22}$$

also durch die Eigenwerte 0 und 1 von $P$. Es gibt somit zwei Zustandsvektoren $\varphi_0$ und $\varphi$, die orthogonal sind und als normiert vorausgesetzt werden können:

$$\varphi_0^\dagger \varphi_0 = \varphi^\dagger \varphi = 1, \varphi_0^\dagger \varphi = \varphi^\dagger \varphi_0 = 0,$$

mit

$$P \varphi_0 = 0, P \varphi = \varphi.$$

Daraus folgt

$$P = \varphi \varphi^\dagger \tag{23}$$

und Gl. (19) liefert

$$(i \dot{\varphi} - H \varphi) \varphi^\dagger + \varphi (i \dot{\varphi}^\dagger + \varphi^\dagger H) = 0.$$

Mit

$$i \dot{\varphi} - H \varphi = \chi, - i \dot{\varphi}^\dagger - \varphi^\dagger H = \chi^\dagger \tag{24}$$

erhält man daraus

$$\chi \varphi^\dagger = \varphi \chi^\dagger.$$

Multiplikation von rechts mit $\varphi$ bzw. von links mit $\varphi^\dagger$ ergibt

$$\chi = \varphi (\chi^\dagger \varphi), (\varphi^\dagger \chi) \varphi^\dagger = \chi^\dagger.$$

Danach ist

$$\chi = \lambda \varphi, \chi^\dagger = \lambda^* \varphi^\dagger$$

und (24) geht in

$$i \dot{\varphi} - H \varphi = \lambda, - i \dot{\varphi}^\dagger - \varphi^\dagger H = \lambda^{*\dagger}.$$

Darin sind $\lambda$ und $\lambda^*$ Zahlen. Mit

$$\varphi = \Phi\, e^{-iu}, \quad \varphi^\dagger = \Phi^\dagger\, e^{+iu^*}$$
$$\dot{u} = \lambda \quad , \quad \dot{u}^* = \lambda^*$$

erhält man schließlich für reine Fälle die Schrödingergleichung für dichotomische Prozesse:

$$i\dot{\Phi} = H\Phi, \quad -i\dot{\Phi}^\dagger = \Phi^\dagger H. \tag{25}$$

Im Bereich der reinen Fälle gibt es, wie wir bereits gesehen haben (Fig. 2) keine Superponierbarkeit der Wahrscheinlichkeiten, hiernach aber eine der Wahrscheinlichkeitsamplituden.

Damit ist der Grund gelegt, auf dem man das ganze Gebäude der Quantenmechanik errichten kann. Wie man von hier aus weiterkommt, ist an anderer Stelle gezeigt[24]. Die allgemeine Form der Schrödingergleichung ergibt sich aus einer einzigen weiteren Forderung. Man kann sie dem eingangs erwähnten Satz von ANAXIMENES entgegenstellen: Alles Geschehen läßt sich verstehen als Zusammenspiel einer Menge von Elementarprozessen. Natürlich erfordert es weitergehender Annahmen, wenn man Schrödingeroperatoren bestimmen will, z.B. führen die bekannten Symmetrieeigenschaften von Raum und Zeit unmittelbar zur Diracgleichung und darüber hinaus zu einer Vorschrift, wie man die Koordinaten in Raum und Zeit quantenmechanisch zu bestimmen hat. Die Betrachtung endet einstweilen dort, wo es noch ungelöste Probleme der Quantenphysik gibt, nämlich bei der Formulierung relativistischer Wechselwirkungen.

Wir meinen, damit der Forderung von SOMMERFELD Rechnung getragen zu haben, nämlich der, die Quantenmechanik auf eigene Beine zu stellen, ihr eine Grundlage zu geben, bei der man die klassische Physik ganz vergessen kann. Diese kommt allein dadurch wieder herein, daß man bei gewissen Problemen die klassischen Gleichungen als Näherungen erhält. Methodisch handelt es sich nicht um einen axiomatischen Aufbau – eine cura posterior –, sondern um die Mathematisierung der eingangs formulierten Vorstellung, durch die die Semantik ihren rechten, vorrangigen Platz erhält.

Auf der einen Seite haben wir Teilchen, hier zunächst die Urfermionen, im weiteren Verlauf der Theorie Komplexe von Urfermionen, die mit den verschiedenen experimentell faßbaren Elementarteilchen zu identifizieren sind. Auf der anderen Seite haben wir das Bewegungsgesetz für statistische

24 Vgl. oben Anm. 3.

Gesamtheiten, also stochastische Gleichungen, die uns bei reinen Fällen als Wellengleichungen begegnen. Die scheinbaren Paradoxien verschwinden, wenn man sich vor Augen hält, daß die Gesamtheit durch den Versuchsaufbau bestimmt ist. Denkt man etwa an das Michelson-Interferometer im Janossi-Versuch[25], so hängt die Gesamtheit von der Stellung der Spiegel ab und dementsprechend auch das Versuchsergebnis. Beim Gedankenexperiment von O. R. FRISCH[26], dem Zerfall eines Positroniums in zwei entgegengesetzt laufende und senkrecht zueinander polarisierte Lichtquanten, handelt es sich darum, daß die Polarisation der beiden Lichtquanten, kausal bedingt, von Anfang an vollständig korreliert sind und daß es keine Ursache gibt, die bei ihrem Lauf diese Korrelation zerstören könnte.

Hier kehren wir noch einmal zum Ausgangspunkt zurück. Am Anfang der klassischen Physik und der Quantenphysik stehen nicht zwei verschiedene Philosophien, sondern zwei verschiedene Betrachtungsweisen, die zunächst gleichermaßen möglich erscheinen. Im einen Fall fassen wir Dinge ins Auge und betrachten ihr Verhalten im Laufe der Zeit. Im anderen verfolgen wir das Geschehen in einem Gebiet. Warum gelangen wir im ersten Fall zur klassischen Physik und im zweiten zur Quantenphysik, also zu verschiedenen Ergebnissen?

Das liegt ohne Zweifel daran, daß in die Thaletische Betrachtungsweise – unbemerkt – eine Hypothese eingeht, nämlich die der Wahrung der Identität, die der Herakliteischen fremd ist. Letztere ist also ärmer an vorgefaßten Meinungen und führt darum zu Ergebnissen von größerer Allgemeinheit. Dem entspricht es, daß man zwar die klassische Physik näherungsweise aus der Quantenphysik ableiten kann, daß aber der umgekehrte Weg, der historische, nicht ohne Bruch möglich ist, der immer wieder Wünsche offen läßt und darum zur Überraschung der einst Beteiligten erneut zur Grundlagendiskussion geführt hat.

Die Auffassung, zu der wir gelangt sind, ist keineswegs neu. Es gibt eine Anzahl von Physikern, die sich ohne die hier durchgeführte Analyse zu der gleichen Auffassung durchgerungen hat. So schreibt H. J. GROENEWOLD in *Quantum Theory and Beyond*[27] mit aller Deutlichkeit: «The concepts of coherence or of incoherence (of waves) can only be applied to an ensemble or subensemble with a very large number of samples and not to a single individual sample. This is not only true of the concept of coherence, but also of the concept of the wave function or the statistical operator.»

25 Vgl. oben Anm. 21.
26 O. R. FRISCH, in *Quantum Theory and Beyond*, a.a.O., 20.
27 A.a.O., 44, Z. 9.

Wenn T. BASTIN fragt[28]: «What keeps this practitioners feeling that it is one discipline they are operating is a puzzle?» so darf man die Gegenfrage stellen: Warum fällt es so schwer, zu erkennen, daß die sogenannten Paradoxa ihren paradoxen Charakter verlieren, wenn man mit der rein statistischen Interpretation ernst macht? Man denke etwa an das Positroniumbeispiel von O. R. FRISCH.

Vielleicht liegt das daran, daß die stochastischen Gleichungen der Quantenmechanik Eigenschaften haben, die den wohlbekannten entgegengesetzt sind wie z. B. die Reversibilität, vielleicht auch daran, daß das Verweilen bei reinen Gesamtheiten den Blick auf das Ganze verstellt. Das hier behandelte Beispiel, die Quantenmechanik des Elementarprozesses mag deutlich machen, daß reine Gesamtheiten und Gemische zusammengehören wie eine Kugel und ihre Oberfläche. Erst so ist erkennbar, daß die Menge aller Gesamtheiten einen Konvexkörper bilden (vgl. M. BORN, P. JORDAN[29]).

Wenn es wahr ist, daß man alle Quantenprozesse als Zusammenspiel von Elementarprozessen verstehen kann – was nicht hier, aber an anderer Stelle[30] gezeigt ist, soweit das heute möglich ist –, so gibt es nur eine Stelle zur Einführung verborgener Parameter, nämlich die, den Elementarprozeß mit verborgenen Parametern zu beschreiben. Man müßte also ein System erfinden, das bei statistischer Behandlung zwei ergodischen Punkten zustrebt, zwischen denen es oszilliert. Das ist bei diskreter Zeit in Strenge möglich (vgl. Zyklisch-ergodische Prozesse bei DOOB[31]), bei kontinuierlicher Zeit aber nicht. Die Reversibilität der Quantenmechanik könnte also bestenfalls nur näherungsweise erreicht werden. Es müßte eine Abklingzeit von kosmologischer Größe geben. Das wäre ein «Beyond». Doch gibt es wirklich Gründe, aus denen folgte, daß es mehr wäre als eine Spekulation ohne Not, Gründe, die etwa vergleichbar wären mit dem Äquivalenzprinzip, das der Allgemeinen Relativitätstheorie zugrunde liegt? Was zwingt zu der Annahme, daß es hinter den wirklich elementaren Prozessen noch eine vielgestaltige Hinterwelt gibt?

Die Frage nach dem Beyond ist angeschnitten. Wo läßt die Quantentheorie Platz für ein Beyond? Eine nichtkanonische Quantenmechanik wäre ein Beyond. Da bereits der Elementarprozeß ein kanonischer ist, müßte eine nichtkanonische Quantenmechanik zu tiefliegenden Änderungen führen. Ei-

28 *Quantum Theory and Beyond*, a.a.O., 9.

29 M. Born, P. JORDAN, *Elementare Quantenmechanik*, in *Struktur der Materie* IX, (Berlin 1930), Kap. VI, insbesondere 58/59.

30 Siehe Anm. 3.

31 *Stochastic Processes*, a.a.O., 19.

nen elementaren Hinweis darauf, daß man das nicht von der Hand weisen kann, mag man in dem Umstand sehen, daß man die Rückwirkung von Ausstrahlungen in der klassischen Physik durch Strahlungskräfte beschreiben kann, in der Quantenmechanik wegen der Kanonizität aber nicht.

Ein anderes Tor, hinter dem es einen Weg zum Beyond geben mag, zeigt der Umstand, daß man reine Gesamtheiten nicht in Strenge herstellen kann. Ist es sicher, daß es sich hier nur um eine faktische Grenze handelt? Könnte es eine grundsätzliche sein? Wir wissen es nicht.

Doch sind wir sicher, daß Materie nicht mehr das ist, was sie war. Sie ist nicht mehr Garant der Beständigkeit der Welt. Die Beständigkeit ist, soweit sie besteht, Folge der Gesetze, die das Wechselspiel der Elementarprozesse bestimmen, und insbesondere Folge von Erhaltungssätzen. Die Erfahrungen mit Elementarteilchen sehr hoher Energie sprechen unüberhörbar eine deutliche Sprache und lassen die Quantentheorie als das adäquate Instrument erscheinen, mit dem wir die Wirklichkeitsordnung in den Griff kriegen. Hier haben wir uns darauf beschränkt, zu zeigen, wie eng die Grundlagen der Quantenmechanik mit unserem veränderten Materiebild zusammenhängen, das sozusagen zu einer amaterialistischen Theorie der Materie führt.

Vorstellungen, mit denen wir Wirklichkeitsordnung zu begreifen suchen, sind *unsere* Vorstellungen. Sie gehören sozusagen zum Rüstzeug unseres Erkenntnisvermögens. Die Welt als objektiv gegeben spiegelt sich nicht in ihnen, sondern in der Ordnung, die wir mit den Vorstellungen einfangen und als Gesetze formulieren. Mit der Erkenntnis neuer Gesetze erweitern wir zwar unseren Handlungsspielraum. Doch sind sie selbst menschlichem Zugriff entzogen und darum objektiv gültig, sofern sie Ausdruck der Wirklichkeitsordnung sind. Daß wir in der Quantenmechanik von Wahrscheinlichkeiten sprechen, die mit unserer subjektiven Kenntnis zu tun haben, ändert nichts daran, daß die Gesetze für die zeitlichen Änderungen der Wahrscheinlichkeiten ein objektives Geschehen beschreiben. Das Objektive ist nicht in der Materie verankert, sondern im Gesetz.

# Die Farbe als Gleichnis der Welt

## Einige Bemerkungen zur bildenden Kunst des Abendlandes

Siegfried Bröse

Der Titel, der über den folgenden Ausführungen steht, nennt zwei Begriffe: Farbe und Welt. Beide sind im Verlauf der Geistesgeschichte des Abendlandes immer wieder Gegenstand von spekulativen Überlegungen gewesen.

Was die Farbe betrifft, so handelt es sich hier nicht darum zu untersuchen, was Farbe an ihr selbst ist – das ist Aufgabe der Naturwissenschaft, speziell der Physik und ist von dieser auch geleistet worden. Die Namen Newton, Young, Maxwell, Helmholtz, Chevreul, Ostwald, Schroedinger und nicht zuletzt Helmut Hönl stehen dafür. Hönl hat in seinem Aufsatz über die Ostwaldsche Farbtheorie[1] den heutigen Stand der physikalischen Farblehren dargestellt, was wichtig ist, weil sich die bildenden Künstler der Moderne mehr oder weniger intensiv mit diesem System beschäftigt haben. Und zum anderen hat er in dem Nachwort zu Goethes Farbenlehre in der Cottaschen Ausgabe der Werke ein Verständnis der ganz verschiedenen Positionen von Newton und Goethe bei der Behandlung des Wesens der Farben eröffnet, das beiden großen Denkern gerecht wird und uns bei eigenen Schritten in diesem Bereich vor dem Hinfallen bewahren kann.

Es handelt sich auch nicht darum, zu untersuchen, wie das Sehen von Farben beim Menschen zustande kommt – das ist Aufgabe der Wissenschaft von der Sinnesphysiologie, wer sich dafür interessiert, sei zum Beispiel auf das Buch von Richard L. Gregory, *Auge und Gehirn. Zur Psychophysiologie des Sehens* (Fischer Verlag 1971), verwiesen, wo der heutige Stand der Wissenschaft kurz orientierend dargestellt ist.

Unsere Frage ist eine philosophische: Was ist eigentlich die Farbe in einem Bild? Welchen Rang hat sie neben den beiden anderen Gestaltungsmitteln Linie und Fläche?

1 *Die Ostwaldsche Systematik der Pigmentfarben in ihrem Verhältnis zur Young-Helmholtzschen Dreikomponenten-Theorie*, Die Naturwissenschaften *41* (1954), 487–494.

Der verstorbene Freiburger Kunsthistoriker HANS JANTZEN hat die Bedeutung der Farbe in der abendländischen Malerei, ihren Sinn, ihre Aufgabe als in zwei verschiedenen Richtungen verlaufend charakterisiert. Er schreibt 1947 in seinem Buch über die *Ottonische Kunst*[2]: «Die Stilbildungen der Farbe in der Geschichte der abendländischen Malerei lassen sich im allgemeinen nach dem Verhältnis von Eigenwert zum Darstellungswert der Farbe bestimmen. Unter ‹*Eigenwert*› verstehe ich alle diejenigen Werte in der Wirkungsweise der Farbe, die ohne Rücksicht auf den Farbträger Geltung besitzen, in denen also die Elementarkräfte der Farbe zum Ausdruck kommen, ihr Schönheitswert, ihre Möglichkeit, sich wechselseitig zu ergänzen, zu steigern oder abzustoßen. Unter ‹*Darstellungswert*› seien alle diejenigen Eigenschaften in der Wirkungsweise der Farbe verstanden, die darauf ausgehen, die Natur des Farbenträgers zu erklären, die nicht nur seine ‹Färbung› angeben, sondern auch seine Stofflichkeit, Härte, Dichte, Rauheit, Glätte, das Körperhafte ebenso gut wie seine Stellung in Raum und Licht, das heißt also diejenigen Werte, um die sich *alle nachmittelalterliche Malerei*, die die Welt als eine Welt individueller Dinglichkeiten auffaßte, unaufhörlich bemühte. Die Geschichte der Malerei ist die Geschichte der stets sich wandelnden Beziehungen von ‹Eigenwert› und ‹Darstellungswert› zueinander.»

Ob diese zweigliedrige Antithetik ausreichend ist oder ob noch ein «Symbolwert» der Farbe als dritte Kategorie hinzuzunehmen ist, wie KURT BADT in seinem Buch *Die Farbenlehre van Goghs*[3] will, ist zu überlegen.

Was es mit dem Begriff «Welt» auf sich hat, den der Titel als das andere Glied der Gegenüberstellung nennt und der ebenfalls seit Beginn des Abendlandes zu vielerlei theoretischen Überlegungen geführt hat, da sei der Leser auf die Schrift des Heidelberger Philosophen KARL LÖWITH «Der Weltbegriff der neuzeitlichen Philosophie» (2. Aufl., Heidelberg 1968) verwiesen. Das dort vorzüglich Ausgeführte gibt eine gute Orientierung über die Geschichte des Weltbegriffs von DESCARTES bis HEIDEGGER.

Aber auf die älteste Position des Weltbegriffs muß hier näher eingegangen werden, nämlich auf den anfänglichen griechischen Weltbegriff κόσμος. Denn dieser bleibt in seinem Grundwesen tragend, durch alles abendländische Kunstgeschehen hindurch, bestimmt es in seinem Kern. In diesem Zusammenhang sei weiter bemerkt, daß der Ort, wo wir nach dem Verhältnis von Farbe und Welt suchen, die bildende Kunst ist, und zwar diejenige, wo die Farbe das entscheidende Gestaltungsmittel ist, das gemalte Bild.

2 In Rowohlts deutscher Enzyklopädie (Hamburg 1959), 104.
3 DuMont-Dokumente (Köln 1961).

Die Frage nach der Kunst stellt der Grieche als Frage nach der Schönheit, nach dem καλόν. Das καλόν ist eine Idee bei PLATO, und zwar eine sehr starke, die durch alles hindurchscheint, gleichrangig mit der Idee des Guten, des ἀγαθόν. Die Idee des ἀγαθόν ist τὸ φανότατον τοῦ ὄντος (PLATO 518 c 9), das Erscheinendste des Seienden, ist die Sonne im Höhlengleichnis (*Politeia* Z, 514–517), ist das das Erscheinen der Dinge Ermöglichende. Und das καλόν, das Anliegen der Kunst, gibt dem Erscheinen die Welt vor. Dazu ist eines der entscheidenden Mittel die Farbe. Schönheit denkt er als das, was ἡδονή, Ergötzung, Freude, Wohlgefallen bereitet (PLATO, *Philebos*), umfaßt also auch die edleren Regungen, nicht nur Vergnügen und Lust. Der Künstler, der ein Kunstwerk macht, ist ein τεχνίτης, das Hervorbringen eines Kunstwerkes ist τέχνη, wörtlich übersetzt: das Sichverstehen auf etwas. Das griechische Gegenwort zu τέχνη ist φύσις; der Grieche teilt die Welt der Dinge ein in solche, die von anderem hervorgebracht sind, τέχνη ὄντα, und solche, die von sich her da sind, φύσει ὄντα. Das Bild, das heißt das, was der Künstler mit der Farbe hervorbringt, heißt gewöhnlich εἰκών. Die Beschreibung, die im 2. nachchristlichen Jahrhundert PHILOSTRATOS von einer großen Gemäldesammlung gibt, ist überschrieben Εἰκόνες. Das Verbum zu εἰκών heißt εἴκω und bedeutet «gleichen», «passend sein». Εἰκών bekommt dann auch die Bedeutung «Gleichnis». Das aber entspricht dem, was das deutsche Wort «Bild», das mit einem Adjektiv «bil» = «passend, recht» zusammenhängt, besagt. Es hat nach dem etymologischen Wörterbuch der deutschen Sprache von KLUGE-GÖTZE die Grundbedeutung «Gehöriges, Entsprechendes». Es hat also ursprünglich nichts mit bilden im Sinn von nachbilden zu tun.

Und noch ein letzter Begriff sei angemerkt: das Malen von Bildern ist, griechisch gedacht, μίμησις, das bedeutet «Nachahmung», «Gleichnis»; μίμημα ist ein Abbild. Die Dinge, die es in der Welt gibt, sind nach PLATO μιμήματα ihrer Idee, ihres eigentlichen Seins. Ein Bild als Kunstwerk ist also ein Gleichnis, und zwar ist ein Bild somit nicht nur Nachahmung von vorliegenden Dingen, sondern auch Gleichnis von Unsichtbarem. Als solches ist es καλόν (schön), und diese Schönheit geschieht dadurch, daß es hervorgebracht ist nach συμμετρία, nach ἁρμονία; die Begriffe ῥυθμός und μέτρον gehören hierher.

Die Frage nach der Welthaftigkeit der Farben im Bild-Kunstwerk soll der Bericht von einer Begebenheit einleiten, die sich vor nunmehr fünfzehn Jahren ereignete:

Im Juni 1957 veranstaltete der Kunstverein Freiburg i. Br. eine Ausstellung «Konkrete Kunst», in der von den Malern ANDRÉ BLOC (Paris),

JEAN DEYROLLE (Paris), CAMILLE GRAESER (Zürich), RICHARD MORTENSEN (damals Paris), OTTO RITSCHL (Wiesbaden) und VICTOR DE VASARELY (Paris) je rund 10 Bilder gezeigt wurden. An einem Werktag mittags zwischen 12 und 1 Uhr erschien eine junge Dame, Studentin mit Büchertasche, und fragte, ob sie sich die Ausstellung jetzt ansehen dürfe, was ihr gestattet wurde. Wenige Zeit später betrat ein altes Kunstvereinsmitglied den Ausstellungsraum zur Besichtigung der Exponate, und bald hörte man diese beiden Gäste hinter den Stellwänden miteinander reden. Nach kurzer Zeit kam der Herr zur Aufsicht zurück und fragte, welchen Titel das Bild Nr. 26 habe. Antwort: «Sirmione» von MORTENSEN. Viele der Bilder von MORTENSEN in der Ausstellung trugen als Titel Ortsbezeichnungen (z.B. Fécamp, Cormeilles, Versailles, Cavaillon usw.). Darauf der Herr: «Das ist kaum zu verstehen, die junge Studentin dort hinten sagte, als sie vor diesem Bild Nr. 26 stand: ‹Ach das ist ja Sirmione, da war ich voriges Jahr mit meinen Eltern in den Ferien am Gardasee›.» Sie las das geometrische Bild, das, 130 × 97 cm groß, lediglich einige wenige leuchtendfarbige, gradlinig konturierte Flächen, rot, gelb, braun usw., zeigte. Besser gesagt, die großen geometrischen Farbformen machten ihr den in jener Landschaft am Gardasee waltenden Weltgehalt sichtbar, und zwar so stark, daß ihr das ganze Ferienerlebnis in Sirmione wiederkam.

Solche Beispiele der Fähigkeit, unmittelbar den Bildinhalt abstrakter Bilder zu lesen, könnten aus der Praxis langjähriger Kunstausstellungstätigkeit leicht vermehrt werden. Wobei wichtig ist zu bemerken, daß diese Fähigkeit ganz unabhängig ist von irgendeinem intellektuellen Bildungsgrad. Wir fragen: «Wie konnte die Studentin bei dem Mortensen den Bildgehalt ablesen?» Sie kannte ja weder den Titel, noch sah sie die Abbildung eines Gegenstandes. Was das Bild gemacht hatte, war, daß es jenen Betrachter in eine «Welt», die es selbst gleichnishaft war, hineingezogen hatte. Womit? Ganz eindeutig mit den Farben, die es in einfachen geometrischen Formen präsentierte, denn anderes war auf dem Bild überhaupt nicht zu sehen. Nun ist ja Farbe sicher das am stärksten sichtbare Gestaltungsmittel jeder Malerei. Mehr noch: alles, was wir im Zusammenhang der Dinge, die uns jeweils umgeben, sehen, wenn wir überhaupt sehen, das heißt wenn Licht auf die Dinge fällt, ist primär Farbe. So ist auch das Auge das bevorzugteste Sinnesorgan des Menschen, dem gegenüber das Gehör, der Tastsinn, der Geruchsinn und der Geschmack zurücktreten. Wie stark diese Präponderanz der Farbe das ganze Weltverhältnis der Menschen im Abendland bestimmt, wird deutlich, wenn wir uns den ersten, alles Folgende rechtfertigenden Satz der *Metaphysik* des ARISTOTELES ansehen: Πάντες ἄνθρωποι τοῦ εἰδέναι ὀρέγονται φύσει (alle Menschen streben ihrer Natur danach, zu Gesicht zu bekommen, zu sichten). Wir übersetzen εἰδέναι gewöhnlich mit «wissen». Es bedeutet aber ursprünglich «gesehen haben», das Wort hat die Wurzel ϝιδ, die gleiche wie das lateinische videre (= sehen). Das Grundwort der Philosophie PLATOS ist εἶδος, ἰδέα, es bedeutet «Gestalt», «Anblick», das heißt das, als was sich etwas zeigt. Dieses Sichzeigende ist das, was gesehen wird. PLATOS Antwort auf die von seinem Schüler ARISTOTELES erstmals so formulierte Grundfrage der *Metaphysik* τί τὸ ὄν (was ist das Sein des Seienden) lautet also eigentlich: der Anblick, den etwas bietet.

Kehren wir zur Bildmalerei zurück. Das sich dem Menschen zuerst um ihn herum Zeigende ist die Farbe, die die Dinge tragen. Sie begründet die Sichtbarkeit der Welt als das Zusammen der Dinge. Die Linie dagegen als «der bestimmte lineare Umfang» (PAUL KLEE) ist das, was die Vereinzelung der Dinge bewirkt. Totalität (Gesamtheit) und Vereinzelung sind zwei zueinander gehörige Grundstrukturen der Welt.

Die älteste Bildmalerei, die wir kennen, sind die eiszeitlichen Wandbilder in den Höhlen Südwestfrankreichs und Nordspaniens[4]. Die Bilder in Lascaux sind auf ein Alter von 15500 Jahren getestet. Dargestellt sind Tiere der Eiszeit: Bisons, Wildpferde, Hirsche, Steinböcke usw. Noch älter als die farbigen Wandbilder sind Ritzzeichnungen an Wänden und auf beweglichen Steinen. Die Farben, die der Paläolithiker benutzte, waren Erdfarben, die er in der Umgebung fand, Ocker, Manganerde, auch Ruß; blau und grün fehlen. Den Weltgehalt dieser Bilder zu deuten, ist schwierig; es gibt da vielerlei Meinungen. Es sind wohl magische Beschwörungen, bei denen es um die für den Urmenschen lebenerhaltende Nahrung, aber auch lebenbedrohende Gefahren geht.

Anders die Welt der griechischen Antike. Diese ist gegenüber der Welt der Eiszeit charakterisiert zunächst dadurch, daß das magische Denken des Prähistorikers abgelöst ist von einem Denken, das wir mythisches Denken nennen: der Mensch bewältigt den Andrang des Seienden, in den er ausgesetzt ist, dadurch, daß er die Mächte des Seins personifiziert und sie damit vermenschlicht, sich nahebringt: der Baum wird zur Dryade, die Quelle wird zur Najade, den Blitz schleudert der oberste Gott Zeus, wann er will; er ist trotz Göttlichkeit ein sehr menschliches «höheres Wesen». ARISTOTELES berichtet (in *De anima*, 411a7), der Philosoph THALES VON MILET ᾠήθη πάντα πλήρη θεῶν εἶναι (glaubte, daß alles voller Götter sei). Was

4 Zur Literatur: ABBÉ BREUIL, *Quatre Cents Siècles d'Art pariétal* (Montignac 1952), und im deutschen Sprachraum die Schriften des Mainzer Prähistorikers H. KÜHN.

THALES ausspricht, ist nichts anderes als das von den Griechen «erfahrene», «entworfene» Weltbild, die Wirklichkeit des Wirklichen[5].

Das griechische Wort für «Welt» lautet κόσμος. Was mit diesem Wort zunächst gemeint ist, hat der Kieler Gräzist HANS DILLER in einem Aufsatz «Der vorsokratische Gebrauch von κόσμος und κοσμεῖν»[6] dargestellt. Danach bedeutet κόσμος ursprünglich die *Zusammenordnung zubereiteter Teile*, bedeutet überhaupt Ordnung im Sinn von *gefügter Ordnung*, wobei meist so etwas wie eine regelnde Regel mitgedacht ist. Das dem Substantiv κόσμος zugehörige Verbum κοσμεῖν bedeutet entsprechend auch zunächst und vor allem «ordnen», «einrichten». Bei HOMER (*Od.* XXII, 457) wird das Wort (διακοσμήσασθαι) διακοσμέω gebraucht für die Wiederherstellung der gestörten Ordnung nach der Tötung der Freier. Das Verbum κοσμεῖν bedeutet ganz allgemein das Herstellen und Aufrechterhalten der richtigen Relationen unter den Einzelnen und der Einzelnen zu dem Ganzen.

Κόσμος ist, griechisch gesehen, eine Weise, wie Sein waltet, *keine Macht*; daher ist es auch ganz unmöglich, ihn zu personifizieren. So wird KARL REINHARDTS Auffassung, daß die frühen Vorsokratiker den κόσμος als aktuellen Weltzustand begriffen haben, durch die Vorgeschichte des Wortes bestätigt. Dafür, daß κόσμος walte, das heißt Welt als Ordnungsgefüge, dafür sorgt die Gottheit, nämlich die Göttin Δίκη, wir übersetzen das Wort mit Recht. Δίκη ist die Tochter des obersten Gottes Zeus, ihm von der Themis, der Tochter der beiden chthonischen Götter Uranos und Gaia (Himmel und Erde), als die Personifikation der waltenden Gerechtigkeit und Vorsehung, als des geheiligten Herkommens geboren.

Von diesem κόσμος-Begriff als Gefüge einer Ordnung macht dann die frühgriechische Philosophie Gebrauch: durch κόσμος wird aus dem ἄπειρον, dem Grenzenlosen, Ungeformten, die konkrete Welt (vgl. K. REINHARDT, *Parmenides*). Die Kunst aber ist Gestalten als Sichtbarmachen, Offenbarmachen von κόσμος. Das bedeutet, daß es in der Kunst um μετριότης, das ist Maß im Sinn von «das Gehörige», «das Passende» und «Geziemende», und um συμμετρία Angemessenheit, Ebenmaß, das ist das richtige Verhältnis der Teile untereinander und zum Ganzen, geht. Die

5 Zum Götterglauben der Griechen siehe E. ROHDE, *Psyche*, 2 Bde. 1890/92, reprogr. Nachdr. (Wiesbaden 1961) in einem Band; J. BURCKHARDT, *Griechische Kulturgeschichte* (Stuttgart 1930/34); U. v. WILAMOWITZ-MOELLENDORFF, *Der Glaube der Hellenen*, I. Bd. (Berlin 1931), II. Bd. (1932); W. F. OTTO, *Die Götter Griechenlands*, 3. Aufl. (Frankfurt a.M. 1947); ERIKA SIMON, *Die Götter der Griechen* (Frankfurt a.M. 1969) (mit über 300 Abbildungen).

6 In der Festschrift für B. SNELL (München 1956), 47–60.

Silbe μέτρ deutet auf so etwas wie «das rechte Maß», nicht auf rechnendes Vermessen hin. So meint κατὰ κόσμον nicht etwa die Gestaltung nach gewöhnlichen mathematischen Proportionen.

In der Kunst (der bildenden und der Musik) wird Welt erfahrbar gemacht als Harmonie. Was meint dieses Wort? Etymologisch hängt es zusammen mit ἁρμός, das bedeutet die Fuge, die Zusammenfügung. ἁρμονία ist Zusammenfügung nach Proportionen und Regeln. Mythisch: «Harmonia» ist die Tochter des Ares und der Aphrodite, des διαφωνεῖν und συμφωνεῖν, die Personifikation von Ordnung und Eintracht. Die Harmonia wird dem König Kadmos von Theben, der den Griechen von den Phönikern die Schrift gebracht haben soll, von Zeus zur Gemahlin gegeben!

Zu fragen ist nun, wie es zu der weiteren Bedeutung «Weltall» für κόσμος kommt. Da war zunächst die Erde, die dem Griechen als eine große runde Ebene erschien, darüber als Halbkugel der Himmel mit den Sternen daran. Dann ergänzte man die Halbkugel zur vollen Kugel, indem man sich unter der Erdscheibe eine zweite Halbkugel dachte.

Der Philosoph HERAKLIT aus Ephesus (ca. 540–480 v. Chr.) kommt in mehreren der uns erhaltenen Fragmente seiner Schrift auf den κόσμος-Begriff zu sprechen. Wir können uns nur ein Beispiel herausgreifen (fr. 30): «Diese Welt, dieselbe für alle, die hat kein Gott und kein Mensch gemacht, sondern immer war sie und ist und wird sein: ewig lebendes Feuer, nach Maßen entbrennend und nach Maßen verlöschend». Κόσμος muß nach HERAKLIT von πῦρ her gedacht werden als die geordnete Fügung der Dinge in ihrem Zum-Vorschein-Kommen. Das geschieht nach Maßen.

Μέτρον, συμμετρία ist die Grunderfahrung des griechischen Denkens und so auch jeglichen Gestaltens.

Die Götter der Griechen bewirken den großen κόσμος, die Menschen den κόσμος als πόλις, weil sie Anteil am πῦρ haben. Das Feuer ist die poietische Macht des κόσμος. Maße setzend ist das πῦρ qua κόσμος in bezug auf die in der Helle des Erscheinens stehenden πάντα.

So viel zum Fragment 30. Das soll, um irrige Meinungen auszuschließen, sei es gesagt, keine angemessene Interpretation des unserem heutigen Denken sehr schwer zugänglichen herakliteischen Philosophierens sein (er hieß in der Spätantike ja schon ὁ σκοτεινός «der Dunkle»). Aber es kann das Gesagte wenigstens in die Richtung weisen, in der der frühgriechische Weltbegriff gedacht worden ist.

Dieser anfängliche griechische Weltentwurf trägt nicht nur die Philosophie als das schöpferische Denken der Griechen, sondern alle Bereiche des Lebens. Er ist das Bewirkende bei der Geburt der Musik[7], ist der Ursprung der Mathematik[8] und der Naturwissenschaften, so auch der Entstehung der πόλις. Diese «Welt» der Griechen wird gleichnishaft Gestalt in ihrer Kunst: der Plastik, den Tempeln und der Malerei. Die Kunst der Griechen, und in ihrer Tradition die Kunst des Abendlandes bis heute, ist Kosmophania, Erscheinen des Weltentwurfs.

Wir betrachten hier die Kunst der Malerei bezüglich ihres Elements Farbe: Die Wand- und Tafelmalerei der Griechen ist uns so gut wie ganz verlorengegangen. Erhalten ist eigentlich aus der Zeit der großen Blüte griechischer Malerei im 5. Jahrhundert v. Chr. nur ein erst vor kurzem in einem Grab in Paestum gefundenes Wandbild[9], gemalt wohl um 480 v. Chr., «das eine erstaunliche Ausdruckskraft verrät», und dann das bekannte Mosaik der Alexanderschlacht, das, in Pompeji gefunden, jetzt im Museum in Neapel hängt, welches nach einem Monumentalgemälde des Malers PHILOXENOS VON ERETRIA um 310 v. Chr. geschaffen worden ist. Es ist nicht eine bestimmte Schlacht, etwa Issos, sondern eine allgemeine: der kämpfende ALEXANDER in der Schlacht und die besiegten Feinde. Dabei wissen wir, daß es eine große und reiche farbige Bilderkunst gegeben hat. Wir kennen auch die Namen vieler seinerzeit berühmter Maler wie MIKON VON ATHEN, APOLLODOR VON ATHEN, den die Schriftsteller den Vater der Malerei genannt haben, POLYGNOTOS VON THASOS, PARRHASIOS AUS EPHESUS oder ZEUXIS VON HERAKLEIA, von dem man berichtet, er habe Trauben so naturgetreu gemalt, daß die Vögel gekommen und danach gepickt hätten, und viele andere mehr aus Berichten von Schriftstellern[10]. Ja, wir wissen auch, daß PARRHASIOS einen Kanon für die Malerei entworfen hat, ähnlich wie POLYKLET für die Bildhauerei. Es waren wohl bei POLYKLET Proportionenlehren. POLYKLET hat zu seinem Kanon als Musterbeispiel auch eine Plastik, den Doryphoros (zwischen 440 und 438 v. Chr.) geschaffen, von der uns Kopien überkommen sind. Beide Kanons sind aber nicht erhalten, von dem des POLYKLET haben wir jedoch zwei Fragmente (DIELS-KRANZ, 11. Aufl., Bd. I, Nr. 40, S. 392). Über diese hat DIETRICH SCHULZ einen kurzen Aufsatz veröffentlicht[11]. Darin kommt er zu dem Ergebnis, daß nach POLYKLET in der bildenden Kunst die Lehre von den Proportionen, in denen die Teile des

7 Dazu J. LOHMANN in *Musikḗ und Logos* (Stuttgart 1970).

8 Dazu O. BECKER, *Das mathematische Denken der Antike* (Göttingen 1957).

9 Abgebildet im *Universum der Kunst*, Bd. *Das klassische Griechenland* (München 1971), 228.

10 Vgl. W. KRAIKER, *Die Malerei der Griechen* (Stuttgart 1958); PLINIUS, *Nat. Hist.* 35, Buch 36.

11 Hermes *83* (1955), 200–220.

Werkes zueinander und zum ganzen Werk geordnet sind, die Grundlage bilden, daß aber darüber hinaus das, was das Werk in das Reich der Schönheit hebt, ein «Beinahe», ein «Fast» (παρὰ μικρόν) ist, das heißt, daß die Schönheit jenseits des Rationalen liegt. Das Eigentliche in der Kunst ist das mit der Vernunft nicht Faßbare. Oder anders ausgedrückt: die Ordnung in Proportionen muß ihre Negativität bei sich haben, um «Kunst» zu sein. So arm wir heute an Beispielen griechischer monumentaler Tafelmalerei oder Wandmalerei sind, so reich sind wir an Werken ihrer Vasenmalerei. Die griechische Vasenkunst als Ganzes erstreckte sich über mehr als ein Jahrtausend, sie beginnt bald nach dem Untergang Mykenes in der Mitte des 12. Jahrhunderts v. Chr. und endet, als mit der Schlacht bei Actium 30 v. Chr. das Imperium Romanum endgültig die Weltherrschaft antritt. Für unser Thema der Farbe ist von den verschiedenen Perioden der griechischen Vasenkunst die Zeit von der Mitte des 6. Jahrhunderts bis ungefähr 400 v. Chr. wichtig. Es ist dies die Zeit der reifarchaischen und klassischen rotfigurigen Vasenmalerei. Bis gegen den Beginn des letzten Viertels des 6. Jahrhunderts v. Chr. hatte eine schwarze Silhouettenmalerei die Kunstszene besetzt, welche ihrerseits die von 1150 bis 700 v. Chr. herrschende geometrische Vasenkunst abgelöst hatte[12].

Damit, daß der Vasenmaler um 530 v. Chr. vom schwarzfigurigen Stil zur Ausspartechnik überging, gewann er die Möglichkeit, die Farben als Ausdrucksmittel entscheidender einzusetzen; außer dem Rot und dem Schwarz wurden die schwarzfigurigen Bilder noch mit Weiß und Violettrot bereichert. Bei den rotfigurigen Vasenbildern wird die zusätzliche Farbgebung üppiger, um 480 v. Chr. tritt sogar neben die Ausspartechnik eine polychrome Malerei auf weißem Grund auf: die Farbe spielt eine wachsende Rolle. Man erklärt sich das Aufkommen dieser Farbigkeit damit, daß die Vasenmaler die Werke der großen Tafelmalerei vor sich sehen und nun versuchen, sie in etwa in ihre Vasenbilder zu übertragen.

Ein Gespräch, das XENOPHON in seinen *Erinnerungen an Sokrates*[13]

12 Es ist hier nicht der Ort, eine Geschichte der griechischen Vasenkunst vorzutragen, es gibt da genügend, jedermann leicht zugängliche Werke, wie E. BUSCHORS *Griechische Vasen* (Neuausgabe München 1969), oder die beiden Bände *Das Universum der Kunst* betr. das archaische und das klassische Griechenland, schließlich W. KRAIKER, *Die Malerei der Griechen* (Stuttgart 1958), R. LULLIES und M. HIRMER, *Griechische Vasen der reifarchaischen Zeit* (München 1953) und andere mehr.

13 Buch III, Kap. 10 (München 1962), griech.-deutsch. A. LESKY sagt in seiner *Geschichte der griechischen Literatur* (2. Aufl., Bern und München 1963), 538, daß dies nicht vor den 60er Jahren des 4. Jahrhunderts niedergeschrieben sein könne, d. h. SOKRATES war schon 40 Jahre tot.

berichtet, ist für das Selbstverständnis der griechischen Maler aufschlußreich. SOKRATES kam eines Tages zu dem Maler PARRHASIOS und unterhielt sich mit diesem. Dabei sagte er: «Ist wohl, Parrhasios, die Malerei eine Nachbildung (εἰκασία, hängt mit εἰκών = Bild zusammen) dessen, was man sieht? Jedenfalls bildet ihr das Vertiefte und das Erhabene, das Dunkle und das Helle, das Harte und das Weiche, das Rauhe und das Glatte, das Jugendliche und das Alte an den Körpern mit Hilfe der Farben ab und stellt es so dar.» Das heißt also, der Maler gebraucht die Farbe hinsichtlich ihres Darstellungswertes. «Damit hast du recht», sagte PARRHASIOS. «Und wenn ihr nun wahrhaft schöne Gestalten bilden wollt, dann nehmt ihr, da es nicht leicht ist, einen Menschen zu finden, an dem alles untadelhaft ist, von vielen Menschen zusammen, was bei jedem am schönsten ist, und schafft derart Körper, die vollkommen schön erscheinen.» «So machen wir es allerdings», antwortete PARRHASIOS. Das bedeutet, daß der Maler, dessen Aufgabe es ja ist, die Dinge in ihrer Schönheit vor Augen zu stellen, und zwar so, wie sie wesenhaft sind und nicht, wie sie zufällig erscheinen, nicht kopiert, sondern komponiert.

Ungefähr um die gleiche Zeit, als XENOPHON dies Gespräch niederschrieb, wendet sich PLATO in seinem Dialog *Philebos* (51b) gegen die Entwicklung, die die Malerei in den voraufgegangenen Jahrzehnten genommen hat. So waren die Maler dazu gekommen, mit Binnenschatten Körper zu modellieren und mit Außenschatten die Räumlichkeit der Dinge darzustellen. Darüber hinaus entdeckten die griechischen Künstler, daß der empirische Raum im Bild durch Perspektive wiedergegeben werden kann (die Griechen erfanden nacheinander die Linearperspektive, die Luftperspektive[14] und schließlich dann auch die Farbperspektive – warme Farben vorn, kalte Farben hinten). Die Maler hatten weiter immer genauer die Farben zur Gegenstandsbezeichnung verwandt, wie aus dem Xenophontext schon hervorgeht. Das Nachbilden von Dingen, das Darstellen ihrer Erscheinung im Bild aber, sagt PLATO, ist nur μίμησις μιμήσεως, also etwas zweitrangig Schönes gegenüber den reinen mathematischen Formen, denn in diesen erscheint das Sein der Dinge, ihre Idee unmittelbar[15].

Mit all diesem sind die Griechen die Schöpfer der europäischen Kunst geworden. Was sie malten, war die als Harmonie von Farben und Formen erfahrene Welt, geordnet die Vielheit zu einer Einheit, durchstimmt von je

14 Das ist Zunahme der Helligkeit der Farben von vorn (d.h. unten) nach hinten (d.h. oben im Bild).

15 Vgl. hierzu auch das Katalog-Vorwort zu der eingangs erwähnten Ausstellung «Konkrete Kunst» (1957) von J. LOHMANN, wo dieser auf die Problematik näher eingeht.

anderer Stimmung, in eine bildhafte Sichtbarkeit gehoben zu einem Gleichnis. Farbe in der Bildkunst ist Gleichnis der *Welthaftigkeit* des Seienden.

Als in der Renaissance die Antike mit ihrem Weltentwurf wieder auferstand, kehrten auch die Prinzipien und Regeln der antiken Malerei zurück in die Ateliers der Künstler. Als Beispiel diene hier LEONARDO DA VINCI (1452–1519), der das Eingehen auf seine Malkunst dadurch erleichtert, daß man Bilder von ihm gut aus der Anschauung kennt und zweitens daß er ein Buch über die Malerei geschrieben hat. Wir zitieren nach der Übersetzung von HEINRICH LUDWIG[16]. Er schreibt dort (S. 85ff.): «Der einfachen Farben sind sechs. Die erste davon ist das Weiß, obwohl die Philosophen weder Weiß noch Schwarz unter die Zahl der Farben aufnehmen, da das eine die Ursache der Farben ist, das andere deren Entziehung[17]. Da indes der Maler nicht ohne diese beiden fertig werden kann, so werden wir sie zur Zahl der übrigen hierher setzen und sagen, das Weiß sei in dieser Ordnung unter den einfachen die erste, Gelb die zweite, Grün die dritte, Blau die vierte, Rot die fünfte und Schwarz die sechste. Und das Weiß werden wir für Licht setzen, ohne das man keine Farbe sehen kann, das Gelb für die Erde, das Grün fürs Wasser, Blau für die Luft, Rot für Feuer und Schwarz für die Finsternis, die sich über dem Feuerelement befindet, weil dort keine Materie oder dichter Stoff ist, auf den die Sonnenstrahlen ihren Stoß ausüben und den sie infolgedessen beleuchten könnten...» Es folgen nun seitenlang Anweisung für das Mischen von Farben, Regeln über die Verwendung der verschiedenen Farben beim Malen eines Bildes, über die Perspektiven (Linearperspektive, Farbperspektive, Luftperspektive), über Proportionen und Harmonie und so weiter.

Für LEONARDO ist die Malkunst die höchste der Künste, der Maler ist ein Künstler, der «sich zur Ähnlichkeit mit dem göttlichen Geist emporschwingt; denn er ergeht sich mit freier Macht in der Hervorbringung verschiedenartiger Wesenschaft...» LEONARDOS Malfarben sind Gleichnisse der Welt.

Die moderne Kunst bringt ein Verschwinden all der Regeln der Bildmalerei, welche die Griechen erarbeitet und die Renaissance wiederentdeckt hatten. Dies beginnt bei den französischen Impressionisten (1874 erhält dieser Stil seinen Namen): PISSARRO (geb. 1830), SISLEY (geb. 1839), MONET (geb.

16 Bei Eugen Diederichs (Jena 1925) *Traktat von der Malerei.*

17 LEONARDO denkt hier an die Farbtheorien des DEMOKRIT, des PLATO und des ARISTOTELES, die uns überliefert sind. Aus seinen hinterlassenen Heften ist z.B. ein sorgfältiges Studium des Dialogs *Timaios* zu ersehen.

1840). Sie waren während des Deutsch-Französischen Krieges 1870 in London gewesen und hatten dort in der Tate-Galerie die großartigen Bilder von TURNER (1775–1851) kennengelernt. Für diesen und sie ist die Welt eine farbige Lichterscheinung. Diese wiederzugeben ließen sie alle grauen und braunen Farbtöne weg und beschränkten sich auf die reinen Primär- und Sekundärgrundfarben des Farbkreises (rot, blau, gelb, orange, violett, grün).

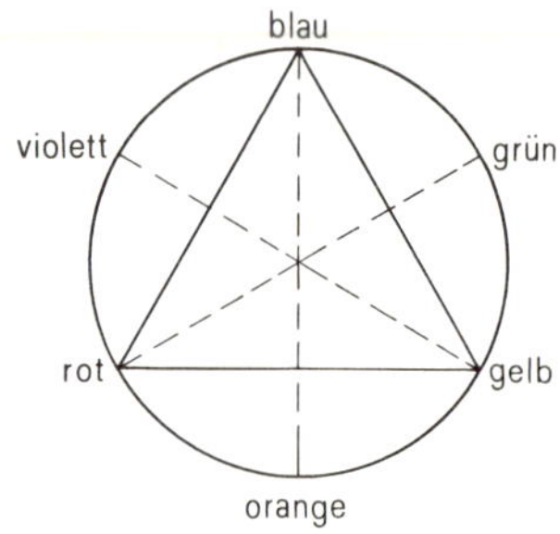


Mehr noch: sie benutzten den Komplementärkontrast der Farben zur Steigerung ihrer Leuchtkraft, und um diese noch zu vermehren, malten sie nicht flächig, sondern in kleinen Farbtupfen, so daß die Farben beim Betrachter vibrieren wie die Dinge der Außenwelt im Sonnenlicht. Daß das Seiende im Ganzen und als solches ein Kosmos, ein Geordnetes ist, so auch die Dinge darin, das ist nicht mehr vordergründiges Anliegen der Künstler, sondern daß sie Erscheinung ist und nichts als Erscheinung für uns: das ist die Welterfahrung der Impressionisten.

Der Maler, der den nächsten Schritt tat, war VINCENT VAN GOGH (1853–1890). Als er 1886 von Holland nach Paris übersiedelte und dort die Malweise der Impressionisten kennenlernte, versuchte er sich ebenfalls zunächst in diesem Stil. Aber er wollte ein anderes Weltverhältnis in seinen Bildern gestalten als diese. So gab er den Stil der Impressionisten auf und wurde der erste Expressionist: die Gestimmtheit der Welt ist sein Anliegen, nicht ihre visuelle Erscheinung und nicht ihr innerer Bau. In seinen Briefen an den Bruder[18] sind genügend Stellen zu finden, aus denen hervorgeht, daß und wie VAN GOGH die Gestimmtheit der Dinge durch die der Welt ins Bild bringt, zum Beispiel (II,422) wo er von dem Bildnis eines Dichters (Arles, Sept. 1888) sagt: «Hinter dem Kopf male ich an Stelle der gewöhnlichen Mauer eines gemeinen Zimmers das Unendliche. Ich mache den Grund von

18 V. VAN GOGH, *Briefe an seinen Bruder*, 2 Bde. (Berlin 1914).

reichstem Blau... und so bekommt der blonde, leuchtende Kopf auf dem Hintergrunde von reichstem Blau eine mystische Wirkung wie der Stern im tiefen Azur.» KURT BADT bemerkt dazu: «Gegenüber dem Lichte der Impressionisten und ihrer aus dem Lichte lebenden Welt hat van Gogh die Erde wieder zur Geltung gebracht, die schwere, düstere, mächtige, schicksalbedingende und tragende Erde mitsamt den Dingen... auch die Gestirne... die nicht leuchten, sondern ein Schicksal erfahren und dies gewaltig und groß anzeigen.»

Noch zwei der großen Künstler der Moderne seien mit ihrem Farb-Welt-Verhältnis hier kurz genannt: WASSILIJ KANDINSKY (1866–1944) und PAUL KLEE (1879–1940). Dagegen müssen wir aus Platzmangel darauf verzichten, die Farblehre des Malers JOSEF ALBERS zu besprechen, dessen *Interaction of Color* heute weitgehend die Grundlage für den Malunterricht an den Hochschulen geworden ist.

KANDINSKY hat zwei wichtige Bücher über die Malerei geschrieben: 1911 erschien *Über das Geistige in der Kunst*, und als dessen Fortsetzung 1923 *Punkt und Linie zu Fläche. Beitrag zur Analyse der malerischen Elemente.* Beide bieten so etwas wie Kompositionslehren. Außerdem sind an verschiedenen Orten erschienene Aufsätze 1955 in einem Band unter dem Titel *Essays über Kunst und Künstler* gesammelt veröffentlicht worden. In letzterem steht (aus einem Aufsatz von 1931), S. 141, der Satz: «Die abstrakte Malerei kann... außer den sogenannten sehr strengen geometrischen Formen von einer unbegrenzten Zahl sogenannter freier Formen Gebrauch machen und neben den primären Farben eine unbegrenzte Menge unerschöpflicher Abtönungen verwenden – jedesmal im Einklang mit dem Ziel des gegebenen Bildes. ...daß sie mit der scheinbar neuen Fähigkeit verbunden ist, die es dem Menschen erlaubt, unter der Oberfläche der Natur sein Wesen, seinen ‹Inhalt› zu spüren. Mit der Zeit wird man schlagend beweisen, daß die abstrakte Kunst[19] nicht die Verbindung mit der Natur ausschließt, sondern daß im Gegenteil diese Verbindung größer und intensiver ist als je in jüngster Zeit.» Es geht dem Künstler also nicht um «Welt» im naturalen Verstande, sondern um «Welt als das unsichtbar Waltende und Tragende».

KLEES Malerei, zu der er eigentlich erst nach 1914 richtig gekommen ist, nachdem er sich jahrelang als Zeichner mit der Linie beschäftigt hatte, ist wesentlich durch seine Musikalität bestimmt insofern, als er bei seinen farbigen Bildern nicht von einem Gegenstand ausgeht, sondern daß er

19 Das ist die Bildkunst, die von der Wiedergabe der Erscheinung von Dingen absieht.

mit einer reinen Farb-Form-Komposition beginnt und diese dann einem Gegenstand mehr oder weniger annähert, wobei letzterer manchmal ganz zufällig, von äußerlichen Assoziationen geleitet, aufgegriffen ist. KLEE ist auch derjenige Künstler, der der hohen Antike der Griechen tief verbunden war, deren Originaltexte auf seinem Nachttisch lagen und immer wieder gelesen wurden. KLEE schreibt: «Die Farbe ist erstens Qualität. Zweitens ist sie Gewicht, denn sie hat nicht nur einen Farbwert, sondern auch einen Helligkeitswert. Drittens ist sie auch noch Maß, denn sie hat außer den vorigen Werten noch ihre Grenzen, ihren Umfang, ihre Ausdehnung, ihr Meßbares.»

Zu den Farblehren ist KLEES Einstellung sehr skeptisch. JÜRG SPILLER, der KLEES Schriften *Zur Form- und Gestaltungslehre*, bisher in zwei Bänden im Benno-Schwabe-Verlag, Basel-Stuttgart, erschienen, herausgegeben hat, teilt einen Brief KLEES an seinen Freund HANS HILDEBRANDT[20] mit, in dem KLEE zu OSTWALDS Farblehre Stellung nimmt: «Das Gemeinsame der meisten Künstler, die Abneigung gegen die Farbe als Wissenschaft, wurde mir sehr verständlich, als ich vor einiger Zeit Ostwalds Farbenlehre las. Ich wollte mir aber Zeit lassen, um zu sehen, ob nicht etwas Gutes davon zurückbleibe. Doch es bleiben nur ein paar kleine Merkwürdigkeiten. Einmal die Kleinigkeit der Behauptung, daß die akustische Wissenschaft die musikalische Produktion gefördert habe. Der Hinweis auf die Parallele HELMHOLTZ – OSTWALD wäre also in ihrer negativen Beziehung zu den Künstlern nicht so verfehlt. Aber so ist sie ja nicht gemeint. Wissenschaftler finden oft an den Künstlern etwas Kindliches. Der vorliegende Fall ermöglicht diesmal eine Gegenseitigkeit. Kindlich sind auch manche andere Dinge, zum Beispiel die Vorstellung eines Potsdamer Platzes, auf dem Autos mit auf den C-dur-Dreiklang abgestimmten Signalhupen verkehren. Abgesehen von der mörderischen Praxis dieser Einheitsstimmung, daß dieses dissonanzlose Tongemälde musikalisch sei, belustigend. Ebenso dissonanzlos sind die Ansichten über harmonische Farbenstimmung, ihr Ergebnis sind dem Jodler oder dem Gstanzerl vergleichbare Klänge. Denn es ist eine alte Geschichte, daß Schön zu Schön gleich fad ist. Sehr merkwürdig auch die Ansicht, daß die temperierte Stimmung in der Musik eine wissenschaftliche Leistung sei. Ich kann in ihr nur einen praktischen Behelf sehen. Ein ähnlicher Behelf ist die Skala der chemischen Farbenindustrie. Die gebrauchen wir freilich längst, aber eine Farbenlehre brauchen wir nicht. Die ganze endlose Mischerei ergibt nie ein simples Schweinfurter Grün, Saturnrot oder Kobalt-

20 I, S. 522, lebte als Professor der Kunstgeschichte in Stuttgart, war ein Freund SEURATS und einer der ersten Vorkämpfer für die moderne Kunst.

violett. Ein dunkles Gelb ist bei uns, weil es sonst ins Grüne geht, nicht mit Schwarz vermischt. Die ganze Tüncherei geht außerdem an allen transparenten Mischungen (Lasuren) unbekümmert vorbei. Von der Ahnungslosigkeit gegenüber der Relativität der Farbwerte ganz zu schweigen. Die eine Möglichkeit der Harmonisierung durch gleichwertige Tonalität zur allgemeinen Norm machen heißt allen psychischen Reichtum beschlagnahmen. Wir danken!»

Gelten läßt KLEE als «Gedanken von Leuten vom Fach» die von GOETHE, PHILIPP OTTO RUNGE (dessen Farbkugel 1810 publiziert wurde), DELACROIX und KANDINSKYS *Das Geistige in der Kunst* (I, S. 467). – Offen und unbeantwortbar müssen wir am Ende dieser Bemerkungen zu einem weltweiten Thema die Frage lassen: Welchen weiteren Weg wird die Kunst gehen in ihrem Geschäft, Welt mit Farben in einem Werk offenzulegen? Wird sie Kosmophania bleiben? Und welcher Art wird diese Welt sein?

# Nachthimmelstrahlung und Einstein-Friedmansche Kosmologie

HEINZ DEHNEN und EKKEHARD NOWOTNY

Das Verhalten des Strahlungsflusses ferner Galaxien am Ort der Erde ist schon früher Gegenstand zahlreicher theoretischer Untersuchungen gewesen[1]. Das Ergebnis dieser Arbeiten besteht darin, daß bei Zugrundelegung verschiedenster kosmologischer Modelle die Intensität der von der Gesamtheit der Galaxien herrührenden Strahlung bei Annahme eines *endlichen Alters* des Universums nicht in Widerspruch gerät zur beobachteten Schwärze des Nachthimmels. Hierdurch hat das zuerst von dem Bremer Arzt H. W. OLBERS 1826 diskutierte Paradoxon[2], wonach der Nachthimmel infolge der Strahlung sämtlicher Galaxien eigentlich gleißend hell sein sollte, seine natürliche Klärung erfahren.

Demgegenüber soll in der vorliegenden Arbeit versucht werden, aus der Intensität des Strahlungsflusses ferner Galaxien Informationen über die Krümmungsverhältnisse des Universums im Großen zu gewinnen. Eine derartige Möglichkeit besteht *nicht* auf Grund der Tatsache – wie man vielleicht annehmen möchte – daß die Anzahl der Galaxien innerhalb eines bestimmten Raumwinkels von den Krümmungsverhältnissen des Universums abhängig ist; denn in genau umgekehrter Weise hängt infolge der Optik in gekrümmten Räumen die scheinbare Helligkeit jedes einzelnen Objektes von der Krümmung des Raumes ab, so daß kein *unmittelbarer* Einfluß der Geometrie auf die beobachtete Strahlungsintensität des Nachthimmels resultiert. Vielmehr kommt ein derartiger Einfluß nur über das *Expansionsgesetz* des Universums zustande, welches für die verschiedenen Krümmungsverhältnisse des Raumes im allgemeinen ein anderes ist.

Da das Expansionsgesetz seinerseits an die zugrunde gelegte kosmologische Theorie gebunden ist, besitzt die berechnete Abhängigkeit der Strahlungsintensität von der Raumkrümmung jeweils nur im Rahmen einer

1 G. C. MCVITTIE und P. S. WYATT, Astrophys. J. *160*, 1 (1959); G. C. MCVITTIE, Phys. Rev. *128*, 2871 (1962); W. DAVIDSON, Monthly Not. *124*, 79 (1962); W. H. BONNOR, Monthly Not. *128*, 33 (1964).
2 *Bode's Jahrbuch* (1826).

speziellen kosmologischen Theorie Gültigkeit und ist für diese charakteristisch. Somit besteht in gewissem Grade auch die Möglichkeit, durch Vermessung der von den Galaxien herrührenden Nachthimmelstrahlung kosmologische Theorien auf ihre Gültigkeit hin zu überprüfen.

Wir beabsichtigen jedoch nicht, unsere Überlegungen auf verschiedene kosmologische Theorien auszudehnen, sondern wollen uns im folgenden auf die Einstein-Friedmansche Kosmologie beschränken. Dabei stellt sich heraus, daß die Untersuchung der bolometrischen Helligkeit des Nachthimmels zur Beantwortung der gestellten Frage wegen verschiedener heute noch unsicherer empirischer Faktoren nicht ausreicht, sondern daß vielmehr die *spektrale* Intensitätsverteilung der von den Galaxien herrührenden Strahlung herangezogen werden muß. Diese ist natürlich nur unter zusätzlichen Voraussetzungen über das Strahlungsverhalten ferner Galaxien berechenbar, die zwar mehr oder weniger plausibel sind, sich aber ebenfalls weitgehend der *unmittelbaren* empirischen Nachprüfung entziehen. Doch läßt sich letztlich durch Vergleich unserer theoretischen Ergebnisse mit der Beobachtung über die Gültigkeit dieser Voraussetzungen entscheiden.

Das Ergebnis unserer Untersuchung zeigt, daß im Rahmen der Einstein-Friedmanschen Kosmologie in der Tat aus der spektralen Intensitätsverteilung der Nachthimmelstrahlung auf die globale Struktur des Universums unter Voraussetzung einer hinreichenden Meßgenauigkeit geschlossen werden kann. Das Maximum der Spektralverteilungen ergibt sich im kurzwelligen Infraroten bei einer Wellenlänge von etwa 1,5 μ. Doch liegen bis heute noch keine Messungen vor, die eine Anwendung unserer Ergebnisse erlauben würden. Lediglich der Vergleich der theoretisch berechneten Nachthimmelstrahlung mit der empirisch bekannten 3 °K-Hintergrundstrahlung zeigt eindeutig, daß letztere auch nicht teilweise ihren Ursprung in der Sternstrahlung ferner Galaxien haben kann, sondern als hiervon unabhängige «Urknallstrahlung» angesehen werden muß.

## 1. *Annahmen*

Zur Durchführung unseres Vorhabens gehen wir von folgenden kosmologischen und astrophysikalischen Voraussetzungen aus:

a) Wie schon erwähnt, beschränken wir uns auf die Einstein-Friedmansche Kosmologie. Ausgehend vom Robertson-Walker-Linienelement für die Raum-Zeit

$$ds^2 = -R^2(t)\{d\chi^2 + \xi^2(\chi)[d\vartheta^2 + \sin^2\vartheta\, d\varphi^2]\} + dt^2 \qquad (1.1)$$

mit

$$\xi(\chi) = \begin{cases} \sin\chi & \text{für positive Raumkrümmung,} \\ \chi & \text{für verschwindende Raumkrümmung,} \\ \sinh\chi & \text{für negative Raumkrümmung} \end{cases} \qquad (1.1a)$$

findet man auf Grund der Einsteinschen Feldgleichungen der Gravitation (mit verschwindendem kosmologischen $\Lambda$-Term) für den Krümmungsradius der Welt folgendes Expansionsgesetz (Friedmansche Differentialgleichung):

$$\dot{R}^2 = \frac{R_0\gamma^{-1} - \varepsilon R}{R}. \qquad (1.2)$$

Hierin ist $\varepsilon = +1, 0, -1$ für den Fall positiver, verschwindender bzw. negativer Raumkrümmung und

$$\gamma^{-1} = \frac{1}{3}\varkappa\,\varrho_0\,c^2 R_0^2, \qquad (1.2a)$$

worin $\varrho_0$ und $R_0$ die momentanen Werte für Massendichte und Krümmungsradius des Universums bedeuten ($\varkappa = 8\pi G/c^4$, $G$ Newtonsche Gravitationskonstante)[3].

b) Weiterhin nehmen wir für die Anzahl der leuchtenden Galaxien den Erhaltungssatz (Massenerhaltung)

$$n R^3 = \text{const.} \qquad (1.3)$$

an, worin $n$ die Anzahldichte der Galaxien ist; für die Massendichte $\varrho$ des Universums gilt der Erhaltungssatz (1.3) entsprechend. Wir heben in diesem Zusammenhang jedoch ausdrücklich hervor, daß *keine* Relation zwischen $n$ und $\varrho$ angesetzt wird, so daß die Existenz von «Dunkelmaterie» prinzipiell nicht ausgeschlossen ist.

c) Schließlich benötigen wir noch eine Annahme über das Strahlungsverhalten der Galaxien. Hierbei gehen wir von folgenden möglichst einfachen Vorstellungen aus:

1. Die Galaxien mögen im Mittel aus der gleichen Anzahl $N$ leuchtender Sterne bestehen.
2. Die Sterne mögen im Mittel gleiche Oberfläche $F$ und gleiche Oberflächentemperatur $T$ besitzen und sich wie schwarze Körper verhalten. Dann

3 Im Falle positiver Krümmung ($\varepsilon = +1$) ist die Lösungskurve $R(t)$ gemäß (1.2) bekanntlich eine Zykloide und $\gamma$ hat die Bedeutung $\gamma = Ro/R_{max}$, worin $R_{max}$ den maximal erreichbaren Krümmungsradius darstellt.

gilt für den spektralen Strahlungsfluß an der Oberfläche der einzelnen Sterne die Plancksche Formel:

$$J(\nu)\,d\nu = \frac{2h}{c^2}\,\nu^3 \left(e^{h\nu/kT} - 1\right)^{-1} d\nu. \tag{1.4}$$

Von der Berücksichtigung einer etwaigen Galaxienentwicklung wollen wir im folgenden absehen, zumal sich zeigen wird, daß der Hauptteil der Nachthimmelstrahlung zwar aus großen, aber nicht aus extremen Tiefen des Universums zu uns dringt.

Selbstverständlich hängen unsere Ergebnisse empfindlich von diesen Annahmen ab. Ob sie mehr oder weniger zutreffend sind, läßt sich letztlich nur dadurch entscheiden, ob die Beobachtungsdaten den theoretisch ermittelten Kurvenverläufen folgen oder nicht. In diesem Zusammenhang sei erwähnt, daß in letzter Zeit Arbeiten mit gleicher Intention wie die unsrige erschienen sind, allerdings unter anderen Voraussetzungen als den hier genannten, so daß die Ergebnisse zwar qualitative Übereinstimmung mit den unsrigen zeigen, quantitativ aber erheblich von unseren Resultaten abweichen[4].

## 2. *Berechnung der spektralen Intensitätsverteilung der Nachthimmelstrahlung*

Auf Grund der im vorangehenden Abschnitt genannten Voraussetzungen sind wir nun in der Lage, die spektrale Intensitätsverteilung der von den Galaxien herrührenden Nachthimmelstrahlung eindeutig zu berechnen. Betrachten wir einen Stern im Ursprung des raumartigen Koordinatensystems von (1.1), so gilt wegen des Erhaltungssatzes des elektromagnetischen Feldimpulses für den vom Stern in $\chi$-Richtung sich ausbreitenden Strahlungsfluß

$$S_0 = S\left(\frac{R}{R_0}\right)^4 \left(\frac{\xi(\chi')}{\xi(\chi)}\right)^2. \tag{2.1}$$

Hierin bedeutet $\chi$ die Entfernung des Objektes und $\chi'$ seinen Radius, beides ausgedrückt im Winkelmaß; $S$ stellt den Strahlungsfluß an der Oberfläche des Objektes dar und $S_0$ den beobachteten Strahlungsfluß am Ort der Erde; $R$ ist der Krümmungsradius des Universums zum Zeitpunkt der Emission der Strahlung. Da hiernach

4 R. B. Partridge und P. J. E. Peebles, Astrophys. J. *148*, 377 (1967); F. J. Low und W. H. Tucker, Phys. Rev. Lett. *21*, 1938 (1968).

$$4\pi R^2 \xi^2(\chi') = F \tag{2.2}$$

die Oberfläche des Sterns bedeutet, läßt sich (2.1) auch schreiben:

$$S_0 = S\left(\frac{R}{R_0}\right)^2 \frac{F}{4\pi R_0^2 \xi^2(\chi)}. \tag{2.3}$$

Der Nenner in (2.3) stellt das auf Grund der Krümmungsverhältnisse modifizierte Abstandsquadratgesetz für die Strahlungsintensität dar, während der Vorfaktor $(R/R_0)^2$ den Einfluß der Expansion des Universums auf den Strahlungsenergiefluß zum Ausdruck bringt. Den von einer Galaxe zu erwartenden Strahlungsfluß erhält man letztlich durch Multiplikation von (2.3) mit der Anzahl $N$ der leuchtenden Sterne einer Galaxe.

Für die weitere Rechnung verlegen wir den Ursprung der raumartigen Koordinaten des Linienelements (1.1) an die Stelle des irdischen Beobachters, wodurch der Ausdruck (2.3) keine Veränderung erfährt. Dann ist die Anzahl der Galaxien im Volumenelement

$$dV = R^3 \xi^2(\chi) \sin\vartheta \, d\vartheta \, d\varphi \, d\chi \tag{2.4}$$

in der Entfernung $\chi$ zum Zeitpunkt der Emission der Strahlung gegeben durch

$$n\,dV = nR^3 \xi^2(\chi) \, d\Omega \, d\chi, \tag{2.5}$$

worin $d\Omega = \sin\vartheta \, d\vartheta \, d\varphi$ das Raumwinkelelement bedeutet, unter dem das Volumenelement (2.4) erscheint. Wie eingangs erwähnt, gehen die Krümmungsverhältnisse in Gestalt von $\xi^2(\chi)$ in Gleichung (2.5) in genau umgekehrter Weise ein wie in Gleichung (2.3). Folglich fällt die «Geometrie des Universums» völlig heraus, wenn wir nunmehr durch Multiplikation von (2.3) und (2.5) den Strahlungsfluß bestimmen, der uns aus dem Volumenelement (2.4) erreicht. Unter Verwendung von (1.3) erhalten wir hierfür

$$dS_{0_G} = S_0 N n \, dV = \frac{1}{4\pi} S \left(\frac{R}{R_0}\right)^2 F N n_0 R_0 \, d\Omega \, d\chi, \tag{2.6}$$

worin $n_0$ die momentane Anzahldichte der Galaxien bedeutet. Die ursprünglich auf ZÖLLNER zurückgehende Idee[5], das Olberssche Paradoxon durch Annahme einer nichteuklidischen Geometrie für das Universum zu erklären, läßt sich somit nicht verwirklichen.

5 J. C. F. ZÖLLNER, *Die Natur der Kometen* (2. Aufl., Leipzig 1872), 299ff.

Der Übergang zur spektralen Intensitätsverteilung geschieht schließlich dadurch, daß wir in (2.6) den Strahlungsfluß $S$ an der Oberfläche der einzelnen Sterne entsprechend Annahme c) mit der Intensitätsverteilung (1.4) identifizieren. Somit ergibt sich aus (2.6) ($\hbar \equiv h/2\pi$):

$$dS_{0_G}(\nu) = \frac{1}{c^2}\,\hbar\, F\, N\, n_0\, R_0 \left(\frac{R}{R_0}\right)^2 \nu^3 \left(e^{h\nu/kT} - 1\right)^{-1} d\nu\, d\Omega\, d\chi\,. \tag{2.7}$$

Mit den Rotverschiebungsrelationen ($z = \Delta\lambda/\lambda$)

$$a)\ \nu = \nu_0 \frac{R_0}{R}, \qquad b)\ \frac{R_0}{R} = 1 + z \tag{2.8}$$

geht (2.7) unmittelbar über in

$$dS_{0_G}(\nu_0) = \frac{1}{c^2}\,\hbar\, F\, N\, n_0\, R_0 \frac{(1+z)^2\, \nu_0^3}{e^{(1+z)\,h\nu_0/kT} - 1}\, d\nu_0\, d\Omega\, d\chi\,, \tag{2.9}$$

worin $\nu_0$ und $d\nu_0$ die *beobachteten* Frequenzen und Bandbreiten bedeuten. Um die gesamte spektrale Intensitätsverteilung der Strahlung zu erhalten, die aus dem Raumwinkelbereich $d\Omega$ zu uns dringt, haben wir (2.9) von $\chi = 0$ bis $\chi = \chi_{max}$ zu integrieren, wobei $\chi_{max}$ der Entfernung der weitesten Galaxien entspricht.

Es erweist sich allerdings als zweckmäßig, die Integration statt über den Winkel $\chi$ über die Rotverschiebung $z$ zu erstrecken und zunächst $d\chi$ durch $dz$ zu substituieren. Aus dem Gesetz für die Lichtausbreitung in $\chi$-Richtung, vgl. (1.1)

$$R\, d\chi = -dt \tag{2.10}$$

folgt unmittelbar

$$d\chi = -\frac{dR}{R\dot{R}}\,. \tag{2.10a}$$

Nach Einsetzen des Expansionsgesetzes (1.2) ergibt sich hieraus unter Verwendung von (2.8 b)

$$d\chi = \frac{dz}{1+z}\, \frac{\sqrt{\gamma}}{\sqrt{1+z-\varepsilon\gamma}}\,. \tag{2.11}$$

Wir weisen ausdrücklich darauf hin, daß in Gleichung (2.11) dem Expansionsgesetz (1.2) zufolge die Raumkrümmung in Gestalt des Faktors $\varepsilon$ wieder explizit in Erscheinung tritt, nachdem sie in (2.6) völlig herausgefallen war. Außerdem ist zu bemerken, daß der durch (2.11) gegebene Zusammenhang zwischen $\chi$ und $z$ durch die spezielle Gestalt der Friedmanschen Differentialgleichung (1.2) bestimmt und daher für die Einstein-Friedmansche Kosmologie charakteristisch ist. Somit finden *allein* durch die Beziehung (2.11) Raumkrümmung und spezielle kosmologische Theorie Eingang in unsere Überlegungen.

Durch Einsetzen von $d\chi$ gemäß (2.11) geht nunmehr Gleichung (2.9) über in

$$\left.\begin{aligned} dS_{0_G}(\nu_0) = \frac{1}{c^2}\,\hbar\, F\, N\, n_0\, R_0 \sqrt{\gamma}\, \frac{(1+z)\,\nu_0^3}{\sqrt{1+z-\varepsilon\gamma}} \\ \times \left(e^{(1+z)h\nu_0/kT} - 1\right)^{-1} d\nu_0\, d\Omega\, dz\,. \end{aligned}\right\} \quad (2.12)$$

Dieser Ausdruck stellt den spektralen Strahlungsfluß dar, der aus dem «Entfernungsintervall» zwischen $z$ und $z+dz$ kommt. Er besitzt die Eigenschaft, infolge der Rotverschiebung der Strahlung für große $z$-Werte exponentiell abzunehmen, worin sich bereits eine Klärung des Olbersschen Paradoxons abzuzeichnen beginnt. Außerdem wird dieses Verhalten des Strahlungsflusses die weiteren Rechnungen wesentlich erleichtern.

Zunächst ist festzustellen, daß die Strahlung (2.12) den Beobachter auf der Erde nicht ungeschwächt erreichen wird wegen der Bedeckung ferner Galaxien durch nähere. Daher ist Gleichung (2.12) eigentlich noch mit einem «Durchlässigkeitsfaktor» $D(z)$ zu multiplizieren, der den Prozentsatz der aus der «Entfernung» $z$ bis zur Erde durchdringenden Lichtquanten angibt. Wie im Anhang gezeigt wird, ist jedoch $D(z)$ erst für derartig große $z$-Werte von 1 verschieden, für welche die rechte Seite von (2.12) im relevanten Frequenzbereich bereits praktisch verschwindet, so daß sich eine explizite Berücksichtigung von $D(z)$ erübrigt.

Ferner ist zur Berechnung der Gesamtstrahlungsintensität Gleichung (2.12) von $z = o$ bis $z = z_{max}$ zu integrieren, wobei die Rotverschiebung $z_{max}$ der Entfernung $\chi_{max}$ entspricht, in der gerade noch Galaxien anzutreffen sind. Wegen des exponentiellen Abfalls von (2.12) mit zunehmenden großen $z$-Werten liegt es jedoch nahe, die Integration statt dessen bis $z \to \infty$ zu erstrecken. Daß dies in der Tat gerechtfertigt ist, wird sich in Abschnitt 5 erweisen.

Bevor wir nunmehr die Integration von (2.12) ausführen, ist es zweckmäßig, noch einige vereinfachende Umformungen vorzunehmen. Auf Grund der Definition der Hubble-Konstante $H = c(\dot{R}/R)_0$ folgt aus (1.2) für den momentanen Zustand des Universums

$$R_0^2 = \frac{3\,\varepsilon}{\varkappa\,\varrho_0\,c^2 - 3\,H^2/c^2}\,, \tag{2.13}$$

womit sich aus (1.2a) ergibt:

$$R_0\sqrt{\gamma} = \sqrt{\frac{3}{\varkappa\,\varrho_0\,c^2}}\,, \qquad 1 - \varepsilon\,\gamma = 3\,\frac{H^2/c^2}{\varkappa\,\varrho_0\,c^2} = \alpha\,. \tag{2.14}$$

Im Hinblick auf (2.13) gilt dabei

$$\alpha \begin{cases} < 1 \text{ für } \varepsilon = +1 & \text{(positive Raumkrümmung),} \\ = 1 \text{ für } \varepsilon = \phantom{+}0 & \text{(verschwindende Raumkrümmung),} \\ > 1 \text{ für } \varepsilon = -1 & \text{(negative Raumkrümmung),} \end{cases} \tag{2.14a}$$

so daß der Zahlenwert von $\alpha$ Auskunft über die Raumkrümmungsverhältnisse gibt[6].

Einsetzen von (2.14) in (2.12) und Integration über $z$ führt schließlich auf folgende spektrale Strahlungsdichte:

$$\left.\begin{aligned} J_0(\nu_0)\,d\nu_0\,d\Omega &= \int\limits_{z=0}^{\infty} dS_{0_G}(\nu_0) \\ &= \frac{1}{c}\,\hbar\,F\,N\,n_0\,H^{-1}\sqrt{\alpha}\,\nu_0^3 \int\limits_{z=0}^{\infty} \frac{(1+z)\,dz}{\sqrt{z+\alpha}\,\left(e^{(1+z)h\nu_0/kT}-1\right)}\,d\nu_0\,d\Omega\,. \end{aligned}\right\} \tag{2.15}$$

Hiernach hängt die Spektralverteilung $J_0(\nu_0)$ der von den Galaxien herrührenden Nachthimmelstrahlung von den Raumkrümmungsverhältnissen gemäß dem Zahlenwert von $\alpha$ ab. Allerdings dürfte es schwierig sein, bereits mittels (2.15) durch experimentelle Vermessung von $J_0(\nu_0)$ den Zahlenwert von $\alpha$ zu bestimmen, da die ebenfalls in (2.15) eingehenden Werte von $T$, $F$, $N$, $n_0$ und $H$ ziemlich unsicher sind. Jedoch läßt sich (2.15) in eine Form setzen, die die *unmittelbare* Bestimmung von $\alpha$ gestattet. Die Möglichkeit hierzu beruht darauf, daß (2.15) die wesentlichen Eigenschaften einer Planckschen Energieverteilung besitzt, obwohl sie keine solche darstellt. Wie wir anschließend zeigen werden, folgt aus (2.15) sowohl ein Stefan-Boltzmannsches Strahlungsgesetz als auch ein Wiensches Verschiebungsgesetz für die Nachthimmelstrahlung.

## 3. *Bolometrische Helligkeit des Nachthimmels*

Im Zusammenhang mit dem eingangs erwähnten Olbersschen Paradoxon dürfte auch die bolometrische Helligkeit des Nachthimmels in Abhängigkeit von den Krümmungsverhältnissen des Universums von Interesse sein. Durch Integration von (2.15) über den gesamten Spektralbereich ergibt sich

$$\left.\begin{aligned} J &= \int_0^\infty J_0(\nu_0)\, d\nu_0 \\ &= \frac{1}{c}\, \hbar F N n_0 H^{-1}\sqrt{\alpha} \int_0^\infty \nu_0^3\, d\nu_0 \int_0^\infty \frac{(1+z)\, dz}{\sqrt{z+\alpha}\,(e^{(1+z)\nu_0 h/kT}-1)}\,, \end{aligned}\right\} \quad (3.1)$$

worin $J$ die auf die Flächeneinheit pro Zeit- und Raumwinkeleinheit einfallende Energie der Nachthimmelstrahlung bedeutet. Während das Integral in (2.15) nur numerisch ausgewertet werden kann, läßt sich das Doppelintegral in (3.1) elementar ausführen, indem man die Reihenfolge der Integrationen vertauscht. So geht nach der Variablensubstitution

$$\frac{h\nu_0}{kT} = v \quad (3.2)$$

Gleichung (3.1) zunächst über in

$$J = \frac{1}{c}\, \hbar F N n_0 H^{-1}\sqrt{\alpha} \left(\frac{kT}{h}\right)^4 \int_0^\infty \frac{(1+z)\, dz}{\sqrt{z+\alpha}} \int_0^\infty \frac{v^3\, dv}{e^{v(1+z)}-1}\,. \quad (3.3)$$

Hierin läßt sich das letzte uneigentliche Integral berechnen; man findet

$$\int_0^\infty \frac{v^3\, dv}{e^{v(1+z)}-1} = \frac{\zeta(4)\,\Gamma(4)}{(1+z)^4}\,. \quad (3.4)$$

Mit (3.4) erhalten wir nach Einsetzen der Werte der $\zeta$- und $\Gamma$-Funktion aus Gleichung (3.3):

6 In der angelsächsischen Literatur wird statt $\alpha$ der «Akzelerationsparameter» $q = 1/2\alpha$ zur Unterscheidung der verschiedenen Raumtypen benutzt.

$$J = \frac{F N n_0 k^4}{240\, c\, H\, \hbar^3} T^4 \sqrt{\alpha} \int\limits_0^\infty \frac{dz}{(1+z)^3 \sqrt{z+\alpha}} \,. \tag{3.5}$$

Ausführen der z-Integration ergibt schließlich für den Fall $\alpha < 1$ (positive Raumkrümmung)

$$\left.\begin{aligned} J &= \frac{F N n_0 k^4}{320\, c\, H\, \hbar^3} T^4 \frac{\sqrt{\alpha}}{(1-\alpha)^2 \sqrt{1-\alpha}} \\ &\times \left[\operatorname{arc} tg \sqrt{\frac{1-\alpha}{\alpha}} - \sqrt{\alpha(1-\alpha)} - \frac{2}{3}(1-\alpha)\sqrt{\alpha(1-\alpha)}\right], \end{aligned}\right\} \tag{3.6a}$$

für den Fall $\alpha = 1$ (verschwindende Raumkrümmung)

$$J = \frac{F N n_0 k^4}{600\, c\, H\, \hbar^3} T^4 \tag{3.6b}$$

und für den Fall $\alpha > 1$ (negative Raumkrümmung)

$$\left.\begin{aligned} J &= \frac{F N n_0 k^4}{480\, c\, H\, \hbar^3} T^4 \frac{\alpha}{\alpha - 1} \\ &\times \left[1 - \frac{3}{2}\frac{1}{\alpha-1} + \frac{3}{4}\frac{1}{(\alpha-1)\sqrt{\alpha(\alpha-1)}} \ln \frac{\sqrt{\alpha}+\sqrt{\alpha-1}}{\sqrt{\alpha}-\sqrt{\alpha-1}}\right]. \end{aligned}\right\} \tag{3.6c}$$

Die Gleichungen (3.6) stellen ein Stefan-Boltzmannsches Strahlungsgesetz für die von den Galaxien herrührende Nachthimmelstrahlung in Abhängigkeit von der Raumkrümmung dar. Es dürfte allerdings kaum möglich sein, hieraus den Wert von $\alpha$ zu bestimmen, da in (3.6) ebenso wie in (2.15) noch die ziemlich unsicheren Größen $F$, $N$, $n_0$, $T$ und $H$ eingehen. Jedoch gestattet (3.6) einen interessanten Vergleich zwischen der bolometrischen Helligkeit der Galaxienstrahlung, der 3 °K-Strahlung und der Sonne. Zur Durchführung dieses Vergleichs ist es zweckmäßig, die aus (3.6) durch Multiplikation mit $4\pi/c$ resultierende Strahlungsenergiedichte $u$ heranzuziehen. Da es sich nur um eine größenordnungsmäßige Abschätzung von $u$ handelt, beschränken wir uns hierbei auf die einfachste Formel (3.6b); wir finden

$$u = \frac{F N n_0}{10\pi} \frac{c}{H} \sigma T^4 \,, \tag{3.7}$$

worin $\sigma = 8\pi^5 k^4/15 h^3 c^3$ die Stefan-Boltzmannsche Strahlungskonstante für schwarze Hohlraumstrahlung ist.

Zur Abschätzung des Zahlenwertes von (3.7) ziehen wir für $N$, $n_0$ und $H$ die üblichen (größenordnungsmäßig wohl zutreffenden) Daten heran:

$$N = 2 \cdot 10^{11}, \quad n_0 = 5\,\mathrm{Mpc}^{-3}, \quad H = 75\,\mathrm{km\,sec}^{-1}\,\mathrm{Mpc}^{-1} \tag{3.8}$$

und wählen $F$ von der Größenordnung der Sonnenoberfläche. Dann ergibt sich aus (3.7)

$$u = 6{,}15 \cdot 10^{-27}\, T^4\, \mathrm{erg/cm^3}. \tag{3.9}$$

Für eine Sterntemperatur von $T \simeq 6 \cdot 10^3\,^\circ\mathrm{K}$ erhält man daher $u = 8 \cdot 10^{-12}$ erg/cm³ als Energiedichte der von den Galaxien herrührenden Strahlung, während diejenige der 3 °K-Hohlraumstrahlung sich auf nur $5 \cdot 10^{-13}$ erg/cm³ beläuft und diejenige der Sonnenstrahlung am Ort der Erde $4{,}4 \cdot 10^{-5}$ erg/cm³ beträgt[7].

Bemerkenswert hieran ist, daß die Energiedichte der Galaxienstrahlung diejenige der 3 °K-Strahlung immerhin um etwa eine Größenordnung übertrifft! Allerdings ist die Intensität der Galaxienstrahlung breiter über das Frequenzspektrum verteilt als diejenige der 3 °K-Hohlraumstrahlung (vgl. Figur 2), so daß ihre maximale spektrale Intensität *unterhalb* derjenigen der 3 °K-Strahlung bleibt (vgl. Figur 3).

Ferner ergibt sich hinsichtlich des Olbersschen Paradoxons folgendes Resultat: Da die Sonnenstrahlung uns aus einem Raumwinkel von nur $\Omega = 6{,}8 \cdot 10^{-5}$ erreicht, ergibt der Vergleich der Energiedichte der Galaxien- und der Sonnenstrahlung, daß die auf den Raumwinkel der Sonne bezogene bolometrische Strahlungsintensität des Nachthimmels nur das $10^{-12}$fache derjenigen der Sonne ausmacht[8]. Diese Größenordnung der Strahlungsintensität, welche für die Schwärze des Nachthimmels verantwortlich ist, hat ihre Ursache letztlich in den momentanen Werten der in (3.7) eingehenden kosmologischen Größen, von denen $H^{-1}$ bekanntlich ein unmittelbares Maß für das Weltalter darstellt.

## 4. *Relative spektrale Energieverteilung und Bestimmung von $\alpha$ und $T$*

Um aus der Intensität der Nachthimmelstrahlung Rückschlüsse auf den Zahlenwert von $\alpha$ ziehen und somit gemäß (2.14a) zwischen den verschiede-

7 Auf Grund der vorliegenden Meßdaten liegt die *genaue* Temperatur der 3 °K-Hohlraumstrahlung bei 2,7 °K, welchen Wert wir auch unseren Berechnungen zugrunde legen.

8 Dieses Ergebnis weicht nur geringfügig von demjenigen der eingangs erwähnten älteren Arbeiten zum Olbersschen Paradoxon ab.

nen Raumtypen empirisch entscheiden zu können, ist es notwendig, auf die spektrale Energieverteilung der Nachthimmelstrahlung (2.15) zurückzugreifen. Wegen der Unsicherheit in den Zahlenwerten von $T$, $F$, $N$, $n_0$ und $H$ erscheint es allerdings unumgänglich, Gleichung (2.15) zuerst in eine Form zu setzen, die nur noch von $\nu_0$ und $\alpha$ abhängt. Hierzu stellen wir zunächst fest, daß die aus (2.15) folgende Spektralverteilung

$$J_0(\nu_0) = \frac{1}{c}\,\hbar\, F\, N\, n_0\, H^{-1} \sqrt{\alpha}\;\nu_0^3 \int_0^\infty \frac{(1+z)\,dz}{\sqrt{z+\alpha}\,(e^{(1+z)h\nu_0/kT}-1)} \tag{4.1}$$

ein Maximum besitzt, dessen Lage allein durch die Werte von $\alpha$ und T bestimmt wird. Mit der Abkürzung

$$\frac{h\,\nu_{0_{max}}}{k\,T} = A \tag{4.2}$$

folgt die Lage des Maximums unmittelbar aus der durch Differentiation (nach $\nu_0$) von (4.1) gewonnenen Integralgleichung für $A(\alpha)$:

$$\int_0^\infty \frac{1+z}{\sqrt{z+\alpha}}\;\frac{3\,[e^{A(1+z)}-1] - A\,(1+z)\,e^{A(1+z)}}{[e^{A(1+z)}-1]^2}\,dz = 0. \tag{4.3}$$

Ersichtlich stellen die Beziehungen (4.2) und (4.3) ein Wiensches Verschiebungsgesetz für die Nachthimmelstrahlung dar.

Der durch (4.3) festgelegte funktionale Zusammenhang zwischen $A$ und $\alpha$ läßt sich wohl nur numerisch ermitteln. Das Ergebnis einer derartigen Rechnung ist in Tabelle 1 und Figur 1 wiedergegeben. Es zeigt sich, daß der

| $\alpha$ | 0 | 0,01 | 0,1 | 0,5 | 1 |
|---|---|---|---|---|---|
| $A$ | 2,135 | 2,033 | 1,902 | 1,740 | 1,665 |
| $\alpha$ | 1,5 | 5 | 10 | 100 | $\infty$ |
| $A$ | 1,624 | 1,525 | 1,488 | 1,445 | 1,442 |

Tabelle 1. Zahlenwerte von $A$ ($\alpha$) gemäß Gleichung (4.3).

Zahlenwert von $A$ für $\alpha = 1$ bei 1,665 liegt und sich nur wenig bei Variation von $\alpha$ verschiebt. Demgegenüber beträgt der entsprechende Zahlenwert für schwarze Strahlung bekanntlich 2,821. Folglich liegt das Maximum der

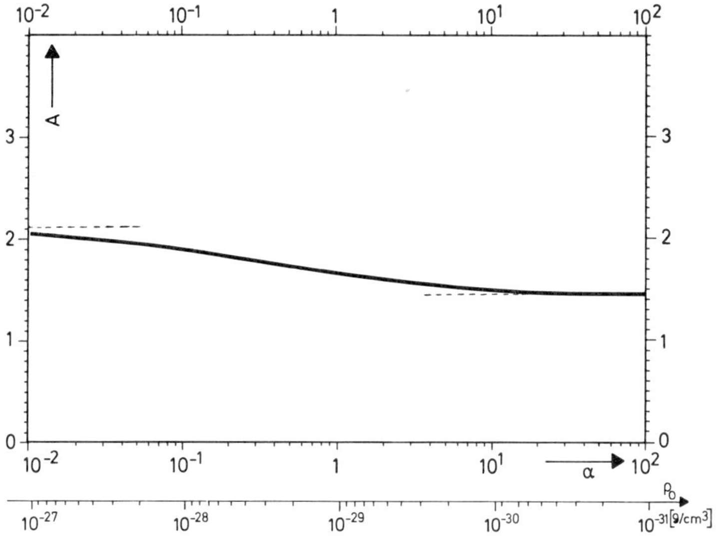


Figur 1. Funktionaler Zusammenhang zwischen $A$ und $\alpha$ gemäß Gleichung (4.3). Außerdem ist für $H = 75$ km sec$^{-1}$ Mpc$^{-1}$ die gemäß (2.14) den $\alpha$-Werten zugeordnete Massendichte $\varrho_0$ angegeben.

Intensität der Nachthimmelstrahlung zur Sterntemperatur $T$ bei einer etwa 1,7mal größeren Wellenlänge als im Falle schwarzer Strahlung gleicher Temperatur. Hieraus darf geschlossen werden, daß insbesondere *ferne* Galaxien mit einer Rotverschiebung von etwa $z = 0{,}7$ einen erheblichen Beitrag zur Intensität der Nachthimmelstrahlung beisteuern, worauf von BONDI schon früher (1960) hingewiesen wurde[9] (vgl. auch die Skalen für $z_{50\,\%}$ und $z_{90\,\%}$ in Figur 3).

Im übrigen gestattet das Verschiebungsgesetz (4.2) bereits nach Kenntnis von $\nu_{0\,max}$ die ungefähre mittlere Sterntemperatur $T$ zu ermitteln; zur genaueren Bestimmung von $T$ ist allerdings noch die Kenntnis des exakten Zahlenwertes von $A$ bzw. $\alpha$ erforderlich. Umgekehrt läßt sich mittels (4.2) wegen der *ungefähren* Kenntnis von $A$ und $T$ der Spektralbereich abschätzen, in dem das Maximum der Nachthimmelstrahlung zu erwarten ist. Mit $A \simeq 1{,}6$ und $T \simeq 6 \cdot 10^3\,°\mathrm{K}$ findet man

$$\nu_{0_{max}} \simeq 2 \cdot 10^{14}\, Hz \mathrel{\hat{=}} \lambda_{0_{max}} \simeq 1{,}5\,\mu. \tag{4.4}$$

9 H. BONDI, *Cosmology* (Cambridge University Press 1960).

Hiernach liegt das Strahlungsmaximum im kurzwelligen Infraroten und verschiebt sich wegen der langsamen Veränderlichkeit von $A(\alpha)$ hinsichtlich der verschiedenen Raumtypen nur wenig[10]. Die Lage des Maximums der Spektralverteilung ist daher zur Bestimmung der Krümmungsverhältnisse des Universums ungeeignet.

Führen wir nunmehr mittels (4.2) die *relative* Frequenz

$$x = \frac{\nu_0}{\nu_{0_{max}}} = \frac{h\,\nu_0}{k\,T} A^{-1} \tag{4.5}$$

als neue unabhängige Variable ein, so geht Gleichung (4.1) über in

$$J_0(x) = \frac{1}{c}\,\hbar\, F\, N\, n_0\, H^{-1} \sqrt{\alpha} \left(\frac{kT}{h}\right)^3 A^3\, x^3 \int\limits_0^\infty \frac{(1+z)\,dz}{\sqrt{z + \alpha\,(e^{Ax(1+z)} - 1)}} \tag{4.6}$$

mit dem Maximalwert (an der Stelle $x = 1$)

$$J_{0_{max}} = \frac{1}{c}\,\hbar\, F\, N\, n_0\, H^{-1} \sqrt{\alpha} \left(\frac{kT}{h}\right)^3 A^3 \int\limits_0^\infty \frac{(1+z)\,dz}{\sqrt{z + \alpha\,(e^{A(1+z)} - 1)}}\,. \tag{4.7}$$

Ersichtlich fallen beim Übergang zu *relativen* Intensitäten die unsicheren Faktoren in (4.6) und (4.7) sämtlich heraus. Für die sich so ergebende *relative* Spektralverteilung findet man

$$y(x) = \frac{J_0(x)}{J_{0_{max}}} = x^3 \frac{\displaystyle\int\limits_0^\infty \frac{(1+z)\,dz}{\sqrt{z + \alpha\,(e^{Ax(1+z)} - 1)}}}{\displaystyle\int\limits_0^\infty \frac{(1+z)\,dz}{\sqrt{z + \alpha\,(e^{A(1+z)} - 1)}}}\,. \tag{4.8}$$

Der Verlauf der Funktion $y(x)$ hängt ersichtlich nur noch vom Zahlenwert $\alpha$ ab, vgl. Figur 1. Auf Grund einer numerischen Berechnung von (4.8) ergeben sich unter Verwendung von Tabelle 1 für verschiedene $\alpha$-Werte einschließlich der Grenzwerte $\alpha = 0$ und $\alpha = \infty$ die in Figur 2 dargestellten Kurven. Der Vergleich mit dem empirischen Verlauf der relativen Intensitäten

10 Gemäß Figur 1 und Gleichung (4.2) tendiert die Lage des Maximums im Falle positiver Raumkrümmung zu etwas kürzeren Wellenlängen als im Falle negativer Raumkrümmung, vgl. Figur 3.

gestattet somit bei hinreichender Meßgenauigkeit die Bestimmung des Wertes von $\alpha$ und damit der Raumkrümmung. Nach Kenntnis von $\alpha$ und der Lage des Maximums der Spektralverteilung ergibt sich sodann aus Figur 1 und Gleichung (4.2) der wahrscheinlichste Wert für die mittlere Sterntemperatur $T$. – Außerdem ist in Figur 2 der Verlauf der relativen Intensitätsverteilung für schwarze Strahlung *beliebiger* Temperatur punktiert eingetragen. Der

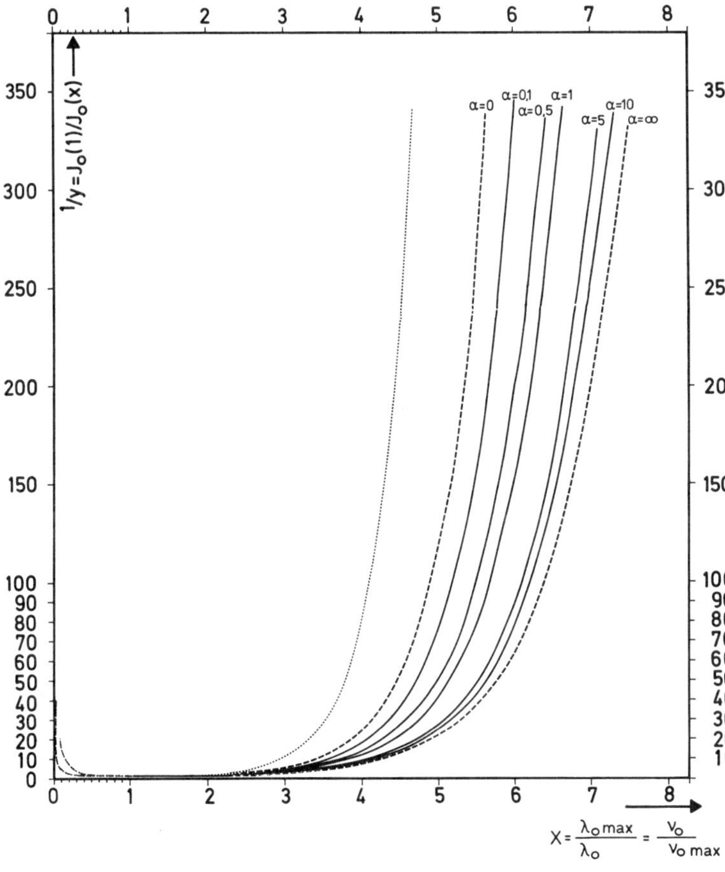


Figur 2. Reziproke relative Intensitätsverteilung der Nachthimmelstrahlung zur Bestimmung von $\alpha$. Die entsprechende Verteilung für schwarze Strahlung ist zum Vergleich punktiert eingezeichnet. Ersichtlich ist der kurzwellige Spektralbereich zur Festlegung von $\alpha$ besser geeignet als der langwellige.

Vergleich mit den übrigen Kurven zeigt, daß die Galaxienstrahlung breiter über das Frequenzspektrum verteilt ist als schwarze Strahlung.

Da das Ergebnis (4.8) in seiner Struktur nur noch von den Annahmen des Abschnitts 1 abhängt, stellt der Vergleich der theoretischen Kurvenverläufe mit den Beobachtungsdaten letztlich auch einen Test auf unsere kosmologischen und astrophysikalischen Voraussetzungen dar. In diesem Zusammenhang heben wir nochmals hervor, daß die Bestimmung der Raumkrümmung mittels (4.8) unabhängig von der Kenntnis des Anteils der Dunkelmaterie im Universum erfolgt. Dieser läßt sich nachträglich bestimmen durch Vergleich der Dichte der beobachtbaren leuchtenden Materie mit derjenigen, die sich gemäß (2.14) aus dem ermittelten Zahlenwert von $\alpha$ ergibt.

Abschließend sei darauf hingewiesen, daß $\alpha$ *keine* Konstante der kosmischen Entwicklung darstellt, sondern sich gemäß (1.2a), (1.3) und (2.14) mit dem Krümmungsradius des Universums linear ändert. Folglich gibt der Zahlenwert des Parameters $\alpha$ Aufschluß auch über den momentanen «Zustand» des Universums, und zwar nicht nur hinsichtlich der gegenwärtigen Massendichte und des gegenwärtigen Krümmungsradius entsprechend (2.14), sondern auch hinsichtlich des *Alters*. Durch Integration der Differentialgleichung (1.2) findet man hierfür[11]:

$$t_0 = \frac{1}{H}\left(\frac{1}{w^2} - \frac{1}{2}\,\frac{1-w^2}{w^3}\,\ln\frac{1+w}{1-w}\right), \qquad w = \sqrt{1 - 1/\alpha}\;. \tag{4.9}$$

Die möglichst genaue Bestimmung des gegenwärtigen Wertes von $\alpha$ ist daher von besonderem kosmologischen Interesse. In Figur 2a sind die Werte für $t_0$, $R_0$ und $\varrho_0$ sowie ferner im Falle positiver Raumkrümmung ($\varepsilon = +1, \alpha < 1$) die Größe der Gesamtmasse $M_u$ des Universums in Abhängigkeit von $\alpha$ dargestellt unter Annahme des wahrscheinlichsten Wertes für die Hubble-Konstante von 75 km $sec^{-1}Mpc^{-1}$.

## 5. *Absolute Intensitäten*

Die Durchführbarkeit des im vorangehenden vorgeschlagenen Verfahrens zur Bestimmung des Wertes des Parameters $\alpha$ hängt aus meßtechnischen Gründen entscheidend von der *absoluten* Intensität der zu messenden Nachthimmelstrahlung ab. Um diese gemäß (4.1) zu berechnen, nehmen wir den günstigsten Fall an, daß der überwiegende Teil der Materie des Universums in leuchtenden Sternen vereinigt ist (vernachlässigbare Dunkelmaterie).

11 Siehe H. Hönl und H. Dehnen, Z.f.Phys. *156*, 386 (1959).

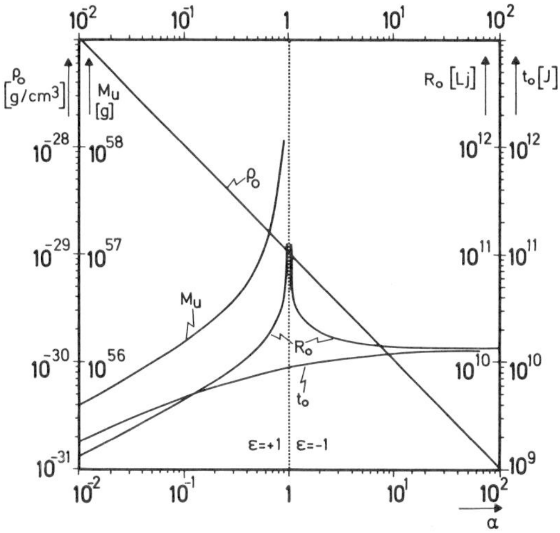


Figur 2a. Weltalter $t_0$, Krümmungsradius $R_0$, Massendichte $\varrho_0$ und Gesamtmasse $M_u$ des Universums als Funktion des Parameters $\alpha$ für $H = 75$ km sec$^{-1}$ Mpc$^{-1}$.

Dann gilt

$$n_0 = \frac{\varrho_0}{NM}\,, \tag{5.1}$$

worin $M$ die mittlere Masse eines Sterns einer Galaxe ist. Einsetzen von (5.1) in (4.1) ergibt nach Elimination von $\varrho_0$ gemäß (2.14):

$$J_0(\nu_0) = 3\,\frac{F\,H\,\hbar}{\varkappa\,M\,c^5}\,\frac{\nu_0{}^3}{\sqrt{\alpha}}\int\limits_0^\infty \frac{(1+z)\,dz}{\sqrt{z+\alpha}\,(e^{(1+z)\,h\nu_0/kT}-1)}\,. \tag{5.2}$$

Hiernach ist im Falle positiver Raumkrümmung ($\alpha < 1$) die spektrale Intensität stets größer als im Falle negativer Raumkrümmung ($\alpha > 1$).

In Figur 3 ist der Verlauf von (5.2) auf Grund einer numerischen Integration für die Werte $\alpha = 0{,}1$; $0{,}5$; $1$; $1{,}5$; $5$ und $10$ dargestellt, wobei für $F$, $M$ und $T$ die Sonnendaten und für $H$ der übliche Wert von 75 km sec$^{-1}$ Mpc$^{-1}$ eingesetzt wurden. Außerdem ist für verschiedene Frequenzen der jeweilige $z$-Bereich angegeben, aus dem 90% bzw. 50% der Strahlungsintensität im Falle $\alpha = 1$ stammt. Dabei stellen die aufgeführten $z$-Werte zugleich ein Maß für die Entfernung dar, bis zu welcher die Existenz von Galaxien eine entscheidende Rolle für die Intensität der Strahlung spielt. Diese Entfernungen dürften im nicht allzu langwelligen Spektralbereich durchaus realistisch sein. Hierdurch wird auch nachträglich die Ausdehnung der $z$-Integration bis $z \to \infty$ gerechtfertigt.

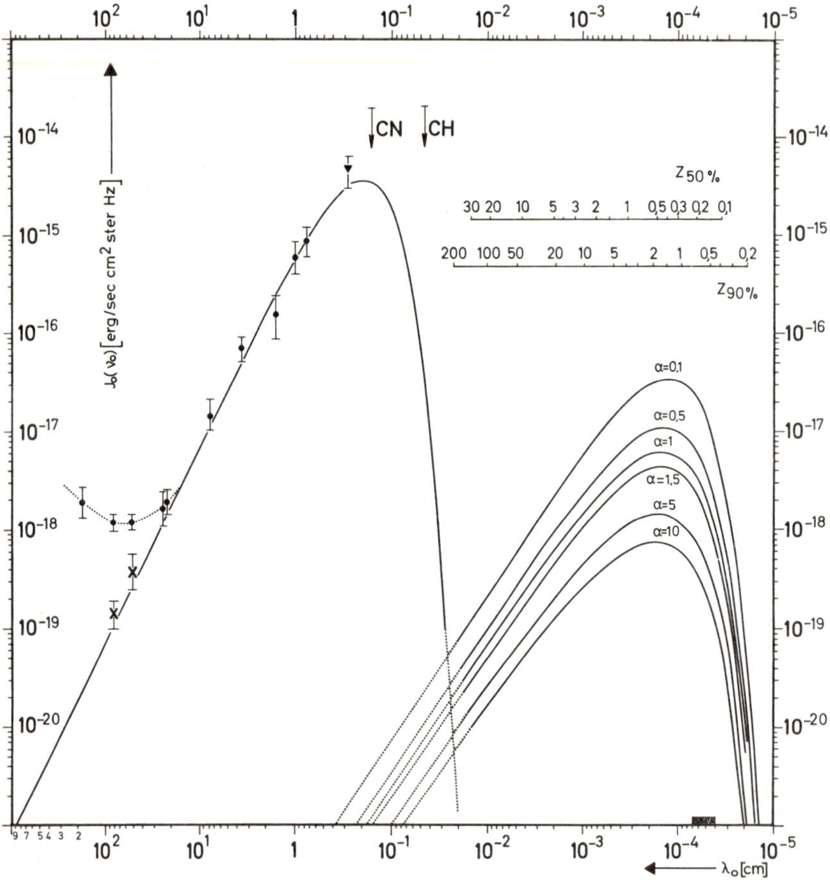


Figur 3. Absolute spektrale Intensitäten der Nachthimmelstrahlung für eine mittlere Sterntemperatur $T = 6 \cdot 10^3\,°K$ und der Hohlraumstrahlung für $T = 2{,}7\,°K$ samt den Meßdaten. Die Skalen für $z_{50\%}$ und $z_{90\%}$ geben an, bis aus welchen Tiefen des Universums 50% bzw. 90% der jeweiligen Intensität der Nachthimmelstrahlung im Falle $\alpha = 1$ kommt. Die Veränderung der Skalen mit dem Wert von $\alpha$ ist geringfügig. Der schraffierte Wellenlängenbereich stellt den optischen Teil des Spektrums dar.

Ferner ist in Figur 4 noch die (5.2) entsprechende bolometrische Intensität der Nachthimmelstrahlung in Abhängigkeit vom Zahlenwert $\alpha$ dargestellt. Hierzu haben wir auf die Gleichungen (3.6) zurückgreifen können,

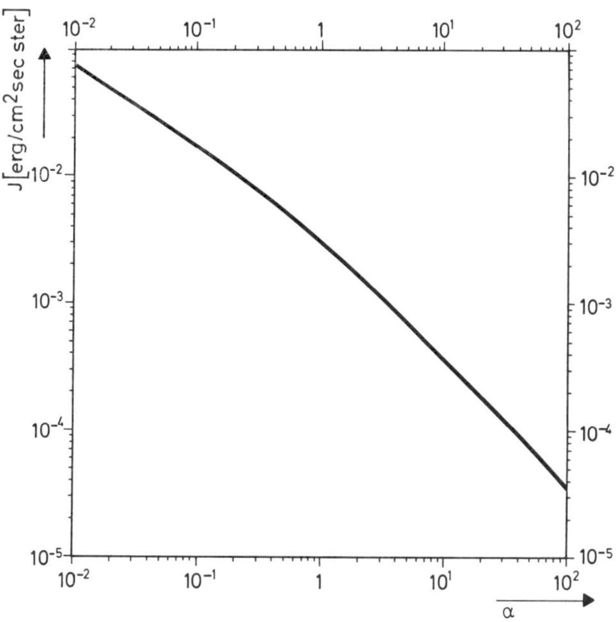


Figur 4. Bolometrische Intensität der Nachthimmelstrahlung in Abhängigkeit vom Zahlenwert $\alpha$.

worin lediglich $n_0$ gemäß (5.1) und $\varrho_0$ gemäß (2.14) zu substituieren waren. Für die empirischen Größen wurden die gleichen Zahlenwerte wie bei Figur 3 zugrunde gelegt.

Die absoluten spektralen und die bolometrischen Intensitäten der Nachthimmelstrahlung sind, wie oben bereits erläutert, zur Bestimmung von $\alpha$ wenig geeignet. Jedoch wird die zu erwartende Größenordnung der Intensität der Strahlung sowie ihre Veränderung mit dem Zahlenwert von $\alpha$ richtig wiedergegeben. Die maximalen Intensitäten der Strahlung liegen nach Figur 3 erwartungsgemäß im kurzwelligen Infraroten bei einer Wellenlänge von etwa 1,5 $\mu$ und schwanken zwischen ungefähr $10^{-18}$ und $10^{-16}$ erg $sec^{-1}$ $cm^{-2}$ $ster^{-1}$ $Hz^{-1}$. Die Möglichkeit der Messung der Strahlung außerhalb der Erdatmosphäre erscheint demnach nicht ausgeschlossen.

Schließlich ist in Figur 3 noch die Intensitätsverteilung der 3°K-Hohlraumstrahlung eingezeichnet samt den vorliegenden Meßdaten. Der Vergleich der Intensitätskurven in Figur 3 zeigt deutlich, daß die 3°K-Hintergrundstrahlung ihren Ursprung *nicht* in der Sternstrahlung ferner Galaxien haben kann, sondern als davon *unabhängige* Strahlung angesehen werden muß, die ein Relikt des «Urknalls» des Universums darstellt.

*Anhang*

*Berechnung des Durchlässigkeitsfaktors $D(z)$:* Die von den Sternen innerhalb des Volumenelements $dV = R^3 \xi^2(\chi) d\Omega \, d\chi$ gebildete sichtbare Fläche ist gegeben durch

$$df = \frac{F}{4} n \, N \, dV \, . \tag{A.1}$$

Die Abnahme der Anzahl $N_Q$ der das Volumenelement $dV$ durchsetzenden Lichtquanten infolge Absorption durch die Fläche (A.1) beläuft sich auf

$$dN_Q = -N_Q \frac{df}{g} \, , \tag{A.2}$$

worin $g = R^2 \xi^2(\chi) d\Omega$ die Gesamtfläche darstellt, unter dem das Volumenelement $dV$ «erscheint». Einsetzen von (A.1) und $g$ in (A.2) ergibt unter Verwendung von (1.3)

$$\frac{dN_Q}{N_Q} = \frac{F}{4} R_0 \, n_0 \, N \left( \frac{R_0}{R} \right)^2 d\chi, \quad (d\chi < 0) \, . \tag{A.3}$$

Weitere Berücksichtigung von (2.11) und (2.8) führt auf

$$\frac{dN_Q}{N_Q} = \frac{F}{4} n_0 \, N R_0 \sqrt{\gamma} \frac{(1 + z') \, dz'}{\sqrt{1 + z' - \varepsilon \gamma}} \, . \tag{A.4}$$

Integration über $z'$ von $z$ bis 0 ergibt schließlich wegen (2.14):

$$\ln N_Q \Big|_{z' = z}^{z' = 0} = \frac{F}{4} n_0 \, Nc \, H^{-1} \sqrt{\alpha} \int_z^0 \frac{(1 + z') \, dz'}{\sqrt{z' + \alpha}} \, . \tag{A.5}$$

Ausführen des Integrals führt auf den Durchlässigkeitsfaktor

$$D(z) = \frac{N_Q(0)}{N_Q(z)} = \exp\left\{-\frac{F}{6} n_0 Nc H^{-1} \sqrt{\alpha}\,(3-2\alpha) \times \left[\left(\frac{z}{3-2\alpha}+1\right)\sqrt{z+\alpha}-\sqrt{\alpha}\right]\right\}. \tag{A.6}$$

Da der Vorfaktor im Exponenten von (A.6) im Hinblick auf die Werte (3.8) sehr klein ist, wird $D(z)$ merklich von 1 verschieden nur für $z \gg 1$. Daher läßt sich (A.6) vereinfachen zu

$$D(z) \simeq \exp\left(-\frac{F}{6} n_0 Nc H^{-1} \sqrt{\alpha}\, z^{3/2}\right). \tag{A.7}$$

Hiernach spielt der Durchlässigkeitsfaktor eine nicht vernachlässigbare Rolle nur für $z$-Werte größer als

$$z_{krit} = \left(\frac{6H}{F n_0 Nc \sqrt{\alpha}}\right)^{2/3}. \tag{A.8}$$

Wählen wir zur Abschätzung von $z_{krit}$ für $F$ die Sonnenoberfläche und setzen für $n_0$, $N$ und $H$ die Zahlenwerte (3.8) ein, so ergibt sich im Falle $\alpha = 1$ $z_{krit} \simeq 4 \cdot 10^7$, was ein ungefähres Maß für die freie Weglänge der Lichtquanten im Universum darstellt. Hierzu ist zu bemerken, daß für $z$-Werte dieser Größenordnung die Voraussetzung der Existenz von Sternen und Galaxien schon längst nicht mehr erfüllt sein dürfte und die rechte Seite der Strahlungsformel (2.12) ohnehin für realistische Frequenzen praktisch auf Null herabgesunken ist. Eine Berücksichtigung von $D(z)$ in Gleichung (2.12) erweist sich daher als überflüssig.

# Singuläre Potentiale und Bornsche Näherung

SIEGFRIED FLÜGGE

Die erste Bornsche Näherung für die Streuamplitude $f(q)$ der elastischen Streuung am Potentialfelde $V(r)$ lautet bekanntlich

$$f(q) = -\frac{2m}{\hbar^2}\int_0^\infty dr\, r^2\, V(r)\,\frac{\sin q r}{q r}, \tag{1}$$

wobei

$$q = 2k\sin\frac{\vartheta}{2} \tag{2}$$

die vom Ablenkwinkel $\vartheta$ abhängige Impulsänderung in Einheiten von $\hbar$ bedeutet.

Eine etwas ungebräuchliche, sich an die Begriffe der Strahlenoptik anschließende Herleitung dieser Formel wird uns im folgenden eine Erweiterung von (1) erlauben. Dabei benutzen wir den klassischen Stoßparameter $b$ und drücken die an einem Strahl auftretende Phasenverschiebung $\delta(b)$ durch ein Integral über den Brechungsindex $n$ längs des Strahls aus:

$$\delta(b) = k\int_0^\infty dz\,(n-1)\,. \tag{3}$$

Da für eine Materiewelle

$$n(r) = \sqrt{1-\frac{V(r)}{E}} \tag{4}$$

gilt, läßt sich das Integral (3) explizite schreiben

$$\delta(b) = k\int_b^\infty \frac{dr\, r}{\sqrt{r^2-b^2}}\left\{\sqrt{1-\frac{V(r)}{E}}-1\right\}. \tag{5}$$

Man kann diese Formel sodann in die korrekte Partialwellenentwicklung der Streuamplitude

$$f(q) = \sum_{l=0}^{\infty} (2l + 1)\, \tilde{f}_l\, P_l(\cos\vartheta)\,; \qquad \tilde{f}_l = \frac{1}{2\,i\,k}\,(e^{2i\delta_l} - 1) \tag{6}$$

einführen, wobei der Zusammenhang

$$k\,b = l + \frac{1}{2} \tag{7}$$

zu beachten ist. Entsprechend der halbklassischen Näherung kann $b$ *alle* Werte von 0 bis $\infty$ annehmen, so daß die Summe (6) durch ein Stoßparameterintegral ersetzt werden darf. Da außerdem für $l \gg 1$ und $\vartheta \lesssim 1/\sqrt{l}$ die asymptotische Beziehung

$$P_l(\cos\vartheta) \approx J_0\left((2\,l + 1)\sin\frac{\vartheta}{2}\right) = J_0(q\,b) \tag{8}$$

gilt, entsteht dann anstelle von (6)

$$f(q) = 2\,k^2 \int_0^{\infty} db\; b\, \tilde{f}(b)\, J_0(q\,b)\,. \tag{9}$$

Wenn hier nur kleine Phasenwinkel $|\delta_l| \ll 1$ auftreten, läßt sich $\tilde{f}(b) \simeq \delta(b)/k$ aus (5) entnehmen. Ist auch noch $|V| \ll E$, so wird genähert

$$n(r) \simeq 1 - \frac{V(r)}{2\,E} \tag{10}$$

und

$$f(q) = -\frac{k^2}{E} \int_0^{\infty} db\; b\; J_0(q\,b) \int_b^{\infty} \frac{dr\; r\; V(r)}{\sqrt{r^2 - b^2}}\,. \tag{11}$$

Vertauschung der Integrationsreihenfolge ($f(q) = \ldots \int_0^{\infty} dr \ldots \int_0^{r} db \ldots$) und Einführung von $u = b/r$ statt $b$ als Variable des inneren Integrals unter Ausnutzung der Identität

$$\int_0^{1} \frac{du\; u\; J_0(q\,r \cdot u)}{\sqrt{1 - u^2}} = \frac{\sin q\,r}{q\,r} \tag{12}$$

führt (11) sodann in die Bornsche Beziehung (1) über ($2\,m/\hbar^2 = k^2/E$).

Nun sind häufig zwei der hier gemachten Voraussetzungen gut erfüllt, nämlich $|\delta_l| \ll 1$ und das Zusammenwirken vieler $l$-Werte, das die Näherung des Stoßparameterintegrals mit der Funktion (8) erlaubt, nicht aber kann man überall $|V| \ll E$ annehmen. Das ist zum Beispiel der Fall, wenn ein bei $r = 0$ *singuläres Abstoßungspotential* vorliegt. In der Tat ist dann auch (1) nicht mehr anwendbar, da das Integral an der unteren Grenze divergiert. Die vorstehend skizzierten Überlegungen zur Herleitung der Bornschen Formel (1) gestatten nun diese Schwierigkeit zu überwinden und die singulären Fälle in die Näherung einzubeziehen.

Wenn für $r \to 0$ auch $V \to \infty$ geht, so gibt es eine Stelle $r = r_0$, an der der Brechungsexponent $n(r) = 0$ wird. Bei $r < r_0$ würde die Welle absorbiert, was wir halbklassisch dahin idealisieren können, daß bei $r_0$ Totalreflexion eintritt oder aber, daß wir das Stoßparameterintegral (9) auf den Bereich $r_0 \leq b < \infty$ einschränken. Anstelle von (11) tritt dann

$$f(q) = 2\,k^2 \int_{r_0}^{\infty} db\, b\, J_0(q\,b) \int_{b}^{\infty} \frac{dr\, r}{\sqrt{r^2 - b^2}} \left\{ \sqrt{1 - \frac{V(r)}{E}} - 1 \right\}. \qquad (13)$$

Vertauschen wir auch hier die Integrationsvariablen, wobei wir wieder $u = b/r$ statt $b$ einführen, so erhalten wir

$$f(q) = 2\,k^2 \int_{r_0}^{\infty} dr\, r^2 \left\{ \sqrt{1 - \frac{V(r)}{E}} - 1 \right\} \int_{r_0/r}^{1} \frac{du\, u}{\sqrt{1 - u^2}}\, J_0\,(q\,r \cdot u) \qquad (14)$$

als verbesserten Ausdruck für die Streuamplitude anstelle von (1). Die Schwierigkeiten der Singularität bei $r = 0$ sind hier vermieden.

Das innere Integral in (14) weicht von (12) nur durch seine untere Grenze ab. Wir betrachten deshalb seine Abweichung allein, das heißt die Größe

$$I = \int_{0}^{r_0/r} \frac{du\, u}{\sqrt{1 - u^2}}\, J_0(q\,r \cdot u) \quad \text{mit} \quad r_0 \leqslant r\,. \qquad (15)$$

Mit den Abkürzungen

$$q\,r = y, \quad q\,r_0 = y_0, \quad x = \frac{y}{y_0} = \frac{r}{r_0} \geqslant 1 \qquad (16)$$

schreiben wir dafür in der Variablen $t = q\,r \cdot u$

$$I = \frac{1}{y^2} \int_0^{y_0} \frac{dt\, t}{\sqrt{1 - t^2/y^2}}\, J_0(t)$$

$$= \frac{1}{y^2} \int_0^{y_0} dt\, t\, J_0(t) \left[1 + \frac{t^2}{2\,y^2} + \frac{3\,t^4}{8\,y^4} + \cdots\right]$$

Nach bekannten Formeln[1] lassen sich die hier auftretenden Integrale auf die Funktionen $J_0(y_0)$ und $J_1(y_0)$ reduzieren, und zwar erhält man

$$I = \frac{1}{x^2} \cdot \frac{1}{y_0} J_1(y_0) + \frac{1}{2\,x^4} \left[\left(\frac{1}{y_0} - \frac{4}{y_0^3}\right) J_1(y_0) + \frac{2}{y_0^2} J_0(y_0)\right]$$

$$+ \frac{3}{8\,x^6} \left[\left(\frac{1}{y_0} - \frac{16}{y_0^3} + \frac{64}{y_0^5}\right) J_1(y_0) + \left(\frac{4}{y_0^2} - \frac{32}{y_0^4}\right) J_0(y_0)\right] \cdots \tag{17a}$$

oder bei etwas anderer Anordnung

$$I = \frac{1}{x\sqrt{x^2 - 1}}\, \frac{1}{y_0} J_1(y_0) + \frac{1}{x\,(x^2 - 1)^{3/2}}\, \frac{1}{y_0^2} J_0(y_0) \cdots, \tag{17b}$$

womit (14) geschrieben werden kann

$$f(q) = 2\,k^2\,r_0^3 \int_1^\infty dx\, x^2 \left\{\sqrt{1 - \frac{V}{E}} - 1\right\} \left\{\frac{\sin y_0\, x}{y_0\, x} - I(x, y_0)\right\}. \tag{18}$$

Zum Schluß sei noch an einem einfachen *Beispiel* angedeutet, wie die auftretenden Integrale ausgewertet werden können. Wir betrachten das bei $r = 0$ singuläre Abstoßungspotential

$$V = V_0 \left(\frac{a}{r}\right)^{2\lambda} \quad \text{oder} \quad \frac{V}{E} = \left(\frac{r_0}{r}\right)^{2\lambda} \quad \text{mit} \quad \frac{V_0}{E} = \left(\frac{r_0}{a}\right)^{2\lambda}, \tag{19}$$

mit $\lambda = 1, 2, 3, \ldots$, das bekanntlich nach der normalen Bornschen Formel (1) nicht behandelt werden kann. Dann treten in (18) zwei Typen von Integralen auf: Von $I(x, y_0)$ herrührend Ausdrücke der Form

1 G. N. WATSON, *Theory of Bessel functions*, 2nd ed. (Cambridge 1944), 132f., Gln. (1) und (4).

$$K_n = \int_1^\infty dx\, x^2 \left(\sqrt{1 - x^{-2\lambda}} - 1\right) x^{-2(n+1)}; \quad n = 0, 1, 2\ldots \tag{20}$$

und vom $\sin y_0 x$ Term herrührend

$$L = \int_1^\infty dx\, x \left(\sqrt{1 - x^{-2\lambda}} - 1\right) \sin y_0 x\,. \tag{21}$$

Zur Berechnung von (20) führen wir $x^{-2\lambda} = t$ als Integrationsvariable ein; dann erhalten wir

$$K_n = \frac{1}{2\lambda} \int_0^1 dt\, t^{\alpha-1} \left(\sqrt{1 - t} - 1\right) \quad \text{mit} \quad \alpha = \frac{2n-1}{2\lambda}\,.$$

Für $n \geq 1$ wird $\alpha - 1 > 0$, und die beiden Summanden gestatten getrennte Integration zu

$$K_n = \frac{1}{2\lambda} B\left(\frac{2n-1}{2\lambda}, \frac{3}{2}\right),$$

wo $B(\alpha, \beta) = \Gamma(\alpha)\,\Gamma(\beta)/\Gamma(\alpha + \beta)$ die Betafunktion bedeutet. Nur im Falle $n = 0$ existiert lediglich die Differenz beider Integrale; hier gestattet eine partielle Integration zu

$$K_0 = 1 - \frac{1}{2} \int_0^1 dt\, t^{-1/2\lambda} (1 - t)^{-1/2}$$

überzugehen. Dann entsteht

$$K_0 = 1 - \frac{1}{2} B\left(1 - \frac{1}{2\lambda}, \frac{1}{2}\right).$$

Das Integral (21) wird am einfachsten durch Reihenentwicklung in die Form

$$L = -\frac{1}{y_0^2} \int_{y_0}^\infty dt\, t \left[\frac{1}{2}\left(\frac{y_0}{t}\right)^2 + \frac{1}{8}\left(\frac{y_0}{t}\right)^4 + \cdots\right] \sin t$$

gebracht und dann gliedweise nach dem Schema

$$\int_{y_0}^{\infty} dt\, t^{-n} \sin t = \frac{\sin y_0}{(n-1)\, y_0^{n-1}} + \frac{\cos y_0}{(n-1)\,(n-2)\, y_0^{n-2}}$$

$$- \frac{1}{n-1)\,(n-2)} \int_{y_0}^{\infty} dt\, t^{2-n} \sin t \ ;$$

$$\int_{y_0}^{\infty} \frac{dt}{t} \sin t = \frac{\pi}{2} - Si\, y_0$$

auf den Integralsinus reduziert. In jedem einzelnen Fall ist natürlich zu überlegen, ob die hier nur skizzierten Reihenentwicklungen unter den gegebenen besonderen Verhältnissen gut oder schlecht konvergieren.

# Gibt es die Materie?

## Eine Studie zur Begriffsbildung in Philosophie und Wissenschaft

HANS-GEORG GADAMER

Seit je hat die Wissenschaft der Neuzeit um ihren griechischen Ursprung gewußt und sich auf die Autorität des griechischen Denkens berufen. Man braucht nur an die Originalwerke von KOPERNIKUS und KEPLER zu denken oder an NEWTON oder an die großen Forscher des 19. oder 20. Jahrhunderts, als deren Repräsentant hier nur HELMHOLTZ genannt sei. Freilich, bei den Pionieren der neuzeitlichen Wissenschaft ebenso wie bei ihren philosophischen Interpreten, bei KANT und im Neukantianismus ebenso wie bei ERNST MACH oder MAX PLANCK war es vor allem PLATON, dessen philosophische Imagination – bis zum heutigen Tage – wie eine Antizipation jeweils neuester Erkenntnis angesehen wurde. Dagegen stand ARISTOTELES seit den Tagen GALILEIS stets im Verdacht des Dogmatismus, und die Wiederanknüpfung an ARISTOTELES, die wir bei SCHELLING und HEGEL finden, den Verfechtern einer ‹spekulativen› Physik, war nicht gerade geeignet, ihm in der Neuzeit Anerkennung zu verschaffen – und dies, obwohl ein Großteil der Begriffe, mit denen Philosophie wie Wissenschaft arbeiten, unzweifelhaft aristotelischen Ursprungs ist. «Aristoteles war ein Apotheker», diese berühmte Formulierung HERMANN COHENS, der bei ARISTOTELES im Unterschied zu PLATON nur eine äußerliche Klassifikation am Werke sah, wird noch heute von weiten Kreisen der Naturforscher geteilt, insbesondere im Hinblick auf seine Abhängigmachung der Mathematik von der Natur und seine spitzfindig scheinende, auf Mißverständnissen aufgebaute Platonkritik.

Nun hat sich inzwischen in der philosophischen Forschung ein Wandel vollzogen, der einen dogmatischen Schematismus im Aristotelesverständnis zu revidieren beginnt. Teils durch philologische Analyse, teils durch philosophische Neuinterpretation trat mehr und mehr ins Licht, daß ARISTOTELES in weit größerem Umfang, als man geglaubt hatte, Platoniker war und geblieben ist. Vor allem die durch die neuthomistische Kritik am modernen Idealismus motivierte Gegenüberstellung des Realisten ARISTOTELES und des Idealisten PLATON ist völlig zusammengebrochen. Die Gemeinsamkeit, die die Philosophie Athens trägt, die sokratische ‹Dialektik›, bildet den Leitfaden jeder ernst zu nehmenden Vertiefung in ARISTOTELES.

Gleichwohl ist das Aristotelesbild noch immer äußerst kontrovers. Wenn man etwa das hochgelehrte und äußerst umsichtige Werk H. HAPPS, *Hyle*, studiert, sieht man, daß noch immer die alten Gegensätze, wenn auch in neuer Form, fortbestehen. Ist Hyle ein bloß passives Prinzip, wie STENZEL, WIELAND, DÜRING anzunehmen scheinen, oder kommt diesem ‹Seinsprinzip› auch etwas Aktives zu? So etwa fragt HAPP. Es sei erlaubt, an diese Formulierung anzuknüpfen. Sie scheint geeignet, am gegebenen Beispiel des Begriffs der Hyle einiges über Begriffsbildung in Wissenschaft und Philosophie zu erörtern.

Bekanntlich begegnet Hyle im systematischen Zusammenhang der Lehre von dem vierfachen Grund, den Aitiai oder Archai des von Natur Seienden, und ebenso klar ist, daß es sich bei diesen Weisen des Grundseins, diesen ‹Ursachen›, nicht um ‹Sachen› handelt, überhaupt nicht um Seiendes, sondern um die grundlegenden Hinsichten, unter denen vom ‹Sein› solches Seienden gesprochen wird. Hinsicht ist das, worauf man hinsieht, wenn man über etwas eine Aussage macht. In dieser Weise differenziert sich bekanntlich die Aussage über Seiendes bei ARISTOTELES in die Vielzahl der Kategorien, die alle die führende Hinsicht des Was-Seins einschließen. Aber Hinsichten sind auch die vier Aitiai der ‹Physik›, das Was-Sein selber und das Woraus-Sein, das Wodurch-Sein und das Wozu-Sein. Als Weisen von Grund lassen sie sich auch als Weisen auffassen, das Antwortschema auf die Frage ‹Wodurch› (διὰ τί) zu bezeichnen (198b 6, 198a 16ff.) – wobei offenbar ein sehr formaler Begriff von ‹Wodurch› im Blick steht, denn auch das ‹Woraus› der Hyle läßt sich auf das ‹Wodurch› zurückführen, wie ARISTOTELES sagt. Ein solcher formal umfassender Begriff von ‹Grund› ließe sich etwa durch die Frage formulieren: Was alles liegt vor, wenn man vom Sein solches Seienden spricht? Nun ist es offenkundig, daß *diese* Hinsichten des ‹Vorliegens› primär in dem Bereich der Techne ins Auge fallen. Dort treten die vier Hinsichten, von etwas Erstem zu sprechen, worauf das jeweilige Seiende ‹zurückgeführt› werden kann (ἀνάγεται), sichtbar hervor: Material, Aussehen (bzw. Form), Bewegungsanstoß oder Wirkursache und Beweggrund oder Zweck. Niemand würde in dieser Explikation des zum Machen Gehörigen auf die Idee kommen, dem Material etwa einen ‹Drang›, ein ‹Aktiv-Sein› zuzusprechen: Eignung gewiß – das wird der Handwerker, der auf den Zweck und die geplante Form hinsieht, auch in seine Hinsichtnahme aufnehmen, wenn er sich das geeignete Material beschafft und aussucht, und er wird selber auf seine eigene Arbeitskraft und deren Zeiteinteilung Rücksicht nehmen müssen (die Bewegursache).

Nun ist es offenkundig die Pointe der aristotelischen Begriffsbildung, daß die in der Techne sich greifbar gegeneinander abhebenden Begriffshinsichten zum Begreifen der Physis ebenfalls, wenn auch unabgehobenerweise, unentbehrlich sind. Dem dient insbesondere die ‹historische› Beweisführung in *Physik* A und vor allem in *Metaphysik* A, in der ARISTOTELES für die älteren griechischen ‹Philosophen› nachzuweisen sucht, daß seine eigene Analyse der vier Ursachen deren Einsichten und Antriebe voll in den Begriff gehoben habe. Die vielkritisierte Schematik dieser ‹doxographischen› Übersicht ist in Wahrheit, wenn man ihre theoretische Absicht im Blick behält, von höchster ‹historischer› Differenziertheit, und insbesondere das Problem der ‹Materie› und die aristotelische Prägung des Hylebegriffs hebt sich aufs klarste als aristotelische Fragehinsicht von den historischen Überlieferungen ab, auf die sie von ARISTOTELES angewendet wird. Was da als ἐν ὕλης εἴδει, «in der Art von Material» gedacht sei, war offenkundig nicht, wie der aristotelische Begriff, von der Techne her gewonnen. Es ist ja ‹die Welt› im Wechsel ihrer Erscheinungen, die diesen Denkern die Frage nach dem Bleibenden im Wechsel, dem ὑπομένον, aufgab. Das soll als die Grundlage (das Hypokeimenon) der wechselnden Zuständigkeiten (Pathe) das wahre Sein der Natur ausmachen. Wenn ARISTOTELES diese Grundlage als Hyle charakterisiert, dann ruft er nicht nur die Sphäre der Techne ins Bewußtsein, sondern zielt kritisch auf die gründliche Verdeckung des *eigentlich* Bleibenden in der Natur, die in dieser Art des Fragens: Was ist die bleibende Grundlage? liegt. Verdeckt wird das, was im Technebereich sich unübersehbar als das Eidos, die Morphe des herzustellenden Dinges zeigt. Was Natur recht eigentlich Natur sein läßt, ist nicht, daß ein unbestimmter Träger beliebig wechselnde Bestimmtheiten annimmt, so wie etwa SOKRATES nebenbei schön oder musikalisch wird (983b14) – ersteres war ihm gar nicht gegeben, letzteres gelang ihm mehr schlecht als recht, als er im Gefängnis äsopische Fabeln in Verse setzte –. Natur ist wahrlich nicht das Werden von derart Beliebigem. Auch wenn die Früheren ihrem Grundstoff oder einem der Gegensätze, in denen sich der Ausgleich der Natur bewegt, das Bewegungsmoment zusprachen, wird es nicht besser. Die Verdecktheit von Eidos und Telos verhindert, Natur als Natur zu denken. Das ist der kritische Tenor von *Met.* A 3.

Insofern tat die Extrapolation von der Techne her, durch die ARISTOTELES das Sein der Natur denken lehrt, ihren Dienst. Aber sie hat für das Aristotelesverständnis verhängnisvolle Folgen gehabt. Schon die Antike, und erst recht der mittelalterlich und neuplatonisch vermittelte Renaissancearistotelismus, verstanden die teleologische Begriffsbildung des ARISTOTELES als eine dogmatische Naturteleologie. Sie begriffen nicht mehr, daß zwar die aristotelische Begriffsbildung von der Techne her geschöpft ist und die

Analogie zur Techne die Fragehinsichten festmacht, daß ARISTOTELES selbst aber durch die Lehre von den vier Ursachen keineswegs geheimnisvolle Kausalitäten einführen wollte. In die dogmatische Erbmasse dieser dynamisch-teleologischen Inanspruchnahme aristotelischer Begriffe gehört nun auch unser Problem der ‹aktiven› Materie. Was damit gemeint sein soll, läßt sich mit aristotelischen Begriffen überhaupt nicht ausdrücken. Es würde bedeuten, daß die ‹Materie› ihrerseits, das heißt als diese letzte und nur hinzunehmende Hinsicht, wie ein Seiendes angesehen würde, dem dann abermals eine Bewegungsursache zukommen müßte. Nicht nur, daß man mit gleichem Recht umgekehrt von einer materiellen Bewegungsursache, einem materiellen oder bewegenden Eidos oder Telos sprechen könnte. Beides ist gleich unsinnig: die ‹Ursachen› der aristotelischen Lehre vom Sein der Natur und dem Sein des Seienden haben genau den Sinn, die Mehrfachheit der Hinsichten, unter denen ‹Sein› steht, auseinanderzuhalten. Sie gehören zwar allesamt zu der Konstitution dieses Seins, sind aber – als ‹Seinsgrund› – nicht selber ‹Seiendes› vom Charakter des ‹Dieses›! Alles Reden von einer ‹bestimmten› Materie, wie es in deskriptivem Zusammenhang bei ARISTOTELES gewiß vorkommt, benennt Seiendes, dem selbstverständlich seine Bestimmtheit (Eidos) zukommt, und meint nicht die ‹reine› Hyle selber, die ihrerseits durch Unbestimmtheit definiert ist. – Man komme nicht mit dem Einwand, daß dies eine extrem nominalistische und damit unhistorische Aristotelesdeutung sei. Die Anwendung dieser für das Mittelalter zutreffenden Begriffe auf ARISTOTELES ebenso wie auf PLATON ist im Gegenteil unhistorisch und anachronistisch. Ganz gewiß ‹sind› die ‹Ursachen› des ARISTOTELES, so gut wie die Archai der platonischen Ideenlehre, das heißt sie sind nicht nur das, von wo aus die Dinge (oder die Ideen) erkannt werden, sondern ebensosehr, von wo aus sie ‹sind›, um mit der aristotelischen Unterscheidung zu reden. Aber sie ‹sind› nicht selber Seiendes, das heißt sie sind nicht ‹für sich›. Weder Hyle noch Eidos, die beide ἐνυπάρχοντα, das heißt ‹im Seienden vorliegend›, auch Stoicheia, ‹Elemente› heißen können, sind ‹reale Bestandteile› des ‹Ganzen› (σύνολον), und dies Ganze ist nicht ein aus Verschiedenem Geeintes, für das man nach einem Woher seines Einsseins fragen könnte, wie ARISTOTELES mit voller Klarheit sagt (*Met.* H 6).

Es handelt sich also stets um Teile der Rede (μέρη τοῦ λόγου), und insofern steht ARISTOTELES, wie die neuere Forschung mit Recht festgestellt hat, in der Linie der platonischen Fragestellung, die im *Phaidon* allem früheren Welterkennen entgegengestellt wird. Der *Timaios* – bei allem seinem Märchenton ist das doch unzweideutig – redet von der Chora, von dem

Platz einräumenden Prinzip, das für das Sein der idealen Seinsordnung aus dem ‹Denken› gefolgert werden muß, also von dem reinen ‹Worin› des Seins. Die Frage, ob es sich da um die ‹reine› Extensionalität oder um eine ‹wirkliche› Materie handelt, ist ohne Sinn. SIMPLICIUS erklärt recht gut, warum dies denkende Schließen auf ein ‹Worin› (λογισμὸς νόθος) unecht heißt: es läßt nicht ‹etwas› ansichtig werden – und genau in diesem Sinne der analogischen Begriffsbildung redet auch ARISTOTELES von Hyle. Freilich, er tut es mit besonderer Betonung. Denn für ihn ist nicht mehr wie im *Timaios* der Ausgangspunkt die pythagoreische Himmelsmathematik und platonische Ideenharmonik, die PLATON zu der Metapher des ‹materiellen› Aufnehmenden führt, durch das Trübung und Hemmung des ‹Reinen› der mathematisch-idealen Weltstruktur eintritt. Das, was ist, ist vielmehr in erster, unbestrittener Gegebenheit, darauf besteht ARISTOTELES, das ‹naturhafte› Sein, das *immer* beides, Eidos und Hyle ist und als Bewegtes nie die ‹ideale› Reinheit bloßer Abstraktion. ARISTOTELES nimmt es in der Entfaltung der Grundfrage der *Metaphysik* stets sehr ernst, daß *vielleicht* nichts anderes wahrhaft Seiendes existiert als die in Bewegung befindlichen, durch Selbstbewegung ausgezeichneten sichtbaren Wesen. Sie sind ein Gesamt aus Eidos und Hyle – der Ausdruck σύνολον besagt keineswegs eine Zusammensetzung von zweierlei Verschiedenem, sondern im Gegenteil eine untrennbare Einheit. Als Redensart kommt die Wendung offenbar in ganz alltäglicher Bedeutung vor: ‹insgesamt› (bei PLATON etwa) – erst ARISTOTELES gebraucht den Ausdruck substantivisch und wie einen Terminus, ‹das Insgesamte›, in dem Eidos und Hyle so untrennbar sind wie in seinem berühmten Beispiel von der Stubsigkeit, wo die Sprache selber nicht trennt. Denn ‹Stubs› kann man immer nur von der Stubs*nase* sagen.

ARISTOTELES hat nicht nur diesen Ausdruck ‹Synholon› geprägt, wie den Ausdruck ‹Hyle›, sondern hat offenbar auch alle Anstrengungen gemacht, materiell-körperliche Vorstellungen fernzuhalten. Wenn er Hyle außerhalb des ‹natürlichen› Sprachfeldes der Handwerkskunst gebraucht und als philosophisches Begriffswort einführt, unterstreicht er bewußt den funktionalen Charakter dieses Begriffs. Er führt zunächst den Begriff des ‹Woraus› (ἐξ οὗ) ein, indem er so formale Verhältnisse wie die Vordersätze des Schlusses oder die Teile des Ganzen als Beispiel anführt – neben den ‹technischen Beispielen› von Material und seiner technischen Formung (*An. Post.* B 11; *Phys.* B 3). Und wenn er ausdrücklich über den funktionalen Charakter der Begriffe Hyle und Eidos für das Sein des Seienden reflektiert, wie in *Met.* H, läßt er keinen Zweifel daran, daß es sich dabei nicht um eine Vereinigung von Verschiedenem handelt. Aber es hat ihm nichts geholfen. Zwar hat ein Forscher vom Range STENZELS – und andere (WERNER JAEGER, I. DÜRING, ich selbst und W. WIELAND) sind ihm darin gefolgt – den Text von *Met.* H ernstgenommen und als den eigentlichen Sinn von Hyle die Unbestimmtheit des generisch Allgemeinen erkannt. Aber gegen den vereinigten Dogmatismus der antiken Erklärer und der philologischen Begriffsunschuld war nicht aufzukommen. Wenn schon nicht die Materie materiell sein soll, so muß sie doch wenigstens ein ‹Seinsprinzip› sein, das «in höchst aktiver Weise in den Werdeprozeß eingreift» (HAPP, S. 763). Man liest es mit Staunen. Offenbar gibt es – den umfassenden Vorkehrungen in *Met.* A zum Trotz – noch eine andere ‹Ursache des Bewegtseins› außer der von ARISTOTELES beschriebenen, und zwar ‹in› der Hyle? Man beruft sich dafür vor allem auf eine Stelle, *Phys.* A 9 (192a 22ff.), wo es heißt, daß die Materie nach dem Eidos ‹verlangt› wie das Weibliche nach dem Männlichen. In der Tat hat ARISTOTELES alle Ursache, die Analogie zur Techne so einzuschränken, daß es keine Möglichkeit zu beliebiger Formbarkeit ist, wie im Falle der ‹technischen› Verarbeitung von Material, was die ‹Grundlage›, das ‹Substrat› des Naturseins ausmacht. Aus einer Eichel wird nur eine Eiche, und es ist der Mensch, der den Menschen erzeugt. Eben das aber suchte ARISTOTELES durch die ‹analogische› Begriffsbildung von δυνάμει und ἐνεργείᾳ auszudrücken: das ‹Unbestimmt-Mögliche› ist in Wahrheit die ‹Möglichkeit› von Bestimmtem. Wer hier einen teleologischen Anthropomorphismus hineingeheimnißt, für den hat ARISTOTELES die ganze scharfsinnige Analyse von *Met.* Θ umsonst geschrieben, in der er den ontologischen Begriff des δυνάμει von der ‹vulgären› und in der Bewegungslehre gewiß wichtigen δύναμις κινητική (Potential von Bewegen oder Bewegtwerden), abhebt. Man bleibt dabei: wer die Selbständigkeit und ‹Aktivität› des Materieprinzips leugnet, verfalle einer monistischen Aristotelesinterpretation, wo doch die Zeugnisse eindeutig für den Dualismus von Materie und Form zeugen sollen.

Es ist mir nicht gegeben, zu verstehen, mit welchem Recht man solche Systembegriffe der Schulphilosophie wie Monismus und Dualismus auf antike Texte anwendet. Es ist mir völlig rätselhaft, was für eine ‹Kausalität› die Materie bei ARISTOTELES haben soll außer der, das jeweils letzte Zugrundeliegende (ἐσχάτη ὕλη) zu sein. Wenn ARISTOTELES sagt, die Materie sei ‹Ursache› zum Beispiel für Mißbildungen in der Natur, oder für die (nicht notwendig mißgebildete!) ‹Individualität› der Exemplare einer ‹Art›, so stelle ich mir in meiner begrifflichen Unschuld nicht die Materie vor, sondern daß es da stets ein bestimmtes Seiendes gibt, zum Beispiel einen Menschen und seinen Samen (und das ‹Monatsblut›), ein Wesen, das durch sein bestimmtes Eidos ganz eindeutig von Löwen oder Insekten unterschieden ist. Ich bin auch bereit, mir das befruchtete Ei vorzustellen, aus dem sich der Embryo und schließlich das Neugeborene entwickelt. Aber mir ‹die Materie› vorzustellen, die das werden möchte – das ist mir nicht gegeben.

Nun wird man mir zornig entgegenhalten, die Materie sei doch ein ‹selbständiges› Seinsprinzip. Gewiß, ein Erstes, worauf wir ‹Sein› meinend zurückkommen und nicht etwas, wohinter wir noch zurückgehen könnten. Das ist das ‹Sein› von Prinzip. Aber es gibt deshalb doch nicht Prinzipien wie die Sterne am Himmel, die NICOLAI HARTMANN mit seinem Zeissfernrohr zu beobachten liebte, oder wie selbständige ‹Kräfte›, die eine Resultante bilden. So kann man etwa in der übrigens ausgezeichneten Arbeit NICOLAI HARTMANNS *Zur Lehre vom Eidos* (S. 14) den erstaunlichen Satz lesen: «Das Eidos ist wohl ‹bewegendes Prinzip› (ἀρχὴ κινήσεως), und in dieser seiner dynamischen Bedeutung kommt es dem eigentlichen Sinn eines Prinzips (!) immerhin nah.» Hier sind lauter aristotelische Begriffe in völlig unaristotelischem Sinne gebraucht: Eidos, ἀρχὴ κινήσεως, dynamisch – und gar ‹Prinzip› (ἀρχή). Nun wird man entgegnen, daß niemand es so meint. Es gehe doch nur darum, daß man den Dualismus von Form und Materie gegen eine ‹monistische› Systemkonstruktion im Stile PLOTINS verteidigen müsse. Und da man darin wohl übereinstimme, daß ARISTOTELES nicht neuplatonisch-gnostisch zu verstehen sei, auch wenn unsereiner sich allzu funktionalistisch ausdrücke, komme es in der Sache doch auf den ‹Dualismus› hinaus. Man könne sich überdies auf zahlreiche Stellen berufen, nicht nur auf jene eine Physikstelle, in der ARISTOTELES selber der Hyle Aktivität zuschreibe. – Tatsächlich kann sich ARISTOTELES so ausdrücken, wenn er empirische Tatbestände beschreiben will, daß es ‹an der Hyle liegt›, und führt diese Hinsicht des ‹Woraus› bis zu den Elementen hin durch, gleichsam bis zum jeweils letzten Substrat. Aber sofern die Elemente ihrerseits höchst gegensätzlich bestimmt sind, ist es klar, daß auch die Elemente eben nicht ein letztes Unbestimmtes sind. Wenn man sie ‹Erscheinungsweisen der Materie› nennt – und ‹diese› Materie dann die ‹erste Materie› nennt – was soll das heißen? Alles Seiende, das in der Natur vorkommt, ist ‹Erscheinungsweise der Materie›, und ARISTOTELES hat für ‹Erscheinungsweise› ein gutes griechisches Wort, ganz platonisch: Eidos! Ähnliches wäre in bezug auf die am meisten das moderne Bewußtsein schockierende Lehre des ARISTOTELES zu sagen, derzufolge es ein ‹letztes› Eidos, das unteilbar sei, gebe, und daher der Unterschied zwischen KALLIAS und SOKRATES kein Unterschied dem ‹Sein› nach sei; da nicht dem Eidos nach, beruhe er also auf der Hyle. Die Materie sei also das aristotelische Prinzip der Individuation. Ich will nicht fragen, wie das mit der ‹Seele› des SOKRATES oder wenigstens mit seinem Geiste steht, oder ob ARISTOTELES hier keine Rezeption des religiösen Totenglaubens der Griechen mehr vermochte und höchstens averroistischen Pantheismus zuließ...

Hat ARISTOTELES überhaupt so gefragt, daß man von einem Prinzip der Individuation bei ihm sprechen kann? Er hat doch mit größtem Scharfsinn und äußerster Klarheit gerade darauf bestanden, daß das Einzelne und sein ‹Wesen› (τί ἦν εἶναι), das heißt die ‹erste Substanz› des ‹Dies-hier› und die ‹zweite Substanz› des ‹Was› nicht zweierlei sind, sondern Aspekte desselben. Welches selben? Was für Aspekte?

Man wird die verdinglichende Rede von Prinzipien nur dann durch mehr als bloße Versicherungen überwinden können, wenn man sich auf die methodische Grundlage des platonisch-aristotelischen Philosophierens besinnt. Nur dann kommt man in die Lage, auch der Rede von der Naturteleologie einen klaren Sinn zu geben, die in der Tat das aristotelische Denken über das Sein beherrscht. Was da herauskommt, liegt nun freilich recht fern von den Vulgärvorstellungen, gegen die sich die beginnende neuzeitliche Wissenschaft durch ihre Kritik an den ‹Endursachen› durchsetzen mußte. Es gilt das Programm einer teleologischen Welterklärung im Auge zu behalten, das PLATON dem SOKRATES im *Phaidon* in den Mund legt. All die Fragen, die SOKRATES an einen ANAXAGORAS vergebens richtete, warum die Welt so eingerichtet sei, wie sie ist, haben ihren anfänglichen und abschließenden Horizont in dem Verständnis seiner selbst, in seinem eigenen Leben auf das Rechte und auf das Gute hin. Es ist also ein bestimmter Maßstab von Verstehen, der ihn leitet und ihn zu der neuen Ausfahrt und zur Zufluchtnahme zu den Logoi führt. Die Logoi sind der Bereich von Verstehen und Rede, in dem unsere Welterfahrung sprachlich ausgebreitet vorliegt. PLATO nennt daher die Philosophie schlichtweg ‹Dialektik›, und ARISTOTELES, den der gleiche Maßstab von Verstehen leitet, nimmt seinerseits von dem Durchsprechen der verbreiteten Ansichten (τὰ ἔνδοξα; τὰ λεγόμενα) – was er ‹Dialektik› nennt – seinen Ausgang. Sein Leitfaden ist also nicht etwa ‹die Sprache›, auch wenn er seine Begriffe, das heißt die Explikationsmittel des allgemeinen Weltverständnisses, sehr oft aus sprachlichen Wendungen der alltäglichen Rede gewinnt[1]. Dennoch sind es nicht diese Bildungen der Sprache als solche, sondern die im Sprechen verbreiteten An-

1 WOLFGANG WIELAND hat in seinem schönen Buche *Die aristotelische Physik* zur aristotelischen Begriffsbildung wichtige Beobachtungen gemacht, aber nicht klar genug zwischen Sprachstrukturen und sprachlich formulierten Sachmeinungen unterschieden.

sichten, das Weltverständnis, in dem wir uns fragend und antwortend, redend und redestehend bewegen, was den Ausgangspunkt und den Gegenstand des aristotelischen Denkens bildet. Man soll so verstehen, was Natur ist, wie SOKRATES zu verstehen verlangt. Da stellt sich nun zwar heraus, daß wir unter Natur nicht allein die ideale Ordnung verstehen, hinter der der platonisch-pythagoreische Ideenkosmos, wie ihn der *Timaios* schildert, als Konstruktionsmodell steht. Aber auf jeden Fall ist der platonische Begriff des Eidos unentbehrlich, wenn man verstehen will, was Natur zur Natur macht. Freilich ist das nicht genug. Denn Natur heißt – im Unterschied zur Techne –, daß das, was die konstanten Ordnungsgestalten der Arten und was die Regelhaftigkeit aller Naturvorgänge bildet, eine einzige große Bewegungsordnung ist, in der Selbstbewegung vorkommt und in der in beständigem Prozeß die gleiche Ordnung sich wiedererzeugt und erhält. Wenn man das verstehen will, können die geistreichen Fabelreden des *Timaios* nicht genügen, die die Welt als ein göttliches Werkstück schildern. Es gilt, das Natursein der Welt zum Begriff zu erheben. Dafür folgt ARISTOTELES zwar immer noch, wie der platonische SOKRATES, dem Muster des Selbstverständnisses des Handwerkers, der sich auf seine Kunst versteht. Aber er gewinnt von da das Ensemble der Begriffe, in denen erfaßt wird, als was Natur gedacht wird. Dazu gehört Hyle ebenso wie der Bewegungsantrieb, der überall vorliegt, wo Natur ist. Natur stellt eben nicht allein die idealen Ordnungsaspekte von Vorbildlichkeit und Vollkommenheit dar, wie sie die mathematische Vernunft denkt: *Das Vorbild der Techne hat die Bestimmung, Natur von den Möglichkeiten des eigenen Selbstverständnisses her zu denken.*

Das bedeutet nicht einen dogmatischen Anthropomorphismus, sondern eine alles umgreifende Fragestellung. Die Natur ‹menschlich verstehen› heißt mindestens auch, daß man den Menschen recht natürlich verstehen will, als ein Naturwesen und als ein Wesen, das inmitten der Natur ein solches Leben führt, das anders als das aller anderen Lebewesen auf Wählen und Vorziehen beruht und sich auf diese Weise im Ganzen der Welt und im Miteinander der Menschen einrichtet. Das schließt gewiß ein, daß die Welt so ist, daß man sich wählend, sich so oder anders verhaltend, in ihr einrichten kann. Techne wie die gesellschaftliche Praxis des Menschen ist nur möglich, weil in dieser Natur nicht alles nach fester Zweckgebundenheit abläuft, sondern weil die Natur Räume der Unbestimmtheit und Beliebigkeit offenläßt. Insofern hängt das Selbstverständnis des Menschen mit dem Aspekt zusammen, den die Welt ihm bietet. Sie erlaubt ihm, seine eigenen Zweckhorizonte zu bilden, in Grenzen, aber mit offenen Formungs- und Gestaltungsmöglichkeiten. Damit er Hyle hat, das heißt den Stoff für seine menschliche Formungsarbeit, muß es ‹die Hyle› geben. Das ist ein fast tautologischer Satz: Es muß die Möglichkeit geben, wenn Formung möglich sein soll: nur von der Ontologie von Dynamis und Energeia her lassen sich die deskriptiven Begriffe von den vier Ursachen überhaupt angemessen denken. In dieses Ganze menschlichen Selbst- und Weltverständnisses muß sich, was im höchsten Sinne Erkenntnis heißen kann, einordnen. Das liegt im Anspruchssinn des theoretischen Lebensideals als solchem – und dazu gehört nicht zuletzt, daß Natur als Natur gedacht wird, das heißt als ein Seinsbereich, wo nichts wie bei der menschlichen Praxis einem Wahlentschluß entspringt, der Wahl zweckmäßiger Mittel, der Wahl geeigneter Materialien usw., sondern wo alles ‹von selbst› seinen eigenen geregelten Gang geht.

Gewiß ist das das Sein der Natur, wie es sich dem Menschen darstellt. Aber genau das ist es, wonach PLATON und ARISTOTELES fragen. Ihre Antworten kann man nur verstehen, wenn man ihre Frage versteht. Es ist zwar richtig, daß SOKRATES an der unendlichen Empirie der Naturforscher nichts zu ‹verstehen› findet, aber es ist nicht richtig, daß damit die unendliche Empirie der Naturforscher als solche bestritten würde. ARISTOTELES gibt selber auf unzähligen Gebieten Beispiele für seine hingebungsvolle Teilhabe an der unendlichen Empirie (vgl. etwa auch seine astronomischen und biologischen Beispiele in *Met.* H 4). Die großen Leistungen der hellenistischen Wissenschaft, vor allem auf den Gebieten der Astronomie, der Mechanik und der Medizin, und überhaupt die neue Freisetzung der Spezialwissenschaften im hellenistischen Zeitalter sind dafür ein indirektes Zeugnis. Die bekannte Ironie des SOKRATES, die schildert, wie ihn sein Mitgehen mit der Naturforschung seiner Zeit unwissender zurückläßt, als er war, muß in ihrer vollen Ambiguität verstanden werden. Sie verwirft nicht – sie erinnert an ein Versäumnis. Es ist das folgenschwere Mißverständnis der platonisch-aristotelischen Teleologie, daß die ‹Endursachen› die Prozesse der Natur im selben Sinne ‹erklären›, wie die bewegenden Ursachen das tun. Das ist schon deshalb unsinnig, weil ‹Endursachen›, das heißt Zwecke (Telos), wie das Beispiel der Techne schon lehrt, in gar keinem anderen Sinne wirken können, als eben über eine Wirkursache: im Falle der Techne dadurch, daß einer, der die Techne beherrscht, im Blick auf das Telos Hand anlegt – im Falle der Natur, soweit in ihr Entstehen und Vergehen ist, daß ein Wesen bestimmter Art da ist, das zeugt. Am Ende war ARISTOTELES Sohn eines Arztes und wußte bekanntlich allerhand von Embryologie. Er dachte natürlich auch daran, daß die Analogie zum technischen Seinsverständnis, aus der er seine Begrifflichkeit schöpfte, gerade auch dies einschloß, daß es Fehlbildungen gibt. Aber auch für uns noch sagt das Wort ‹Fehlbildungen›, daß solches von einer Norm her gedacht ist. ARISTOTELES macht gegen die empedokleische Vorstellungsweise von der Durcheinandermischung fertiger Gliedmaßen ausdrücklich geltend, daß solche Fehlbildungen aus der Verderbnis des Anfangs, des Samens, herrühren. Er weiß, was ‹Natur› ist. So dient seine eigene Lehre von den vier Ursachen geradezu dem Ziel, den teleologisch-eidetischen Aspekt mit dem hyletischen Aspekt zu vereinigen. Das bedeutet, daß er alle der Regelerwartung zuwiderlaufenden Naturvorgänge auf die Hyle zurückführen kann. Aber was heißt das? Doch nicht, daß da ein Prinzip ‹tätig› würde. Selbst die von ARISTOTELES angenommene Generatio aequivoca enthält, daß es ein bestimmtes Zusammenwirken von Wärme und Feuchte ist – und nicht ‹die Materie› – was hier Leben erzeugt.

ARISTOTELES sieht Natur so sehr von Ordnung und Regel her, daß die Ausnahme, das heißt alles Regelwidrige, an den Rand tritt, als beiläufig (κατὰ συμβεβηκός). Es ist grade das der Grund, warum ARISTOTELES den Begriff der Hyle und seine Funktion durch genaue Extrapolation von der Materialfunktion im Bereich der Techne her gewinnt. Wie der Handwerker, der das Kunstding macht, sich nur so weit für sein Material interessiert, daß es geeignet sein muß – was vielleicht wiederum die Herstellung solchen Materials, das heißt aber wieder ein kunstmäßiges Vorgehen voraussetzt –, so ist auch unser Verstehen der geregelten Zweckordnung der Natur so, daß es jeweils Hyle einschließt – aber nur als das, was da sein muß. Aber die Analogie von Physis und Techne lehrt noch mehr. Wer wie die Alten das Sein der Natur nur «in der Art der Hyle» (ἐν ὕλης εἴδει) zu denken suchte, vermochte Hyle noch nicht *als Hyle* zu denken, denn er realisierte noch nicht den Eidoscharakter, der zum Sein der Natur gehört. Das ist die klare Lehre aus der Kritik, die ARISTOTELES an den Früheren übt. Hyle gibt es nur, weil Natur mehr ist als bloßes Vorkommen.

Daß das Telos derart den Begriffshorizont des Naturgedankens umschreibt und daß ARISTOTELES die zweitbeste Fahrt, die Zuflucht zu den Reden, bis zur vollen begrifflichen Ausarbeitung dessen, was Natur ist, geführt hat, wird nun auch indirekt deutlich. Man kann nämlich beobachten, wie ARISTOTELES nicht nur seine eigenen Begriffe an das Denken der Früheren heranträgt, sondern auch die Begriffe dieser Früheren, deren Forschungsleistung als solche auch für ihn grundlegend war, seinerseits umbildet. Es sind vor allem die Ausdrücke des ‹Von-selbst› und des ‹Notwendigen› (ἀπὸ ταὐτομάτου und ἐξ ἀνάγκης). Beides sind ganz geläufige Redensarten, aber werden, wenn nicht alles täuscht, Aufklärungsbegriffe, die der Kosmogonie und Physik der Alten, insbesondere der der Korpuskulartheoretiker, entsprechen. Was keine spezielle und speziell keine technisch absichtsvolle Ursache hat, das tritt von selbst ein – oder auch: wofür es keine spezielle Begründung braucht, das geschieht notwendig. Wie immer man auch die Redeweise pointiert, durch die die alten Naturerklärer, insbesondere die aus Abdera, offenbar ihre Kritik an aller Mythologie formulierten – in dem Moment, wo man sie in ihrem begrifflichen Gehalt zu begrifflichem Bewußtsein erhebt, erweist sich ihr dialektischer Bezug auf ihr Gegenteil als tragendes Bedeutungsmoment. Nur vom Denken des Beabsichtigten, des Worumwillen aus erhält das ‹Von-selbst› und ebenso das ‹Notwendige› seinen präzisen Sinn.

Genau das ist es, was ARISTOTELES zeigt. Das Zufällige hat nur Sinn im Bedeutungshorizont von Zweck. Sehr absichtsvoll stellt ARISTOTELES dabei das Zufällige (ἀπὸ τύχης) und das Von-selbst (ταὐτόματον) nebeneinander. Denn bei Tyche war klar, daß kein Grieche die Implikation von ‹erwünscht› und ‹zweckgünstig› überhörte. Auf diese Weise macht ARISTOTELES überzeugend, daß auch die Rede vom ‹Von-selbst› (ἀπὸ ταὐτομάτου) den gleichen Bezug enthält, wenn auch auf verdeckte Weise. Er zeigt also, daß auch ‹Von-selbst› eine Art Zufall meint, und das heißt: aus dem teleologischen Begriffshorizont des Verstehens allein seinen Sinn empfängt. Beides sind beiläufige Ursachen (αἴτια κατὰ συμβεβηκός). Wie wenig die Ursachenforschung im Sinne der demokritischen ‹Aitiologia› mit dieser Dialektik von Zufall und absichtsvollem Zweck im Widerspruch steht, lehrt die Anspielung auf die Parabel von dem Glatzkopf, auf den ein Adler eine Schildkröte fallen läßt, weil er ihn für ein Felsstück hält: ein Unglück ohne Frage – ein Zufall? Gewiß, aber ohne Grund eben nicht. So steht es denn für ARISTOTELES ganz fest, daß Zufall nichts mit Indeterminismus zu tun hat. «Denn vieles passiert und existiert wirklich aus Zufall und von selbst, von dem wir sehr wohl wissen, daß man ein jedes auf eine bestimmte Verursachung zurückführen kann» (*Phys.* 196 a 13).

Daß auch das Notwendige in solchem teleologischen Bezugshorizont seinen Platz hat, ist zunächst weniger evident. Aber gerade das ist für die aristotelische Begriffsbildung von entscheidender Bedeutung. Er geht davon aus, daß man im allgemeinen etwas für etwas notwendig findet, das heißt: ‹notwendig› ist immer ‹unter Voraussetzung notwendig›. Es definiert geradezu die hypothetische Notwendigkeit, daß etwas sich von einem vorausgesetzten Telos her, also als ‹relativ› notwendig erweist. In diesem Sinne ist auch die Hyle im technischen Prozeß eine solche relative Notwendigkeit. Das Material muß notwendig da sein. Es geht nicht ohne es (οὗ οὐκ ἄνευ). Es ist eine notwendige Mitursache (συναίτιον). Im Grunde steht das alles schon in der Anaxagoraskritik des *Phaidon*. – Aber gibt es nicht vielleicht doch auch das absolut Notwendige (τὸ ἁπλῶς ἀναγκαῖον)? Immerhin ist davon gelegentlich bei ARISTOTELES die Rede. So vor allem in der Einleitung seiner Biologievorlesung (*De part. an.* A 1). Das absolut Notwendige ist nicht relativ auf ein bestimmtes Telos. Gibt es so etwas? Schon die unwillkürlich in die Feder geflossene Formulierung ‹nicht relativ auf ein bestimmtes Telos› enthält die Antwort. Wo nicht zu erklären ist, warum dies und nicht jenes geschieht, weil immer das gleiche geschieht, ist es ‹immer schon notwendig›, das heißt, es bedarf keines weiteren bestimmenden Zusatzes – so etwa beim Lauf der Gestirne, bei denen es kein Anderssein-Können gibt. Insofern gibt es das absolut Notwendige als das, was nicht anders sein kann. In seiner Jugend hat ARISTOTELES anscheinend auch den Gestirnen noch eine Art ‹Wahl› (Prohairesis) ihrer Bahnen zugeschrieben. Wenn er das später nicht mehr tut, ist das ganz gewiß nicht, weil er der Notwendigkeit einen größeren Raum gibt. Im Gegenteil. Weil das Einhalten der genauen Bahnen die Himmelskörper für die Griechen so erstaunlich und vorbildlich sein ließ, beschreibt er dieses Verhalten später lieber von der vollkommen beherrschten Techne her als von der menschlichen Praxis aus, die des Hin- und Her-Überlegens und der vernünftigen Wahl bedarf. Und so tut er es auch für die Natur im Ganzen (*Phys.* B 8). Dagegen ist im Bereich von Werden und Vergehen alles immer relativ notwendig, das heißt: notwendig für das, was da entsteht oder vergeht. Dies ‹Was› ist das erste. Damit Natur in der geregelten Konstanz ihrer Wasgestalten zustande kommen kann, muß es notwendig das geben, was sie möglich sein läßt. Diese Notwendigkeit gehört also in den Bereich der Hyle. Das Notwendige ist «das als Hyle Gesagte» (τὸ ὡς ὕλη λεγόμενον).

Was heißt nun wirklich Hyle? Wir werden immer auf die gleiche Frage zurückgeworfen. Wenn man beachtet, in wie breitem Sinne ARISTOTELES von ‹Woraus› spricht und in wie vielerlei Bereichen er den Ausdruck Hyle gebraucht, wird man geradezu genötigt, die Begriffsfunktion von Hyle als solche von allen ihren ‹Erscheinungsformen› abzulösen. ARISTOTELES selbst unterscheidet gelegentlich die sinnliche Hyle von der geistigen Hyle; und auch von einer topischen Hyle darf man sprechen, wie insbesondere die neuere Forschung über die platonische Akademie konkretisiert hat (HAPP). Das sinnenfällige Material, das noch nicht das fertige Werkstück ist, Fleisch und Knochen, die als solche noch nicht das Lebewesen sind, die allgemeine Gattung, die noch nicht durch spezifische Differenzierung das Wassein von etwas ausmacht, die räumliche Extension, die noch nicht die durch die Linien gebildete geometrische Figur ist, das alles heißt bei ARISTO-

TELES Hyle. Hyle ist stets analogisch auf die Form bezogen, wie das Mögliche auf das Wirkliche, wie die mögliche Bestimmtheit auf die Bestimmtheit selbst. Zweifellos sind es verschiedene Begegnungsweisen, in denen dieser Unbestimmtheitsbereich in den Blick tritt. Der Handwerker sieht im Material das mögliche Werkstück. Wer ein Naturwesen in seinem Sein denken will, der sieht etwa in dem noch nicht Erwachsenen seine künftige Reife, in dem noch Undifferenzierten, etwa im Keim, die spätere Artikulation. Auf der andern Seite sieht er aber auch die Unbestimmtheit des noch Undifferenzierten als eine logische, das heißt, er sieht in dem noch unbestimmt Allgemeinen das Nochnicht der vollen Wesensbestimmung. Im Falle des mathematisch extensionalen Gebrauchs von Hyle gehen beide Aspekte ununterscheidbar zusammen. Denn was ist hier Konstruktion und was Definition? Das Wesen des Dreiecks ist ein jedes Dreieck. Jedes Dreieck hat die Winkelsumme von zwei rechten.

Was wir hier immer ‹noch nicht› oder ‹möglich› nennen, dafür hat ARISTOTELES den gemeinsamen begrifflichen Ausdruck des *dynamei*, das immer auf ein *energeia* bezogen ist. Was *dynamei* ist, hat immer den Charakter des Unbestimmt-Allgemeinen, das auf die Bestimmtheit bezogen ist, die es noch nicht hat. So muß man die Frage im Ernste stellen, ob nicht das Unbestimmte im logischen Sinne und das Mögliche im Sinne der Hyle aufs engste zusammengehören, weil sie beide nur in dem bestimmten ‹Was› überhaupt Sein haben. ARISTOTELES führt unter dem Stichwort der Einheit der Definition diese prinzipielle Identität des Möglichen und Unbestimmten mit dem ‹Was› des Bestimmten in *Metaphysik* H durch und gelangt so dazu, einen gemeinsamen Begriffssinn von Hyle auszuarbeiten. Das würde aber heißen, daß wir hier nicht ‹Arten› von Hyle vor uns haben, zu denen auch der logische Fall der Gattung (Genos) gehört, sondern umgekehrt, daß in allen Fällen der logische, allgemeine Sinn von Hyle der der Unbestimmtheit ist, das heißt aber, Gattungsallgemeinheit ist.

ARISTOTELES hat sein Reden von Hyle gewiß nicht ausschließlich im Zusammenhang der Definitionslehre festgelegt, und insofern hat Hyle oft eine Verwendung, die den falschen Sinn suggeriert, es handle sich bei ihr um etwas selbständig Existierendes. Die Konnotation von ‹rohem Holz›, Bauholz, die in dem Begriffswort Hyle mitschwingt, legt aber den Begriffssinn von Hyle eindeutig auf den systematischen Zusammenhang der vier Ursachen fest, und die nähere Ausführung, die wir in H der *Metaphysik* finden, zeigt die rein analogische Struktur dieses Begriffs. Das ist nicht ein moderner Funktionalismus, den man von dem Hintergrunde anderer, unreflektierter Anwendung des Hylebegriffs aus kritisieren kann, sondern im

Gegenteil die ausdrückliche Pointe der aristotelischen Begriffsanalyse. Hyle ist nicht die letzte, abstrakteste, fernste Materie, ein Grundstoff, aus dem alles wird. Wo ARISTOTELES so redet, beschreibt er älteres, unreflektiertes Denken (1044 a15ff.). Der Sinn von Hyle erfüllt sich vielmehr darin, daß am Sein des jeweils Seienden etwas begegnet, das dem bestimmenden Wort, dem Wissen, der vollen Präsenz seines Wahrseins und Wasseins entzogen ist. Hyle ist immer ‹nur Hyle›, ein Rest von Unbestimmtheit und Beliebigkeit, der wie ein Mangel an Sein ist. Seiendes, das keine Hyle hat, ist eigentlicher seiend (reine energeia). Selbst die ewigen Gestirne haben noch einen Rest von Unbestimmtheit und daher Hyle, das heißt: das unaufhebbare ‹Nochnicht› ihrer kreisenden Bewegung. Ihr ‹Ort› ist logisch abtrennbar von ihrem Sein, so wie das Material logisch abtrennbar ist von dem ‹was› etwas ist, da es ja auch in anderem Material angefertigt werden kann.

Nun ist freilich die aristotelische Fragestellung in erster Linie und zunächst auf das Sein des von Natur Seienden gerichtet. Dort ist tatsächlich, jedenfalls im Bereich von Werden und Vergehen, die Hyle nicht von dem Wesen selber abgetrennt sichtbar, sondern ist immer mit ihm zusammengenommen (συνειλημμένον). Ein Mensch ist immer aus Fleisch und Blut, eine Bildsäule ist nicht immer aus Erz. Gleichwohl ist auch hier im Denken (τῇ διανοίᾳ) eine Trennung da. Nicht alles, was aus Fleisch und Blut ist, ist ja ein Mensch. Fleisch und Blut lassen sich, wenn man sich fragt, was an solchem Seienden sein Sein ausmacht, selber nur als das Allgemeine der Gattung ansehen. Es läßt sich abtrennen von dem konkreten Menschen und seinem Menschsein. Man nennt es wohl auch einen Leichnam: es ist nicht mehr ‹er›. Denn daß ‹er› es ist, heißt ja, daß es dieser bestimmte Mensch ist. Die Materie ist also keineswegs das ‹Prinzip der Individuation›. *Sie könnte weit eher das Prinzip der Nichtindividuation heißen.* Denn sie ist ‹nur Hyle›, sozusagen das rohe Holz für alles Was-Sein und Wißbar-Sein, von ihm her gesehen beliebig, wenn es auch seine notwendige Grundlage bildet (ὑποκείμενον). Ob es sinnlich oder ob es geistig ist oder gar nur ‹mathematisch›, für die bestimmende Rede ist es immer das relativ Unbestimmte. Im Wissen des Was (Definition) wird die Unbestimmtheit der Gattung durch das differenzierende Eidos bestimmt. Im Wissen der Techne wird in das vorgegebene Material das Eidos hineingesehen, und wenn sich der ‹Physiker› nicht nur, wenn auch in erster Linie, für das Eidos interessiert, sondern auch für die Hyle, so ist doch dieses ‹Woraus›, woraus das Naturseiende besteht, nur im Seienden selbst da: ἐν τῷ εἴδει ἐστίν (1050 a 16), wie der Ort, den das Gestirn einnimmt, wie die Elemente im Bereich des Werdens und Vergehens, wie die Erde im Samen. Es ist das unbestimmt Allgemeine, das ‹noch nicht› die Sache selbst ist, das ‹im Logos› als Hyle ist. Hyle ist immer Hyle des Logos (καὶ ἀεὶ τοῦ λόγου τὸ μὲν ὕλη, τὸ δὲ ἐνέργειά ἐστιν (1045 a 34)).

So scheint es mir von Interesse, daß sich in den Papieren des Alexander von Aphrodisias eine kleine Abhandlung findet, die ausdrücklich die Frage behandelt, ob die Hyle nichts als die Gattung sei[2]. Die dagegen aufgeführten Argumente, in denen Anspielungen auf Aristoteles in auffallender Weise fehlen, strotzen von Verdinglichungsvokabeln im Stile des neuplatonischen Hypostasenbegriffs: die Hyle ist etwas Wirkliches (πρᾶγμα), das Genos ist ein bloßes Wort (ὄνομα). Der Hyle kommt selbständiges Sein zu (ἐν ὑποστάσει τινί), das sich im Untergang des ‹Gesamt› erhält, während die ‹in Sokrates› existierende Gattung zugrunde geht (τὸ ἐν Σωκράτει ζῷον!). Das ist alles nicht sehr interessant. Die interessante Frage ist aber: Wer hat denn Aristoteles so verstanden, der hier widerlegt werden soll? Am Ende jemand, der ihn richtig verstanden hat?

Am Ende scheint Stenzel recht zu behalten, wenn er sich dagegen wehrt, in die aristotelische Hyle die Bedeutung des Stoffes im Sinne der handgreiflichen Materie hineinzulegen (*Zahl und Gestalt*, 131). Wir müssen die transzendentale Denkweise gegen den eingeborenen Dogmatismus unseres Denkens verteidigen lernen. Transzendental nennt Kant bekanntlich «alle Erkenntnis, die sich nicht sowohl mit Gegenständen als mit unserer Erkenntnisart von Gegenständen, sofern diese a priori möglich sein soll, überhaupt beschäftigt» (*Kritik der reinen Vernunft*, Einleitung). Darin stehen ihm Platon und Aristoteles nahe, die statt in den Pragmata in den Logoi das wahre Sein der Gegenstände zu erkennen unternahmen (τῶν ὄντων τὴν ἀλήθειαν), das heißt, die zu begreifen suchten, was man mit dem immer schon meint, worüber man redet. In historischer Perspektive hat Stenzel freilich nicht recht, wenn er erst im 19. Jahrhundert den Materiebegriff zum handgreiflichen Stoff verkommen sieht. Das hat Nicolai Hartmann richtig eingewendet, daß man diese Entwicklung mindestens seit der Stoa anerkennen müsse. Aber er hat seinerseits die grundsätzliche Bedeutung seiner eigenen Berichtigung der historischen Perspektive nicht realisiert. Was er gegen die von Stenzel gezogene Konsequenz, Hyle als Gattung zu denken, einwendet, beweist, daß er selber mit dem Funktionssinn der aristotelischen Begriffe Hyle, Eidos, Synholon nicht ernst macht und der Verdinglichung erliegt, deren historische Anfänge er richtig situiert. Was für Platon in den letzten 150 Jahren geschehen ist, das ist für Aristo-

2 *Alexandri Scripta minora*, Suppl. Arist. II, 2, 77ff.

TELES eben noch zu leisten. Im Falle PLATONS handelte es sich darum, den ursprünglichen PLATON von seiner neuplatonischen Umdeutung zu befreien. Im Falle des ARISTOTELES kommt es auf etwas Ähnliches an, insbesondere seitdem die Forschung in einer Art rückläufiger Bewegung die Anfänge des Neuplatonismus mehr und mehr an PLATON und ARISTOTELES heranrückt. Das kann PLATON nicht mehr zum Dogmatiker zurückbilden, aber ARISTOTELES ist aus dem Dogmatismus noch weitgehend nicht gelöst.

HEGEL hat noch heute recht, wenn er von ARISTOTELES sagt, «daß keinem Philosophen soviel Unrecht getan worden ist durch ganz gedankenlose Traditionen, die sich über seine Philosophie erhalten haben und noch an der Tagesordnung sind» (XIV, 299). Die Befreiung von gedankenlosen Vorstellungen, insbesondere was ‹Prinzip› und was ‹Begriff› ist, ist eine eigene, sowohl in der Philosophie wie in den Wissenschaften notwendige und nie ganz bis zu Ende gelingende Anstrengung. Wir haben in der modernen Physik großartige Befreiungsakte dieser Art erlebt, und zur Legitimierung dieser neuen Entdogmatisierung von Begriffen hat man sich oft auf KANT und von da zu GALILEI und zu PLATON zurückbezogen. Man hätte ARISTOTELES nicht übergehen sollen. Er hat seine Begriffe stets auf ihre Funktion des Begreifens hin geprägt und alle Begriffswörter immer wieder in ihre funktionale Allgemeinheit zurückverwandelt, wie in jenem einzigartigen Satz am Anfang der *Physik*, wo er καθόλου und καθ'ἕκαστον genau im umgekehrten Sinne gebraucht als sonst (*Phys.* 184 a 23).

Der ‹Meister derer, welche wissen› hat den Wissenseifer und die Forschungslust der Griechen zu einem Ganzen von Weltorientierung und Selbstverständnis zusammengefaßt, das tausend Jahre europäischen Geistes beherrscht hat. Wenn sich Wissenschaft und Forschungslust der modernen Welt nur entfalten konnten, indem sie seine geistige Herrschaft abschüttelten, so gewinnt, seit wir den spekulativen ARISTOTELES wiederzuentdecken beginnen, der hinter seiner dogmatischen Traditionsgestalt steht, sein Denken für uns eine neue Vorbildlichkeit. Er war einer, der wußte, was ein Begriff ist – kein beliebiges Zeichen für Bekanntes, sondern eine Wegweisung des Denkens, das sich bei dem, womit es denkt, etwas denken will, auch bei ‹Materie›.

# Das Archytas-Argument und die kosmologische Bestimmung des «Außerkosmischen»

ANASTASIOS GIANNARÁS

## I

Die Raumbestimmung «außerhalb des Himmels», die ich diesen Ausführungen zugrunde lege, scheint ein «Außenseiter» des Sprachgebrauchs zu sein, der kaum Aussichten hat, in den Mittelpunkt einer philosophischen Erörterung zu rücken. Bei einer näheren Betrachtung der Sache jedoch zeigt sich, daß dieser «Außenseiter» eine ganz zentrale Bedeutung besitzt, weil er mit derjenigen Frage in Zusammenhang steht, mit der sich die radikalste Wandlung im griechischen Verständnis des Kosmos vollzogen hat, nämlich mit der Frage nach der Existenz des leeren Raumes (κενόν). Wo diese Frage auftaucht, wandeln sich zugleich die fundamentalen Weltbegriffe wie Weltganzes, τὸ ὅλον, und Weltall, τὸ πᾶν, die vorher an dem Begrenzten, τὸ πεπερασμένον, und dem Vollen, τὸ πλῆρες, orientiert waren. Diese Wandlung trifft vor allem den Elementbegriff, στοιχεῖον, insofern er die Einheit und Unzerrissenheit des Naturbefunds verliert, um die Gestalt des Atoms anzunehmen. Damit beginnt die eigentliche griechische Kosmologie, indem sie in das Spannungsfeld von Antinomien gerät, deren weitreichende Auswirkungen und Implikationen noch in den kosmologischen Antinomien der *Kritik der reinen Vernunft* zu vernehmen sind. Denn KANT stößt schon in der Antithesis der ersten Antinomie auf «zwei Undinge», «den leeren Raum außer und die leere Zeit vor der Welt», die die Vernunft annehmen muß, «wenn man eine Weltgrenze, es sei dem Raume oder der Zeit nach, annimmt»[1].

Da es aber hier nicht um die Kantische Form dieser Problematik geht, sondern um deren antike Wurzeln, so richtet sich der thematische Blick von selbst auf jene antike Schrift, die der Sache am nächsten steht, und das ist die aristotelische Abhandlung *Über den Himmel*, περὶ οὐρανοῦ.

Vom Titel her ist man gewohnt, den kosmologischen Charakter dieser Schrift anzuzweifeln, wenn man den Himmel, οὐρανός, nur in dessen re-

1 I. KANT, *Kritik der reinen Vernunft* A433, B461.

stringierter meteorologischer Bedeutung, die er zweifellos auch hat, faßt. Allein das Wort οὐρανός, wie es sich aus der Untersuchung seiner dreifachen Bedeutung ergibt[2], steht sowohl bei PLATON als auch bei ARISTOTELES als ehrwürdiger, klangvoller, von religiöser Aura umwitterter Terminus für den Kosmos, und zwar für dessen äußerste Kreisbewegung, ἐσχάτη περιφορά, die den Gesamtbestand der physischen Körper oder Elemente um greift, ohne einen Rest derselben «außerhalb der äußersten Kreisbewegung», ἔξω τῆς ἐσχάτης περιφορᾶς, freischwebend im leeren Raum übrigzulassen[3]. Dabei wird der Himmel mit dem Weltganzen, τὸ ὅλον, und dem Weltall, τὸ πᾶν, als Synonym gleichgesetzt[4]. Zwar spricht PLATON von einem «außerhalb des Himmels», τὰ ἔξω τοῦ οὐρανοῦ, in das die unsterblichen Seelen, vom Umschwung des Himmels mitgerissen, hinausschauen, und er beschreibt sogar den «überhimmlischen Ort», ὑπερουράνιος τόπος, als die Stätte der beglückenden Schau der Ideen, aber dieses «Außerhalb» ist so entsinnlicht und enträumlicht, daß es nicht mehr im *physischen*, sondern höchstens im mythisch-metaphorischen oder *metaphysischen* Sinne verstanden werden muß. Denn die Ideen, als das wahrhaft Seiende, sind zeit- und raumlose Wesen, die nur dem Blick der Vernunft, νοῦς, sichtbar werden. Dort aber, wo PLATON vom Himmel im physischen, bzw. kosmologischen Sinne handelt, lehnt er entschieden ab, anzunehmen, daß es Kräfte, δυνάμεις, gibt, die die vom Demiurg aus der Gesamtheit der physischen Elemente festgefügte Weltordnung von außen her, ἔξωθεν, angreifen und auflösen könnten. Daraus erwächst sowohl bei PLATON als auch bei ARISTOTELES ein Weltbegriff, der durch räumliche Begrenztheit und Vollkommenheit des Weltgefüges gekennzeichnet ist, ungeachtet dessen, daß PLATON den Kosmos durch einen Weltbaumeister technisch entstehen läßt, auf den ARISTOTELES verzichtet, und trotz aller Asymmetrie, die im aristotelischen Weltverständnis zwischen räumlicher Begrenztheit und zeitlicher Unbegrenztheit, bzw. Ewigkeit herrscht.

Geschichtlich gesehen wurzelt diese Weltsicht im parmenideischen Begriff des Seienden, ἐόν, und zwar in dessen Merkzeichen, σήματα: Ganzes,

2 ARISTOTELES, *de caelo* (ALLAN) A9, 278b 11–21.

3 ARISTOTELES, *de caelo* A9, 278b 18; 278b 25.

4 ARISTOTELES, *de caelo* A9, 278b 20: τὸ γὰρ ὅλον καὶ τὸ πᾶν εἰώθαμεν λέγειν οὐρανόν. Vgl. PLATON, *Timaios* 30b, *Pol.* 270b, wobei bei PLATON ein pseudoetymologischer Zusammenhang zwischen οὐρανός und ὁρατός, sichtbar, in den Blick genommen wird (*Pol.* VI, 509d). Für weitere Etymologien siehe M. WARBURG, *Zwei Fragen zum Kratylos* (Berlin 1929), 111 (Neue philologische Untersuchungen, hg. von W. JÄGER, Heft 5).

Eines, Zusammenhängendes[5], sie läßt sich aber auch aus den ontologischen Bestimmungen des ὅλον, πᾶν und τέλειον herleiten, die bei Platon und besonders bei Aristoteles vorkommen. Das ὅλον, ganz, wird zum Beispiel als dasjenige umrissen, «dessen keines der Teile fehlt, aus denen natürlicherweise das Ganze bestehen soll»[6]. Ebenso faßt Aristoteles das Vollendete, τέλειον, als «das Ding, außerhalb dessen auch nicht einer seiner Teile zu finden ist»[7]. Zur Illustration dieses Begriffs wird die Zeit herangezogen: «Zum Beispiel ist diejenige Zeit eines Dinges vollendet, außerhalb dessen keine Zeit zu finden ist, die Teil der Zeit dieses Dinges wäre»[8]. Die so verstandene Zeit ist offenbar die Lebenszeit, αἰών, in ihrer Erfüllung[9]. In ähnlicher Weise definiert er die Grenze, πέρας: «das Letzte am Einzelnen: sowohl als Erstes, außerhalb dessen nichts zu finden ist, als auch als Erstes, innerhalb dessen alles ist»[10]. Im Gegensatz dazu ist für Aristoteles das Unbegrenzte, ἄπειρον, «dasjenige, außerhalb dessen immer etwas ist»[11]. Aus diesen Definitionen ist leicht zu ersehen, wie stark die Ganzheit, Vollendetheit und Begrenztheit der einzelnen Dinge hervorgehoben werden durch die Negation eines «Außerhalb», ἔξω, das sie gefährden würde. Überträgt man alle diese Begriffe aus dem innerkosmischen Bereich, in dem sie zunächst ihre Anwendung finden, auf den Kosmos selbst, so erwächst daraus der Kosmos als das alle einzelnen Ganzheiten und Vollendetheiten umgreifende Ganze, ebenfalls durch Negation jedes «Außerhalb» von ihm im rein physischen Sinne[12]. Wenn es aber etwas Außerkosmisches gibt, dann gehört

5 Diels-Kranz, *Die Fragmente der Vorsokratiker* (Berlin [8]1956) 28 A 8, 5–6: πᾶν, ἕν, συνεχές.

6 Aristoteles, *Met.* Δ26, 1023 b 26: οὗ τε μηθὲν ἄπεστι μέρος ἐξ ὧν λέγεται ὅλον φύσει. Übers, nach F. Bassenge, *Aristoteles. Metaphysik* (Berlin 1960). Vgl. Platon, *Parm.* 137c: οὐχὶ οὗ ἂν μέρος μηδὲν ἀπῇ ὅλον ἂν εἴη; ist das nicht ganz, dem keines der Teile fehlen könnte?

7 *Met.* Δ16, 1021b 2: τέλειον λέγεται ἓν μὲν οὗ μὴ ἔστιν ἔξω τι λαβεῖν μηδὲ ἓν μόριον. Vgl. *Phys.* Γ 6,207 a 9: οὗ δὲ μηδὲν ἔξω, τοῦτ' ἔστι τέλειον καὶ ὅλον.

8 *Met.* Δ16, 1021b: οἷον χρόνος τέλειος ἑκάστου οὗτος οὗ μὴ ἔστιν ἔξω λαβεῖν χρόνον τινά, ὃς τούτου μέρος ἐστὶ τοῦ χρόνου.

9 Aristoteles, *de caelo* A9, 279 a 24: τὸ γὰρ τέλος τὸ περιέχον τὸν τῆς ἑκάστου ζωῆς χρόνον, οὗ μηδὲν ἄπεστι ἔξω κατὰ φύσιν, αἰὼν ἑκάστου κέκληται.

10 Aristoteles, *Met.* Δ 17, 1022 a 4: πέρας λέγεται τό τε ἔσχατον ἑκάστου καὶ οὗ μηδέν ἐστι λαβεῖν πρώτου καὶ οὗ ἔσω πάντα πρώτου, übers. nach Bassenge.

11 Aristoteles, *Phys.* Γ 6,207 a: οὐ γὰρ οὗ μηδὲν ἔξω, ἀλλ' οὗ ἀεί τι ἔξω ἐστί, τοῦτο ἄπειρόν ἐστιν.

12 Aristoteles, *Phys.* Γ 6,207 a 10: ὥσπερ δὲ τὸ καθ' ἕκαστον, οὕτω καὶ τὸ κυρίως, οἷον τὸ ὅλον οὗ μηδέν ἐστιν ἔξω (und zwar wie mit Bezug auf den Einzelgegenstand, so auch im umfassenden Sinn: so ist das Seinsganze das, das nichts außer sich hat). Übers. nach H. Wagner, *Aristoteles. Physikvorlesung* (Berlin 1967).

es nicht mehr dem Bereich der Natur an, φύσις, sondern es ist der eigentliche metaphysische Grund, sei es als die platonische Idee des Guten, ἀγαθόν, oder als das aristotelische «Erste unbewegt Bewegende», τὸ πρῶτον κινοῦν ἀκίνητον, von dem das physische Ganze abhängt oder ihm zustrebt. Solange aber ARISTOTELES bei der Untersuchung der Prinzipien der Natur und des Kosmos verbleibt, übt er unablässig Kritik an dem Begriff des Unbegrenzten, ἄπειρον – davon wird PLATON selbst nicht ausgenommen –, sowie an den Begriffen des leeren Raumes, κενόν, und des räumlich Ausgedehnten, διάστημα[13]. Denn in ihnen regt sich ein anderes Weltverständnis, das das Weltall aus dessen Verklammerung mit der räumlichen Begrenztheit herausreißt, um es mit der unbegrenzten Ausgedehntheit des Leeren im wahren Sinne des Wortes zu er-gänzen. Das Verdienst für diese Ausweitung und Er-gänzung des Weltallbegriffs, πᾶν, gehört erstens den Pythagoreern und zweitens den Atomisten und Stoikern.

Die Pythagoreer sind die ersten unter den griechischen Kosmologen, die es gewagt haben, das Unbewegte, allerdings nicht im ethischen, sondern im physischen Sinne, zu bewegen, τὰ ἀκίνητα κινεῖν, indem sie die im geozentrischen System verharrende Erde um das Zentralfeuer rotieren ließen, wie es im philolaischen Weltbild steht[14].

Mit derselben Kühnheit, die sie auch mit anderen Kosmologen teilten (ANAXIMANDER ca. 650–540, ANAXIMENES ca. 580–520) eröffneten sie den Blick des Denkens auf das, was sich außerhalb des sichtbaren Himmels erstreckt, und das sie das ἄπειρον nannten – ein Wort, das sowohl für das Unendliche, das Unbegrenzte als auch das Unbestimmte in noch undifferenzierter Weise steht[15]. In einer archaisch anmutenden Lehre, die GUTHRIE zu rekonstruieren versucht[16], ließen sie den Himmel, οὐρανός, oder Kosmos wie ein lebendiges Wesen aus dem außerkosmischen ἄπειρον, das sie entweder mit dem leeren Raum oder mit der Luft oder mit dem Dunklen identifizierten[17], einen Hauch, πνεῦμα oder πνοήν, einatmen und in das ἄπει-

13 ARISTOTELES, *Phys.* Γ 4,202 b 30 – 8,208 a 24 (ἄπειρον); Δ 6,213 a 12–9,217 b 28 (κενόν).

14 H. DIELS, *Doxographi Graeci* (Berlin 1879) 378,5: Φιλόλαος δὲ ὁ Πυθαγόρειος κύκλῳ περιφέρεσθαι [τὴν γῆν] περὶ τὸ πῦρ κατὰ κύκλον λοξόν.

15 ARISTOTELES, *Phys.* Γ 4,203 a 6: οἱ μὲν Πυθαγόρειοι... εἶναι τὸ ἔξω τοῦ οὐρανοῦ ἄπειρον.

16 W. K. GUTHRIE, *A History of Greek Philosophy* I (Cambridge 1967) 278 ff.

17 R. MONDOLFO, *Il Pensiero Antico* (Firenze 1967) 51.

18 ARISTOTELES, *Phys.* Δ 6,213 b 22: καὶ ἐπεισιέναι αὐτὸ τῷ οὐρανῷ ἐκ τοῦ ἀπείρου πνεύματος ὡς ἀναπνέοντι καὶ τὸ κενόν. AETII *Plac.* II 9, 1 (= DIELS, *Dox. Gr.* 338,10): οἱ μὲν ἀπὸ Πυθαγόρου, ἐκτὸς εἶναι τοῦ κόσμου κενόν, εἰς ὃ ἀναπνεῖ ὁ κόσμος καὶ ἐξ οὗ.

ρον wieder ausatmen[18]. GUTHRIE nennt dies das Atmen des sich erzeugenden Kosmos, der aus dem Feuer wie ein neugeborenes Lebewesen aus dem warmen Mutterleib entstehend, die Luft des Außen einzieht, um sich damit zu kühlen[19]. Außerdem betrachteten die Pythagoreer den leeren Raum innerkosmisch als dasjenige, was die Dinge und die Zahlen voneinander absondert[20], das heißt sie machten aus ihm ein Prinzip der Individuation. Aus dem selben außerkosmischen ἄπειρον oder κενόν ließen sie auch die Zeit in die Welt eintreten[21], und das bedeutet, daß sie nicht nur den Raum, sondern auch die Zeit als unbegrenzt betrachteten, wenn auch sie sie sich als die Sphäre des Umgreifenden, σφαῖρα τοῦ περιέχοντος, vorstellten[22]. Denn diese Sphäre mag einen festen Mittelpunkt haben, den Kosmos, andererseits aber hat sie keine Grenze in der Peripherie, weil sie von allen Seiten sich grenzenlos ausdehnt[23]. Es ist dabei klar, wie ARISTOTELES schon bemerkt hat, daß die Pythagoreer dem Unbegrenzten, ἄπειρον, bzw. dem Leeren, κενόν, den Charakter einer Substanz, οὐσία, eines an sich Seienden gegeben haben, und dieses Leere kann als Vorläufer des spatium absolutum von NEWTON betrachtet werden. Davon unterscheidet ARISTOTELES das Unbegrenzte in akzidentellem Sinne, ἄπειρον κατὰ συμβεβηκός, sofern es einer Substanz, sei es Luft oder Wasser, beigelegt wird[24]. In seiner Kritik jedoch versucht er den Prinzip- oder Substanzcharakter des ἄπειρον bei den Pythagoreern zu bestreiten, um ihm nur die Funktion der akzidentellen Bestimmung, sofern sie der Luft oder der geraden Zahl zukommt, anzuerkennen[25]. Dieser Einwand beruht auf der von ARISTOTELES vollzogenen Unterscheidung des ἄπειρον in ein aktual Unendliches, ἐνεργείᾳ ἄπειρον, und in ein potentiell verstandenes, δυνάμει ἄπειρον[26], wobei nachgewiesen wird, daß das erstere ein Ding der Unmöglichkeit ist, wenn es auf den physischen Körper, φυσικὸν σῶμα, angewandt wird. Denn den physischen Körper de-

19 GUTHRIE, op. cit. 278f.

20 ARISTOTELES, *Phys.* Δ 6,213b24: ὃ διορίζει τὰς φύσεις, ὡς ὄντος τοῦ κενοῦ χωρισμοῦ τινὸς τῶν ἐφεξῆς καὶ [τῆς] διορίσεως.

21 STOB. I,180, 1c (= DK58B30): ἐπεισάγεσθαι δ' ἐκ τοῦ ἀπείρου χρόνον τε καὶ πνοήν.

22 AET. I, 211 (= DK58B33): Πυθαγόρας τὸν χρόνον τὴν σφαῖραν τοῦ περιέχοντος εἶναι.

23 R. MONDOLFO, *L'infinito nel pensiero dell'antichità classica* (Firenze 1956), 356.

24 ARISTOTELES, *Phys.* Γ 4,203a4: οἱ μὲν ὥσπερ οἱ Πυθαγόρειοι καὶ Πλάτων καθ' αὑτό, οὐχ ὡς συμβεβηκός τινι ἑτέρῳ ἀλλ' οὐσίαν αὐτὸ ὂν τὸ ἄπειρον.

25 ARISTOTELES, *Phys.* Γ 5,204a30: οὐκ ἐνδέχεται αὐτὸ λέγειν ἀρχήν, ἀλλ' ᾧ συμβέβηκε, τὸν ἀέρα ἢ τὸ ἄρτιον. ὥστε ἀτόπως ἂν ἀποφαίνοιντο οἱ λέγοντες οὕτως ὥσπερ οἱ Πυθαγόρειοί φασιν· ἅμα γὰρ οὐσίαν ποιοῦσι τὸ ἄπειρον καὶ μερίζουσιν.

26 ARISTOTELES, *Phys.* Γ 6,206a14.

finiert er als dasjenige, was die Eigenschaft hat, durchgängig dimensioniert zu sein, während das ἄπειρον sich in unbegrenzte Dimensionen erstreckt[27].

Trotz dieser aristotelischen Kritik, deren Prämissen im eleatischen Finitismus und im Geozentrismus überhaupt zu finden sind, verliert die pythagoreische Konzeption des ἄπειρον und κενόν nicht ihre durchschlagende kosmologische Bedeutung, sofern sie auf anderen Prämissen fundiert ist (Heliozentrismus), die in die aristotelische Konzeption keinen Eingang gefunden haben. Um sie anschaulich und plastisch hervortreten zu lassen, rekurriert einer der bedeutendsten Pythagoreer, Archytas von Tarent (ca. 440–360 v. Chr.)[28] auf ein Gedankenexperiment, das uns der Peripatetiker Eudem von Rhodos (ca. 370–300 v. Chr.) bei Simplikios (6. Jh. n. Chr.), dem Aristoteles-Kommentator, überliefert: «Sollte ich an den äußeren Rand des Himmels gelangen, das heißt an den Fixsternhimmel, würde ich die Hand oder den Stock nach außen herausstrecken können oder nicht? Daß ich aber die Hand nicht ausstrecken kann, ist absurd. Wenn ich sie aber auszustrecken vermag, dann wird das außerhalb entweder als Körper oder als Ort existieren (ἤτοι σῶμα ἢ τόπος τὸ ἐκτὸς ἔσται). Denn es wird keinen Unterschied machen, ob das eine oder das andere der Fall ist, wie wir sehen werden. Er wird also weitergehen in derselben Weise auf die jeweils hypothetisch erreichte Grenze

27 Aristoteles, *Phys.* Γ 5,204b: σῶμα μὲν γάρ ἐστιν τὸ πάντῃ ἔχον διάστασιν, ἄπειρον δὲ τὸ ἀπεράντως διεστηκός, ὥστε τὸ ἄπειρον σῶμα πανταχῇ ἔσται διεστηκὸς εἰς ἄπειρον.

28 Die ausgezeichnete Figur von Archytas, die eine Vielfalt von Tüchtigkeiten in sich vereinte und die aufgeschlossen war nicht nur der Theorie, sondern auch der Praxis, umreißt die Diogenes-Vita folgendermaßen: «Er war es, der durch einen Brief an Dionysios den Platon vor dem ihm von diesem drohenden Tode rettete. Seine vielseitige und hervorragende Tüchtigkeit fand bei den meisten bewundernde Anerkennung. So wurde er denn siebenmal von seinen Mitbürgern zum Strategen ernannt (ἑπτάκις τῶν πολιτῶν ἐστρατήγησε), während die andern der gesetzlichen Bestimmung gemäß nicht länger als ein Jahr dies Amt verwalten durften... Von dem Pythagoriker sagt Aristoxenos, er sei als Heerführer niemals überwunden worden; er habe einmal, der Mißgunst weichend, das Feldherrenamt niedergelegt und gleich sei der Herr in Gefangenschaft geraten.» Er gilt als der erste Begründer der wissenschaftlichen Mechanik vor Archimedes: «Er behandelte zuerst die Mechanik methodisch unter Anwendung von mathematischen Prinzipien (οὗτος πρῶτος τὰ μηχανικὰ ταῖς μαθηματικαῖς ἀρχαῖς μεθώδευσε) und verband zuerst die organische Bewegung mit der geometrischen Zeichnung (κίνησιν ὀργανικὴν διαγράμματι γεωμετρικῷ προσήγαγε); er suchte nämlich durch den Schnitt des Halbzylinders zwei mittlere Proportionale zu gewinnen zum Zwecke der Verdopplung des Würfels.» Diogenis Laertii *Vitae Philosophorum* (Long) VIII 79, 83 (übers. nach O. Apelt) (= Diels-Kranz, *Fragmente der Vorsokr.* (Berlin [8]1956), 47 A 1). Als Musiktheoretiker hat er sich besonders in der mathematischen Fixierung der musikalischen Verhältnisse hervorgetan (DK 47, A 16).

hin und wird dieselbe Frage wiederholen. Und wenn es immer anderes gibt, in das *er* den Stock hinausstrecken kann, ist klar, daß auch dieses unendlich sein wird. Und wenn dieses Körper ist, dann ist dieses schon bewiesen. Wenn es (das Außerhalb) aber als Ort existiert, und wenn Ort das ist, in dem ein Körper entweder ist oder sein kann, wobei man das, was als Mögliches besteht bei den ewigen Dingen (ἐν τοῖς ἀϊδίοις) als wirklich (aktual) Existierendes ansehen muß, dann ergibt sich auch aus dieser Hypothese, daß es einen unbegrenzten Körper und Ort gibt (καὶ οὕτως ἂν εἴη σῶμα ἄπειρον καὶ τόπος)»[29].

Die disjunktive Hypothesis, mit der das Argument operiert, gehört zweifellos zum älteren dialektischen Denkstil, der besonders von den Eleaten praktiziert wurde. Es handelt sich um eine Hypothesis, deren beide Alternativen in einen Progressus in infinitum führen, indem sie von einer Idee des Begrenzten ausgehen, die sich als unhaltbar erweist. Da die Existenz des ἄπειρον nicht unmittelbar bewiesen wird, sondern durch Widerlegung des Gegenteils, nämlich des Begrenzten, so gehört der Beweis zu der Kategorie der indirekten, der apagogischen Beweise, die ad absurdum führen. Denn die jeweils angenommene äußerste Grenze der Welt wird aufgehoben, indem sie immer weiter hinausgeschoben wird, ohne an einer allerletzten haltmachen zu können. Dabei zeigt sich das Unbegrenzte, ἄπειρον, nicht als eine in sich ruhende Substanz, sondern im Prozeß «einer fortwährenden Sukzession von Gliedern (einer Reihe), wobei also jedes Glied durchaus endlich ist, aber eben auf jedes Glied jedesmal wieder ein weiteres folgt»[30].

29 SIMPLICII *commentaria in Aristotelis Physica* (DIELS), 467, 15 (= DIELS-KRANZ 47 A 24): Ἀρχύτας δέ, ὥς φησιν Εὔδημος, οὕτως ἠρώτα τὸν λόγον· ἐν τῷ ἐσχάτῳ οἷον τῷ ἀπλανεῖ οὐρανῷ γενόμενος, πότερον ἐκτείναιμι ἂν τὴν χεῖρα ἢ τὴν ῥάβδον εἰς τὸ ἔξω, ἢ οὔ; καὶ τὸ μὲν οὖν μὴ ἐκτείνειν, ἄτοπον· εἰ δὲ ἐκτείνω, ἤτοι σῶμα ἢ τόπος τὸ ἐκτὸς ἔσται. διοίσει δὲ οὐδὲν, ὡς μαθησόμεθα. ἀεὶ οὖν βαδιεῖται τὸν αὐτὸν τρόπον ἐπὶ τὸ ἀεὶ λαμβανόμενον πέρας, καὶ ταὐτὸν ἐρωτήσει, καὶ εἰ ἀεὶ ἕτερον ἔσται, ἐφ' ὃ ἡ ῥάβδος, δῆλον ὅτι καὶ ἄπειρον. καὶ εἰ μὲν σῶμα, δέδεικται τὸ προκείμενον· εἰ δὲ τόπος, ἔστι δὲ τόπος τὸ ἐν ᾧ σῶμά ἐστιν ἢ δύναιτ' ἂν εἶναι, τὸ δὲ δυνάμει ὡς ὂν χρὴ τιθέναι ἐπὶ τῶν ἀϊδίων, καὶ οὕτως ἂν εἴη σῶμα ἄπειρον καὶ τόπος. E. ZELLER, *Die Philosophie der Griechen*, Erster Teil, Erste Hälfte, 437, Anm. 2 hält nur die Frage: ἐν τῷ ἐσχάτῳ – ἢ οὔ; für archyteisch und den Rest für Erläuterungen des EUDEM. Vgl. MARIA TIMPANARO CARDINI, *Pitagorici, Testimonianze e Frammenti*, Bd. 2 (Firenze 1962), 348, Anm. 24. Außerdem stellt ZELLER, ebd. Anm. 1 die Frage, «ob auch Archytas selbst unter dem ἔσχατον jenen (nämlich den Fixsternhimmel), und nicht vielmehr den äußeren Feuerkreis verstand, denn die Worte: οἷον τῷ ἀπλανεῖ οὐρανῷ sind wohl jedenfalls eine Erläuterung des Berichterstatters, ein Pythagoreer würde das äußerste nicht οὐρανός genannt haben.»

30 ARISTOTELES, *Phys.* Γ 6, 205 b 27: ὅλως μὲν γὰρ οὕτως ἔστιν τὸ ἄπειρον, τῷ ἀεὶ ἄλλο καὶ ἄλλο λαμβάνεσθαι, καὶ τὸ λαμβανόμενον μὲν ἀεὶ εἶναι πεπερασμένον, ἀλλ' ἀεί γε ἕτερον καὶ ἕτερον (übers. nach WAGNER).

Es ist die Art des Unbegrenzten, die ARISTOTELES das ins Größere gehende, τὸ κατὰ πρόσθεσιν ἄπειρον, oder τὸ ἐπὶ τὴν αὔξην nennt, im Unterschied von dem ins Kleinere durch Dichotomie gehende, τὸ κατὰ διαίρεσιν oder ἐπὶ καθαίρεσιν ἄπειρον, die in gewisser Weise identisch sind[31]. Mit anderen Worten: Was sich im Vollzug des Experiments zeigt, ist nicht ein Unbegrenztes im Modus eines fertigen abgeschlossenen Seins, sondern im Modus der Genesis, des Werdens, des Prozesses[32]. Selbst wenn man von einem Sein spricht, so muß es nicht in der Weise eines Hauses oder Menschen verstanden werden, «sondern wie ein Tag oder ein Kampfspiel ist, die ja auch keine Substanzen sind, sondern nur in der Sukzession der kommenden oder vergehenden Phasen bestehen, von denen jede endlich ist, nur daß auf jede stets eine weitere folgt»[33]. Denn nur in dieser Weise existiert das Unbegrenzte nach ARISTOTELES, das heißt in der Verschränkung von Aktualität und Potentialität[34].

Vor allem aber zeigt sich im archyteischen Experiment die von ARISTOTELES so oft mit Nachdruck hervorgehobene Bestimmung des ἄπειρον als das, «welches immer noch etwas außer sich hat»[35]. Nun sieht ARISTOTELES in diesem Ausstehen und endlosen Fortgehen das Zeichen einer Unvollendetheit, Unbestimmtheit und Gestaltlosigkeit, die auch der Erkennbarkeit zuwiderläuft[36]. Aus dem archyteischen Experiment aber läßt sich diese Folgerung nicht ziehen. Denn als Mathematiker dürfte ARCHYTAS wohl im Gedanken des ἄπειρον keine Kapitulation des Denkens sehen, so sehr es sich auch nicht in rationale Verhältnisse fassen läßt. Will man ihn nämlich in die Denkweise der Mathematik übersetzen, so muß man MONDOLFO folgen, wenn er sagt: «Es ist das Fortgehen von unserem Beobachtungszentrum, entlang irgendeinem der unendlichen Radii, die in zentrifugaler Richtung gezogen werden können. Ein beliebiger Radius, der als Muster aller anderen genommen wird, weil alle insgesamt dieselben Bedingungen darstellen und zur selben Konklusion führen können. Nun die gleiche Möglichkeit des Fortgehens, bei Gleichheit der Bedingungen in jeder Richtung, dies bedeutet

31 ARISTOTELES, *Phys.* Γ 6, 206b3: τὸ δὲ κατὰ πρόσθεσιν τὸ αὐτό ἐστί πως καὶ τὸ κατὰ διαίρεσιν.

32 ARISTOTELES, *Phys.* Γ 7, 207b14: οὐδὲ μένει ἡ ἀπειρία ἀλλὰ γίγνεται.

33 ARISTOTELES, *Phys.* Γ 6, 206a21: ὥσπερ ἡ ἡμέρα ἔστι καὶ ὁ ἀγών τῷ ἀεὶ ἄλλο καὶ ἄλλο γίγνεσθαι.

34 ARISTOTELES, *Phys.* Γ 6, 206a23: ἐπὶ τούτων ἔστι καὶ δυνάμει καὶ ἐνεργείᾳ.

35 ARISTOTELES, *Phys.* Γ 6, 207a: οὗ ἀεί τι ἔξω ἐστί.

36 ARISTOTELES, *Phys.* Γ 6, 206b25: διὸ καὶ ἄγνωστον ᾗ ἄπειρον.

Sphärizität: und wenn die Möglichkeit unendlichen Fortgehens besteht, dann bedeutet dieses eine unendliche Sphäre»[37].

Ein anderes Argument für die Existenz des leeren Raumes, das ebenso aus dem Kreis der Pythagoreer zu stammen scheint und das dem XUTHOS gehört, überliefert uns ARISTOTELES in dem Abschnitt seiner *Physik*, wo er vom κενόν handelt[38]. Dort ist die Rede von einigen Physiologen oder Kosmologen, die glauben, aus der Existenz von dünn und dicht (διὰ τοῦ μανοῦ καὶ πυκνοῦ) auch den Nachweis für die Existenz des leeren Raumes erbringen zu können. Dabei geht es nicht mehr um das außerkosmische, bzw. das von der Welt getrennte und an sich existierende Leere (κεχωρισμένον, ἀποκεκριμένον καθ'αὑτό), sondern um das ungetrennte, das innerweltliche, bzw. das in den Dingen selbst zerstreute (ἐν τοῖς σώμασι παρεσπαρμένον)[39]. Das Argument hat ebenso die Struktur des indirekten, apagogischen Beweises, wie TIMPANARO CARDINI bemerkt[40], und kann auch als Gedankenexperiment betrachtet werden. Es geht von der fiktiven Hypothesis aus, daß es weder dünn noch dicht gibt. Das würde dann heißen, daß es auch die Prozesse der Verdünnung und Verdichtung (μάνωσις und πύκνωσις)[41] nicht geben könne. Negiert man aber diese Prozesse, dann ist die Alternative denkbar: entweder müßte die Bewegung aus der ganzen Welt verschwinden und totale Erstarrung eintreten (ἢ ὅλως κίνησις οὐκ ἔσται) oder bei jeder stattfindenden Bewegung müßte das Weltall wie ein Meer aufwogen (ἢ κυμανεῖ τὸ ὅλον), seine Grenzen überströmen oder sich expandieren (ὑπερχυθήσεται καὶ ἐπὶ πλέον ἐκταθήσεται)[42]. Die Erstarrung der Welt würde eintreten, wenn keine der bekannten Bewegungsarten wie Ortsbewegung, Zunahme und Abnahme, Veränderung, Entstehen und Vergehen stattfinden sollte. Alle diese Formen der Bewegung setzen die Prozesse der Verdünnung und der Verdichtung voraus, die ihrerseits die Existenz vom leeren Raum zwi-

37 MONDOLFO, *L'infinito...*, 356–357.

38 ARISTOTELES, *Phys.* Δ 9, 216b22: Εἰσὶν δέ τινες οἳ διὰ τοῦ μανοῦ καὶ πυκνοῦ οἴονται φανερὸν εἶναι ὅτι ἔστι κενόν. εἰ μὲν γὰρ μὴ ἔστι μανὸν καὶ πυκνόν, οὐδὲ συνιέναι καὶ πιλεῖσθαι οἷόν τε. εἰ δὲ τοῦτο μὴ εἴη, ἢ ὅλως κίνησις οὐκ ἔσται, ἢ κυμανεῖ τὸ ὅλον, ὥσπερ ἔφη Ξοῦθος...; vgl. TIMPANARO CARDINI, *Pitagorici* I (Firenze 1958), 170, ZELLER, *Phil. d. Gr.* I, 1, 437, Anm. 2.

39 SIMPLIKIOS *in Phys.* 682, 24.

40 TIMPANARO CARDINI, *Pitagorici* I, 170.

41 ARISTOTELES nennt merkwürdigerweise nur den einen Prozeß, die Verdichtung, συνιέναι καὶ πιλεῖσθαι, der andere ist aus den Kommentatoren zu ergänzen. SIMPLIKIOS *in Phys.*, 682f. und THEMISTIOS, *Paraphrases Phys.*, 302–333. Vgl. TIMPANARO CARDINI, ebd.

42 SIMPLIKIOS *in Phys.*, 683, 24f.; DK 33, C 20.

schen den Körpern voraussetzen. «Denn die Ortsbewegung, sagen sie, ist nicht anders möglich, als wenn die Körper sich zusammenziehen und verdichten und den durch sie hindurch sich bewegenden Körpern so Raum schaffen wie den durch die Menschenmenge Hindurchgehenden»[43]. Ebenso muß man bei der Bewegung der Zunahme und Expansion voraussetzen, daß sie nur dadurch möglich ist, weil es Zwischenräume in den Körpern gibt, in die sie sich (diese Körper) zusammenziehen, um andere in ihrem Volumen wachsen zu lassen. Überhaupt ist die Bewegung der Dinge in der Welt das Produkt der Prozesse von Verdünnung und Verdichtung, und wenn man diese Prozesse negieren will, wie die fiktive Hypothese lautet, dann ist die Folge die Stillegung der Welt. Das widerspricht aber den Phänomenen, da der Prozeß der Verdünnung und Verdichtung ein unleugbares Faktum ist. Also muß es auch den leeren Raum in den Dingen geben, der sie ermöglicht. Nimmt man dagegen die Bewegung als Faktum hin, aber leugnet die Existenz des leeren Raumes in den Dingen, so ist zu erwarten, daß bei der geradlinigen Ortsbewegung die einen Dinge die anderen neben ihnen liegenden verdrängen und vorwärtstreiben müssen, bis sie sie zum Überströmen gezwungen haben. «Das Überströmen andererseits wäre wiederum nicht möglich, wenn es nicht ein getrenntes Leeres an sich gäbe, das heißt außerhalb des Weltalls (ἔξω τοῦ παντός), so daß das Argument auf dasselbe hinausläuft. Denn wird das Leere aufgehoben, so wird auch die Verdichtung mit aufgehoben, mit deren Aufhebung auch das Leere eingeführt wird. Denn das Weltall wird nicht zum Körper hin überströmen, sondern allenfalls in das Leere (οὐ γὰρ δὴ εἰς σῶμα κυμανεῖ τὸ πᾶν, ἀλλ' εἰς κενὸν πάντως)»[44].

Aus dem Xuthos- und Archytas-Argument geht klar hervor, daß die pythagoreische Kosmologie nicht müde wird, für die Existenz des leeren Raumes – sei es innerhalb oder außerhalb der Welt – Experimente durchzuführen, die den Charakter indirekter Beweise haben. Kommt es aber auf die Wirkung an, so scheint die des Archytas-Arguments größer und nachhaltiger gewesen zu sein, wenn man den Umstand berücksichtigt, daß sie auf andere Philosophenschulen der Antike übergeht und dadurch erhöht wird. Das Argument taucht nämlich bei den Stoikern auf und wird von SIMPLIKIOS erwähnt, ohne allerdings einen bestimmten Namen zu nennen und ohne den Grund dieser Anonymität anzugeben: «Nehmen wir an, sagen sie (die Stoiker), daß es jemanden gibt, der am äußersten Rand des Fixternhimmels steht und versucht, die Hand nach oben auszustrecken. Wenn er sie nun aus-

43 SIMPLIKIOS *in Phys.*, 683, 10ff.
44 SIMPLIKIOS *in Phys.*, 683, 10.

strecken kann, dann nehmen sie (λαμβάνουσιν)[45], daß es etwas außerhalb des Himmels gibt, in das er hat ausstrecken können; würde er sie aber nicht ausstrecken können, so wird es doch etwas geben, das an der Ausstreckung der Hand gehindert hat. Und wenn er wiederum auf der weiteren Grenze desselben stehen und die Hand ausstrecken soll, wird sich dieselbe Frage stellen. Denn es wird sich zeigen, daß es etwas auch außerhalb desselben gibt»[46].

Vergleicht man das stoische mit dem archyteischen Argument, so sind folgende Unterschiede zu markieren: Die stoische Fassung entfaltet und begründet den zweiten hypothetischen Gedanken, der bei ARCHYTAS nicht konkretisiert wird. Ein anderer Unterschied besteht darin, daß in dem archyteischen Argument das «außerhalb des Himmels» (ἐκτός) die Form entweder des Körpers oder des Ortes annimmt (σῶμα ἢ τόπος τὸ ἐκτὸς ἔσται), wie es TIMPANARO CARDINI bemerkt[47], während es in dem stoischen in der Form des unbestimmten Etwas (τί) erscheint. Das ist sicherlich nicht zufällig, wenn man die Bedeutung des Etwas (τί) in der stoischen Ontologie ins Auge faßt. Dafür sind dann die peripatetischen Wendungen in der Eudemischen Erläuterung zurückgetreten. Von diesen Unterschieden abgesehen, auf die ich noch zu sprechen komme, weist das stoische Argument dieselbe formale Struktur wie das archyteische auf. Es wird auch als apagogischer Beweis aufgebaut, der sich der reductio ad absurdum bedient. Auch hier wird vom Gegenteil ausgegangen, nämlich von der Existenz einer äußersten Weltgrenze, die immer wieder aufgehoben wird, um in eine weitere fortzuschreiten, an die sie selbst verweist, um schließlich ins Unbegrenzte auszulaufen.

Wie nun das pythagoreische Argument, wenn auch nicht ausdrücklich in der archyteischen Form, auf den harten Widerstand der aristotelischen Kosmologie gestoßen ist, so stößt auch das stoische auf die Einwände der Kommentatoren, die darum bemüht sind, die kosmologischen Thesen des ARISTOTELES zu retten. Die Problemführung fordert, auch auf sie einzugehen,

45 Das griechische λαμβάνειν, nehmen, als mathematischer Terminus läßt sich nicht adäquat ins Deutsche übersetzen.

46 SIMPLIKIOS *in Arist. de caelo* (HEIBERG) 284, 28ff. (= *Stoicorum Veterum Fragmenta* (VON ARNIM) II 535): ἔστω, φασίν, ἐν τῷ ἐσχάτῳ τῆς ἀπλανοῦς ἑστῶτά τινα ἐκτείνειν πρὸς τὰ ἄνω τὴν χεῖρα. καὶ εἰ μὲν ἐκτείνει, λαμβάνουσιν ὅτι ἔστι τι ἐκτὸς τοῦ οὐρανοῦ εἰς ὃ ἐξέτεινεν, εἰ δὲ μὴ δύναιτο ἐκτεῖναι, ἔσται τι καὶ οὕτως ἐκτὸς τὸ κωλῦσαν τὴν τῆς χειρὸς ἔκτασιν. κἂν πρὸς τῷ πέρατι πάλιν ἐκείνου στὰς ἐκτείνῃ, ὁμοία ἡ ἐρώτησις· εἶναι γὰρ δειχθήσεται κἀκείνου τι ἐκτὸς ὄν.

47 TIMPANARO CARDINI, *Pitagorici* II, 349, Anm. 24.

weil sie die Spätphasen griechischen kosmologischen Denkens betreffen, die noch nicht eingehend ausgearbeitet worden sind.

II

Es ist ALEXANDER VON APHRODISIAS (ca. 200 n. Chr.), der bedeutendste unter den Aristoteles-Kommentatoren, der die schärfsten kritischen Einwände gegen die Thesen der stoischen Kosmologie erhebt, sofern sie die Existenz des außerkosmischen leeren Raumes betreffen. «Wenn der Kosmos das Weltall ist (πᾶν) und nichts außerhalb des Weltalls existiert, καὶ μηδὲν ἔστι τοῦ παντὸς ἐκτός, dann gäbe es auch nichts außerhalb des Kosmos. Also würde man auch nicht die Hand ausstrecken können, wenn man auf den äußersten Punkt des Himmels gelangen würde. Ist doch das Gelangen dorthin selbst hypothetisch unmöglich, ἀδύνατον καὶ πρὸς ὑπόθεσιν. Denn der göttliche kreisbewegte Körper ist unverletzlich und kann nichts derartiges in sich aufnehmen»[48]. Daß in ALEXANDERS Einwand viele Voraussetzungen aus der aristotelischen Philosophie stecken, die für ihn selbstverständlich sind, braucht nicht besonders betont zu werden. Dazu gehört die Gleichsetzung des Kosmos mit dem Weltall, πᾶν, und seine Begrenzung durch den äußersten kreisbewegten Körper, der die supralunare Welt abschließt, in der kein Werden, Entstehen und Vergehen, Zunehmen und Abnehmen, keine Veränderung stattfinden. Dabei läßt er aber die Grundvoraussetzungen der stoischen Kosmologie, die den aristotelischen widersprechen, außer acht. Denn das stoische Weltall, πᾶν, geht nicht in dem Kosmos auf, sondern umfaßt sowohl den sichtbaren Kosmos als auch das außerkosmische Leere und bildet ein Gefüge (σύστημα) von Begrenztem und Unbegrenztem[49], das dem pythagoreischen Weltbild nahesteht. Dabei wird der Kosmos als das Körperliche (σωματικόν) und das Leere, κενόν, als das Körperlose (ἀσώματον), das aber von Körpern besetzt werden kann, definiert[50]. Eine Unverletzlichkeit der himmlischen Sphäre (τὸ ἀπαθές) durch die irdische kennt die stoische Kosmologie nicht, weil sie beide Weltteile durch eine weltweite Sympathie in eine gespannte Einheit verbindet (σύμπνοια, συντονία)[51].

48 ALEXANDER bei SIMPLIKIOS *in de caelo* (HEIBERG) 284f.

49 APOLLODOR bei DIOGENES LAERTIOS VII, 143 (= SVF III 9, 24): τὸ δὲ πᾶν λέγεται... τὸ ἐκ τοῦ κόσμου καὶ τοῦ ἔξωθεν κενοῦ σύστημα. ὁ μὲν οὐν κόσμος πεπερασμένος ἐστί, τὸ δὲ κενὸν ἄπειρον. Abweichend davon, aber nicht entscheidend PSEUDOPLUT. *de plac. phil.* I 879 (= *Doxogr. Gr.* (DIELS) 291, 11).

50 DL VII, 140 (= SVF III 543).

51 DL ebd.

POSEIDONIUS (ca. 135–151 v. Chr.) spricht ausdrücklich von einem Zusammenwirken von Himmlischem und Irdischem[52]. Wenn es etwas Untangierbares gibt, das außerhalb der dynamischen Korrelation des Wirkens und Leidens steht, die die Wirklichkeit der Weltsubstanz kennzeichnet, dann ist dies das Leere[53].

Fragt man sich aber, warum sich die Stoiker des Leeren in ihrer Kosmologie unbedingt bedienen wollen, so muß man darauf hinweisen, daß dies mit jenem Teile ihrer Lehre zusammenhängt, der in der Antike als eine groteske Sache verspottet wurde und heute noch nicht ernst genommen wird. Es ist die sogenannte Weltbrandlehre (ἐκπύρωσις) und korrelativ zu ihr die Lehre von der Weltregeneration (παλιγγενεσία), die die ältere Stoa vertritt und die darauf beruht, daß der Kosmos als Produkt des göttlich gelenkten technischen Feuers einem periodischen Prozeß von Entstehen und Vergehen unterliegt, bei dem er aus dem Weltfeuer organisch wie aus einem Samen, σπέρμα, erwächst, sich entfaltet, auseinanderzieht und sich wieder verzehrt, indem er sich in den ursprünglichen Samen des Weltfeuers zurückentwickelt und zusammenzieht, συστέλλεσθαι. Bei der diastolischen Bewegung aber (die heutige Kosmologie würde sagen: bei ihrer Expansionsphase) bedarf sie des leeren Raumes, κενόν, um sich darin auszugießen[54]. Die in Feuer aufgelöste Welt wird in ihren Dimensionen größer, da ihre ganze Substanz in dünnsten Äther verwandelt wird. Das ist nach PHILON VON ALEXANDRIEN der Grund, warum die Stoiker unbegrenztes Leeres, κενὸν ἄπειρον, außerhalb des Kosmos theoretisch (λόγῳ) postulieren, um das Produkt der immensen Weltauflösung durch die ἐκπύρωσις in einen ihm entsprechenden Raum unterbringen zu können[55]. Damit läuft die Weltsubstanz keine Gefahr, im Leeren ausgegossen, zerstreut und verflüchtigt zu werden, da sie sich durch die ihr innewohnende Kraft zusammenhält[56].

Es leuchtet dabei ein, daß das Xuthos-Argument der Weltüberströmung, das gegen die Negation des Leeren in der Welt gerichtet war, bei den Stoikern eine positive Anwendung findet, weil sie gerade die Existenz des innerkosmischen Leeren leugnen[57]. Zu dieser Leugnung hat sie der Begriff

52 M. POHLENZ, *Stoa und Stoiker, Die Gründer. Panaitios, Poseidonios* (Zürich und Stuttgart ²1964) 294.

53 CLEOMEDES, *de motu circ. corp. cael.* Aa 4 (ZIEGLER) (= SVF II 541): οὔτε τι πάσχοντος οὔτε ποιοῦντος (τοῦ κενοῦ).

54 *Stoicus apud Philonem de incor. mundi* 257, 12B (= SVF II 619).

55 SVF II 619, 23.

56 CLEOMEDES, *de motu circ. corp. cael.* Aa 6 (ZIEGLER) (= SVF II 540).

57 CLEOMEDES, ebd. Aa4, 15: τὸ κενὸν ἐν μὲν κόσμῳ οὐδ' ὅλως ἔστι.

des Leeren geführt. Denn im Gegensatz zum Kosmos, der die Gesamtheit der Körper umfaßt und ein räumliches und materielles Kontinuum darstellt, erscheint ihnen das Leere, κενόν, als das Körperlose und Untangierbare schlechthin, das Gestaltlose und Ungestaltbare, das weder etwas tut noch leidet, sondern nur Körper in sich zu rezipieren vermag[58]. Ihm fehlen daher auch alle Verhältnisse, die die Welt des Körperlichen kennzeichnen: das Oben und Unten, das Vorne und Hinten, das Rechts und Links und der Mittelpunkt[59]. Ihm fehlt schließlich der Charakter des Seienden, der nur dem Körperlichen zugesprochen wird, und deswegen wird es auch οὐκ ὄν genannt. Das bedeutet aber nicht, daß es ein Nichtiges ist. Denn seiend und nicht seiend, ὄν und οὐκ ὄν, sind für die Stoiker nicht die obersten Kategorien, sondern beide umfaßt die allgemeinste und leerste Kategorie: das Etwas, τί.

Angesichts der kurz skizzierten Prämissen dieser Theorie verliert ALEXANDERS Einwand seine Schärfe, wenn er sich gegen das außerkosmische Nichts richtet, in das selbstverständlich keine Hand ausgestreckt werden kann, ohne vernichtet zu werden. Das Leere, κενόν, bleibt ja nicht ewig leer, sondern bildet die Bedingung der Möglichkeit für körperliche Besetzungen und Erfüllungen, unter die auch die Ausstreckung einer Hand gehören könnte. Außerdem betrachtet SIMPLIKIOS selbst den Einwand gegen die physische Möglichkeit des Experiments als nicht notwendig, da wir auch Hypothesen des Unmöglichen aufzustellen pflegen, um die logische Folgerichtigkeit eines Arguments aufrechtzuerhalten. In dieser Hinsicht verweist er auf PLATON selbst, der im *Timaios*[60] einen Mann hypothetisch an den feurigsten Standort des Weltalls versetzt und ihn Teile des Feuers auf einer Waagschale abwägen läßt, um nachzuweisen, daß es keinen natürlichen Ort

58 CLEOMEDES, ebd. Aa4, 11 (= SVF II 541): ἔστι δὲ ἁπλουστάτη αὐτοῦ ἡ ἐπίνοια, ἀσωμάτου τε καὶ ἀναφοῦς ὄντος, καὶ οὔτε σχῆμα ἔχοντος οὔτε σχηματιζομένου, καὶ οὔτε τι πάσχοντος οὔτε ποιοῦντος, ἁπλῶς δὲ σῶμα δέχεσθαι οἵου τε ὄντος.

59 CLEOMEDES, ebd. Aa8, 13.

60 *Timaios* 63b. Auch PHILOPONOS, *Commentaria in Phys.* (VITELLI), 574, 23, trotz seiner Antithese zu SIMPLIKIOS, vertritt dieselbe Ansicht, daß man nämlich oft Unmögliches hypothetisch ansetzt, um einen Einblick in die an sich seiende Natur der Dinge selbst zu bekommen (ἐπείτοι γε τοῦ συνιδεῖν ἕνεκα τὴν τῶν πραγμάτων αὐτῶν καθ' αὑτὰ φύσιν καὶ τὰ ἀδύνατα πολλάκις ὑποτιθέμεθα). In dieser verweist er auf ARISTOTELES, *de caelo* B13, 295a10, der gedanklich (λόγῳ) den Himmel stillstehen läßt, um die Behauptung zu prüfen, ob der Umschwung des Himmels der Grund des Beharrens der Erde sei oder nicht. Ebenso verweist er auf PLATON, der im *Timaios* den Urheber der kosmischen Ordnung von dem Kosmos gedanklich abtrennt, um zu suchen, wie das Weltganze an sich aussehen würde, wenn es sich vom Gott losgelöst hätte.

für oben und unten gibt im Gegensatz zu ARISTOTELES, der daran festhält. ARISTOTELES entwirft seinerseits eine ähnliche Hypothese: «Wenn man nämlich die Erde dorthin versetzte, wo jetzt der Mond ist...»[61].

Was SIMPLIKIOS dem ALEXANDER einräumt, ist, daß die stoische Hypothese darauf hinausläuft, «als ob jemand versuchen würde, die Hand in das Nichts auszustrecken; denn sollte er sie ausstrecken können, dann gibt es den Ort, der sie aufnimmt und nicht das Nichts; oder sollte er sie nicht ausstrecken können, dann gibt es das daran Hindernde. Die Hypothese ist also absurd und antizipiert das Gesuchte durch die Einbildungskraft, daß es nämlich etwas außerhalb des Weltalls gibt, gleich ob Leeres oder Festes»[62]. Das heißt, SIMPLIKIOS entdeckt, daß der Beweis das Prinzip der Voraussetzungslosigkeit verletzt, indem er das zu Beweisende als Beweisgrund voraussetzt. Er entdeckt mit anderen Worten eine petitio principii, die zugegeben werden könnte, wenn er wenigstens die Voraussetzungen der stoischen Kosmologie eingehalten hätte. Nun verfällt SIMPLIKIOS selbst derselben Tendenz wie ALEXANDER, das stoische μὴ ὄν als das pure Nichts zu denken, weil er von derselben Voraussetzung ausgeht, daß das Weltall, πᾶν, mit dem κόσμος zusammenfällt, außerhalb dessen nur das absolute Nichts ist. Dabei vergißt er, daß das stoische Weltall, πᾶν, Körperliches und Körperloses, Begrenztes und Unbegrenztes, Kosmos und Nichts in der Weise des leeren Raumes umfaßt und als solches ist es mehr als das aristotelische πᾶν, selbst wenn dieses «mehr» ein Unbegrenztes ist. Denn das Leere als Körperloses, ἀσώματον, ist wohl unbegrenzt, aber diesen Unbegrenztheitscharakter gibt es gleich auf, sobald es vom Weltkörper begrenzt und erfüllt wird, ohne selbst Körper zu werden. Wenn aber das Erfüllende und Begrenzende aufgehoben wird, dann stellt sich der Unbegrenztheitscharakter wieder her[63]. Das heißt, das Leere, κενόν, gibt gleichsam der Körperwelt die Bedingung der Möglichkeit für deren Begrenzung und Entgrenzung, Kontraktion und

61 ARISTOTELES, *de caelo* Δ 3, 310b3 (übers. nach GIGON).

62 SIMPLIKIOS *in de caelo*, 285, 23: ὁμοία ἡ ὑπόθεσις, ὡς εἴ τις εἰς τὸ μὴ ὂν ἐκτείνειν ἐπιχειροίη τὴν χεῖρα· εἴτε γὰρ ἐκτείνοι, ἔστι τις τόπος ὁ δεχόμενος καὶ οὐκέτι τὸ μὴ ὄν, εἴτε μὴ δύναιτο ἐκτείνειν, ἔστι τὸ κωλῦον· ἄτοπος οὖν ἡ ὑπόθεσις καὶ τὸ ζητούμενον προλαμβάνουσα τῇ φαντασίᾳ, ὅτι ἔστι τι τοῦ παντὸς ἐκτὸς ἢ κενὸν ἢ στερέμνιον. Vgl. SIMPLIKIOS *in Phys.* 468.

63 STOB. *Ecl. I* 184 (DIELS, *Doxogr. Gr.* 460), fragm. 25 (= SVF II 503): κατὰ γὰρ τὴν αὑτοῦ (τοῦ κενοῦ) ὑπόστασιν ἄπειρόν ἐστι. περατοῦται δ᾽αὖ τοῦτο ἐκπληρούμενον. τοῦ δὲ πληροῦντος ἀρθέντος οὐκ ἔστιν αὐτοῦ νοῆσαι πέρας. Siehe V. GOLDSCHMIDT, *Le système stoïcien et l'idée de temps* (Paris 1953) 26–27, an dessen Interpretation des κενόν ich mich anschließe. Vgl. dazu E. BRÉHIER, *La théorie des incorporels dans l'ancien stoïcisme* (Paris 1962) 49. Vgl. CLEOMEDES, *de motu circ. corp. cael.* Aa. 4 (ZIEGLER).

Dilatation, je nachdem ob sie sich in der Phase der διακόσμησις (Begrenzung) oder der Entgrenzung (ἐκπύρωσις) befindet. Daß der Kosmos dabei Gefahr läuft, in bezug auf das Leere relativiert zu werden, das nimmt ALEXANDER zum Anlaß, um neue Einwände gegen die Hypothese der stoischen Kosmologie zu erheben. Er verfährt auch hypothetisch, indem er bei dem Gegenteil seiner Grundthese ansetzt: «Nehmen wir an, wenn überhaupt möglich, daß außerhalb des Kosmos Leeres existiert. Dann ist dieses entweder begrenzt oder unbegrenzt. Ist es begrenzt, so muß es durch etwas begrenzt werden, wobei wiederum bei dieser Grenze des Leeren dieselbe Frage gestellt werden kann: Wird man die Hand ausstrecken können oder nicht? Was werden sie dazu sagen? Wenn es nun Unbegrenztes gäbe (ἄπειρον), wie CHRYSIPPOS meint, und wenn sie als leere Extensionalität (κενὸν διάστημα) das bezeichnen, was in sich Körper aufnehmen kann, aber sie nicht aufgenommen hat, und wenn es weiterhin bei den Relationen (πρός τι) notwendig ist, beim Vorhandensein des einen Relationsgliedes, auch das andere Relationsglied zu setzen – dann ist daraus zu folgern, daß wenn das Aufnahmefähige da ist, auch dasjenige, was aufgenommen werden kann, wirklich oder möglicherweise da sein müßte. Weder sie selbst aber behaupten die Existenz eines unbegrenzten Körpers, noch gibt es einen solchen wirklich, der vom unbegrenzten Leeren aufgenommen werden kann. Also gibt es auch das Aufnahmefähige selbst nicht (οὐδ' ἄρα τὸ οἷόν τε δέξασθαι ἔστιν αὐτό)»[64].

ALEXANDERS Einwand scheint jetzt an den Nerv der Sache zu rühren. Denn die stoische Hypothese des Leeren außerhalb des Kosmos impliziert auch ein Verhältnis des Kosmos zum Leeren, welches zu seiner Relativierung unbedingt führen muß[65]. Das widerspräche dann der stoischen Grundthese, dergemäß zwischen Körperlichem und Körperlosem kein Bezug besteht. Diese Schwierigkeit scheinen die Stoiker eingesehen zu haben, deswegen bemühen sie sich, wie es E. BRÉHIER richtig erkannt hat[66], nicht die Relationsglieder Kosmos und Leeres, beziehungsweise σῶμα und ἀσώματον, sondern die Relation als solche aufzuheben[67]. Das führt sie dazu, selbst die Worte, die ein In-sein-Verhältnis (ἔν τινι) bezeichnen, zu vermeiden. So sagen sie nicht, daß die Welt im Leeren ist, wie man von Dingen sagt, daß sie im Raume oder in der Welt sind. Denn das Leere kann keinen Körper enthalten.

64 ALEXANDER bei SIMPLIKIOS *in de caelo* 285, 27ff.
65 Vgl. E. BRÉHIER, *La théorie des incorporels...*, 50.
66 BRÉHIER, op. cit. 50.
67 BRÉHIER, op. cit. 50.

Statt also zu sagen, daß die Welt im Leeren ist, gebrauchen sie die Wendung: das Leere ist außerhalb der Welt. Dadurch erhält das «außerhalb» (ἐκτός, ἔξω τοῦ κόσμου) eine Schlüsselbedeutung für ihre Kosmologie.

BRÉHIER weist in diesem Zusammenhang auf dieselben Schwierigkeiten hin, die auch KANT das Problem der Weltbegrenzung in der ersten kosmologischen Antinomie bereitet hat. KANT wendet auch den apagogischen Beweis an: «Was das zweite betrifft, so nehme man zuvörderst das Gegenteil an, daß nämlich die Welt dem Raume nach endlich und begrenzt ist: so befindet sie sich in einem leeren Raum, der nicht begrenzt ist. Es würde also nicht allein ein Verhältnis der Dinge *im Raum*, sondern auch der Dinge *zum Raume* angetroffen werden. Da nun die Welt ein absolutes Ganzes ist, außer welchem kein Gegenstand der Anschauung, und mithin kein Korrelatum der Welt, angetroffen wird, womit dieselbe im Verhältnis stehe, so würde das Verhältnis der Welt zum leeren Raum ein Verhältnis derselben zu keinem Gegenstand sein. Ein dergleiches Verhältnis aber, mithin auch die Begrenzung der Welt durch den leeren Raum, ist nichts; also ist die Welt, dem Raume nach, gar nicht begrenzt, d.h. sie ist in Ansehung der Ausdehnung unendlich»[68]. Die Kantische Folgerung, daß die Welt räumlich unbegrenzt ist, würden allerdings die Stoiker nicht akzeptieren, weil sie das Wesen der Welt in ihrer räumlichen Begrenzung sehen. Daß sie aber im weiteren Verlauf ihrer Schulrichtung wegen der aufgebauschten Schwierigkeiten Korrekturen an ihre Theorie des leeren Raumes anbringen mußten, das bestätigen die Theorien von PANAITIOS und POSEIDONIOS, auf die BRÉHIER hinweist[69].

ALEXANDER jedoch läßt nicht davon ab, am Kern dieser Theorie beständig zu nagen. In seiner weiteren Argumentation wendet er das Problem des Leeren außerhalb der Welt in ein Problem des In-seins der Welt im Leeren um, was gerade die Stoiker aufzuheben versucht haben. Das gibt dann Anlaß, entweder an der Interpretation von BRÉHIER oder der von ALEXANDER zu zweifeln. Der Alexander-Text lautet nach dem Bericht von SIMPLIKIOS: «Außerdem, sagt er, wenn die Welt im unbegrenzten Leeren ist (εἰ ἐν κενῷ ἀπείρῳ ὁ κόσμος), was ist der Grund ihres Verharrens, dort, wo sie sich befindet? Denn kein Körper, der einen Bewegungsimpuls hat (ῥοπὴν ἔχον) und sich nicht in seinem natürlichen Ort befindet, vermag zu bleiben, wenn ihn nichts von außen her daran hindert. Bei dem Leeren aber macht es keinen Unterschied, ob dieser Teil des Leeren für den in ihm befindlichen Körper natürlicher Ort ist, jener aber nicht. Wenn aber die

68 KANT, *Kritik der reinen Vernunft* A427, B455.
69 E. BRÉHIER, op. cit. 51.

Welt nicht verharrt, sondern fortbewegt wird, warum soll sie sich dann eher hierhin als dorthin bewegen (τί μᾶλλον ἐπὶ τάδε ἢ τάδε), wenn das Leere undifferenziert hinsichtlich der Richtungen ist? Wenn sie nach allen Richtungen hin getrieben wird, dann könnte sie auseinandergerissen werden. Denn vernünftigerweise könnte nicht einmal der Gott sich dagegen wehren. Ist doch er selbst Feuer und als solcher wäre er von der Feuerbewegung mitgerissen»[70]. ALEXANDER argumentiert hier ähnlich wie ARISTOTELES in der *Physik*, der mit DEMOKRIT, ohne sich mit ihm zu identifizieren, die Frage stellt: «Denn warum sollte an irgendeiner Stelle mehr Leere existieren als an einer anderen?»[71]. In seiner weiteren Argumentation bemüht sich ALEXANDER, die πνεῦμα-Lehre, mit der die Stoiker den ewigen Zusammenhalt und die Einheit des Kosmos nachzuweisen versuchen, ad absurdum zu führen: «Zu behaupten, sagt er, daß der Kosmos, weil er vom gespannten Pneuma zusammengehalten wird, auch dort, wo er im Leeren hängt, ewig unbewegt sei, ist ein leeres Geschwätz (κενόν-κενολογεῖν!). Denn auch jeder andere Körper, da er vom Pneuma zusammengehalten wird, dürfte keinerlei Ortsbewegung vollziehen. Darüber hinaus würde wohl das Pneuma, da es selbst zusammenhält, dahingehend wirken, daß die Teile dessen, in dem es (Pneuma) ist, nicht auseinandergerissen werden, aber nicht auch dahin, daß sie sich nicht bewegen. Da außerdem das Pneuma selbst beweglich ist und keinem Körper bei seinem natürlichen Bewegungsimpuls (ῥοπή) im Wege steht, ist es falsch, auch noch zu behaupten, daß jeder Körper vom Pneuma zusammengehalten wird. Dies, sagt er, ist von uns anderenorts gezeigt worden»[72].

Dazu bemerkt SIMPLIKIOS: «Alexander beanstandet auch dieses, daß sie (die Stoiker) dem Vorstellungsbild der (ausgestreckten) Hand folgen und das darüber Gesagte für wahr erachten. Wir haben nämlich von vielen und unmöglichen Dingen Vorstellungsbilder. Es könnte in der Tat jeder sich selbst als außerhalb der Stadt stehend und vielfach größer als er ist oder äußerst klein und groß wie ein Hirsekorn vorstellen»[73]. Um das Argument endgültig aus dem Weg zu räumen, bleibt den beiden Kommentatoren nichts

70 ALEXANDER bei SIMPLIKIOS *in de caelo* 286, 6ff.

71 ARISTOTELES, *Phys.* Γ 4, 203b27: τί γὰρ μᾶλλον τοῦ κενοῦ ἐνταῦθα ἢ ἐνταῦθα, übers. nach WAGNER.

72 ALEXANDER bei SIMPLIKIOS *in de caelo*, 286, 15ff.

73 SIMPLIKIOS *in de caelo* 286, 23ff.: διαβάλλει δὲ ὁ Ἀλέξανδρος καὶ τὸ τῇ φαντασίᾳ τῆς χειρὸς ἀκολουθοῦντας ἀληθὲς ἡγεῖσθαι τὸ λεγόμενον. «πολλῶν γάρ, φησί, καὶ ἀδυνάτων φαντασίας ἴσχομεν. καὶ γὰρ ἕκαστος ἑαυτὸν ἔξω τοῦ ἄστεος φαντασθείη ἂν καὶ τὸ μέγεθος πολλαπλάσιον ἢ βραχύτατον καὶ κεγχριαῖον.»

anderes übrig, als es mit einer Ironie zu behandeln, die auch jene übertrifft, die nach zwei Anekdoten dem SOKRATES und dem DIOGENES VON SINOPE (404–323) zugeschrieben wird. Denn als SOKRATES gefragt wurde, ob der Kosmos in seiner Gestalt sphärisch sei, soll er gesagt haben: «Ich habe nicht hervorgeguckt», οὐχ ὑπερέκυψα[74]. Und DIOGENES, als einer über die Himmelserscheinungen sprach, soll ihn gefragt haben: «Wie lange ist es denn her, daß du vom Himmel hierher gekommen bist?»[75] Bei SOKRATES und DIOGENES spürt man jedoch eher das Desinteresse für kosmologische Spekulationen, die die Sphäre des Menschlichen übersteigen, und einen spaßhaften heiteren Ton, während ALEXANDER und SIMPLIKIOS aus ihrer kosmologisch befangenen Sicht das stoische Argument, gleichsam psychologistisch verfahrend, für eine Kapitulation des Denkens vor einem irreellen Bild erklären. ALEXANDER verwechselt ein Gedankenexperiment, das ein Produkt einer wissenschaftlichen Phantasie ist, mit den bloßen Einbildungen (φαντάσματα), die die Stoiker selbst (CHRYSIPPOS, ca. 280–207 v. Chr.) als «ein leeres Reißen» der Seele, διάκενος ἑλκυσμός, bezeichnen, das bei Wahnsinnigen und Melancholikern vorkommt[76]. Es ist jedoch nicht zu leugnen, daß die Theorie des unbegrenzten leeren Raumes, ἄπειρον κενόν, sich nicht total der Kritik und der Revision entziehen konnte, wie es sich in den kosmologischen Neuorientierungen der mittleren Stoa zeigt. So meint POSEIDONIOS, «der leere Raum außerhalb der Welt sei nicht unbegrenzt, sondern ebenso groß, daß er für die Auflösung des Weltstoffs bei der Ekpyrosis genügt»[77]. Andererseits scheint PANAITIOS (170–110 v. Chr.) an der Ekpyrosislehre nicht mehr festzuhalten, um zum alten Dogma von der Unvergänglichkeit und Ewigkeit der Welt, ἀϊδιότητα τοῦ κόσμου, zurückzukehren[78].

Bei allen kosmologischen Umorientierungen und Korrekturen jedoch setzt sich die Theorie des unbegrenzten Raumes erneut durch, und zwar bei dem römischen Dichter und Philosophen LUKREZ (ca. 100–55 v. Chr.), als

74 *Gnomologium Vaticanum* (STERNBACH) 489.

75 DL VI 39: «ποσταῖος, ἔφη, πάρει ἀπὸ τοῦ οὐρανοῦ;». Vgl. *Gnomol. Vatic.* 489. Similiter Diogenes consultus quid in caelis agatur «numquam» inquit «ascendi» (TERTULL. *ad Nat.* II 2, 183 (OEHLER)).

76 *Doxogr. Gr.* (DIELS) 402, 18.

77 AETIUS II 9, 3 (= DG (DIELS), 338b, 18–19: Ποσειδώνιος ἔφησε τὸ ἐκτὸς τοῦ κόσμου οὐκ ἄπειρον, ἀλλ' ὅσον αὔταρκες εἰς διάλυσιν, übers. nach POHLENZ, *Stoa und Stoiker* 294.

78 PHILO, *de aet. mundi*, 76 (COHN), STOBAEUS, *Eclog.* 1, 20 (WACHSMUTH). Vgl. M. VAN STRAATEN, *Panétius, sa vie, ses écrits et sa doctrine avec une édition des fragments* (Amsterdam 1946) 75.

ob sie der poetischen Phantasie bedurft hätte, um zu einer neuen Geltung gelangen zu können.

III

Im Anschluß an die Theorie des Alls und des Leeren von EPIKUR (341–271 v. Chr.), der sich seinerseits an DEMOKRIT (ca. 460–390 v. Chr.) anschließt, verwandelt LUKREZ den epikureischen Gedanken der Unbegrenztheit des Universums auch in dasselbe Gedankenexperiment des ARCHYTAS und der Stoiker, indem er nur das Ausstrecken der Hand durch den Wurf einer flüchtigen Lanze (volatile telum) ersetzt:

Außerdem, gesetzt, man nähme als endlich den ganzen
Raum, der ist: wenn dann zu äußerst einer zum fernsten
Saume rückte vor und würfe den flüchtigen Wurfspieß,
willst du dann mehr, daß von starker Kraft er geschleudert
fliegt, wohin er geschickt, und weiter beschwingt sich entfernet,
oder meinst du vielmehr, es kann etwas hindern und trotzen?
Eines von beiden mußt du gestehen und annehmen sicher.
Beides verschließt dir doch die Ausflucht und zwingt dich
zum Geständnis, daß ohne ein Ende das All sich erstrecke.
Denn mag sein etwas, was hindert und wirksam vereitelt,
daß, wohin er geschickt, er komme und ruhe am Ende,
mag er fliegen hinaus: er ist nicht vom Ende gekommen.
So werde weiter ich gehen, und wo du auch immer den fernsten
Saum ansetzest, werde ich fragen, was schließlich der Spieß macht:
nirgends, so wird es geschehen, wird das Ziel sich zu setzen vermögen
und die Mittel zur Flucht werden immer die Ausflucht verschieben[79].

Es läßt sich nicht leicht ausmachen, ob sich LUKREZ bei dem Bildentwurf direkt von ARCHYTAS oder von den Stoikern hat inspirieren lassen. Denn bei EPIKUR selbst kommt dieses Bild nicht vor. Zwar ist es möglich, daß LUKREZ es den Stoikern entnimmt, weil die Epikureer einerseits die Theorie des leeren Raumes mit den Stoikern teilen, andererseits sie sich von ihnen grundsätzlich darin unterscheiden, daß sie das stoische Dogma der Göttlichkeit der Welt verwerfen. Doch ist eher anzunehmen, daß er sich an das Archytas-Bild anschließt, weil sich ARCHYTAS anscheinend bei den römischen Dichtern eines besonderen Ansehens erfreute, wenn man das unter Absehung vom Zeitunterschied aus den folgenden Versen von HORAZ schließen darf:

79 T. LUCRETII CARI, *de rerum natura* I, 968–983. Übers. nach K. BÜCHNER, *Lukrez, Welt aus Atomen* (Zürich und Stuttgart 1956).

Dich, der Länder und Meer und des Sands unzählige Menge
ausmaß einst, dich umschließt, Archytas,
nun am matinischen Strand nur wenigen Staubes geringe Gabe; zu keinem Gewinne gereicht dir's,
daß du die Räume des Äthers erforscht und im Geiste des Weltalls Rund durchflogst, da der Tod doch dein Los war[80].

Die Anspielung auf das Gedankenexperiment des Pythagoreers scheint mir in dem Ausdruck «im Geiste des Weltalls Rund durchflogst» (animoque rotundum / percurrisse polum) versteckt zu sein. Das bestätigt sich auch durch den vorangehenden Ausdruck «daß du die Räume des Äthers erforscht» (aerias temptasse domos), in dem das Verb *temptare* die Bedeutung des Versuchs und des Probierens deutlich impliziert. Denn ARCHYTAS als mathematisch-technisches Genie, das sich nicht nur mit der reinen Geometrie begnügte, sondern sie auch für die Bewältigung mechanischer Probleme anwendete, womit allerdings PLATON, trotz seines engen Verhältnisses zu ihm, nicht einverstanden gewesen zu sein scheint[81], soll unter anderem auch die Taube aus Holz nachgebildet haben (simulacrum columbae e ligno), die mit Gegengewichten (libramentis) und einem verborgenen pneumatischen Mechanismus (aura spiritus inclusa atque occulta) ausgestattet sich in der Schwebe halten und fliegen konnte[82].

HORAZ aber scheint nicht nur das mechanisch, sondern auch das gedanklich durchgeführte Experiment vor Augen zu haben, womit ARCHYTAS die am begrenzten Kosmos orientierte Raumanschauung ins Unbegrenzte des Weltalls auszuweiten versucht hat. Dafür spricht deutlich der Ausdruck: animoque rotundum / percurrisse polum[83]. Ebenso ist anzunehmen, daß

80 HORAT. C. I 28 (= DK47A3) Übers. nach der Ausgabe von H. FÄRBER, *Horaz Sämtliche Werke, latein. und deutsch* (München 1957) 50:

Te maris et terrae numeroque carentis harenae
mensorem cohibend, Archyta,
pulveris exigui prope litus parva Matinum
munera nec quiquam tibi prodest
aerias temptasse domos animoque rotundum
percurrisse polum morituro.

81 PLUTARCH, *Marc.* 14, *Sympos.* VIII 2, 1, 7 p. 718F. Zitat bei H. DIELS, *Antike Technik* (Leipzig und Berlin 1914) 29, Anm. 2.

82 AULUS GELLIUS X 12, 8 (= DK47B10a).

83 TIMPANARO CARDINI (op. cit. 278) sieht die Anspielung auf das Gedankenexperiment in den Worten: «aerias temptasse domos» gegen MONDOLFO (*Infinito* 217), der sie als Anspielung auf Messungen von Himmelsentfernungen versteht. Eine Unterstützung für meine Auffassung, daß es sich dabei um die Flugversuche von ARCHYTAS handelt,

auch LUKREZ sich von ARCHYTAS' Gedankenexperiment hat anregen lassen, um der Theorie des leeren Raumes ein anschauliches Fundament zu liefern. Es steht jedoch außer Zweifel, daß die eigentlichen philosophischen Prämissen dieser Theorie weder bei den Pythagoreern noch bei den Stoikern, sondern bei EPIKUR und dessen Kosmologie zu suchen sind. Denn EPIKUR verkörperte für ihn die lebendige Kraft des Geistes (vivida vis animi), mit der er weit über die flammumlohten Mauern des Weltalls hinausging (extra / processit longe flammantia moenia mundi)[84] und im Geiste und gedanklich das immense Weltall durchstreifte:

atque omne immensum peragravit mente animoque[85].

EPIKUR gehört in der Tat zu den Kosmologen des Hellenismus, die am konsequentesten ihre Welttheorie auf dem Gedanken des leeren Raumes und der Unbegrenztheit des Universums aufbauen. Zwar übernimmt er ihn zusammen mit dem Atomgedanken von DEMOKRIT, aber das ist nicht so entscheidend, da bereits Pythagoreer und Stoiker mit ihm intensiv umgegangen sind. Wichtig ist vielmehr das Argument, das er zur Begründung dieses Gedankens neu ins Feld führt und das in kurzer Form folgendermaßen lautet: «Außerdem ist das Universum (πᾶν) unbegrenzt. Denn das Begrenzte läuft in einen äußersten Punkt aus (ἄκρον ἔχει). Dieser äußerste Punkt aber kann nur ins Auge fallen, wenn er gegen etwas anderes außer ihm abgehoben wird (παρ'ἕτερόν τι θεωρεῖται). Also, da es (nämlich das Universum, τὸ πᾶν) keinen äußersten Rand hat, so hat es auch keine Grenzen, und da es keine Grenze hat, so könnte es nicht anders als grenzenlos und nicht begrenzt sein (ἄπειρον ἂν εἴη καὶ οὐ πεπερασμένον)»[86]. Ihm folgt auch LUKREZ, in-

finde ich bei G. BOFFITTO (zitiert bei CARDINI, op. cit. 291). Die Andeutung auf das Experiment möchte ich allein in den Worten «animoque rotundum percurrisse polum» sehen.

84 LUKREZ, *d.r.n.* I, 73. Der Ausdruck erinnert an die Feuerhülle der epikureischen Kosmologie, die sich an der Spitze eines Atomwirbels (δίνη, turbo) bildet, und ist kein bloßer poetischer Ausdruck. So interpretiert C. BALEY, *Lucreti Cari, De rerum natura, Commentary* (London 1963) 612.

85 LUKREZ, *d.r.n.* I, 72–74.

86 EPIKUR, *Brief an Herodot* 41 (USENER). USENER (XVIII) vermutet nach dem θεωρεῖται das Auslassen eines Satzes: ἀλλὰ μὴν τὸ πᾶν οὐ παρ'ἕτερόν τι θεωρεῖται wegen eines Homöoteleuton: θεωρεῖται – θεωρεῖται und stützt seine Ergänzung auf eine Cicero-Stelle *de divin.* II 50. 103: at quod omne est, id non cernitur ex alio extrinsecus. BALEY aber (*Epicurus. The extant remains* [Hildesheim und New York 1970] 184) stimmt mit BIGNONE überein, daß in einer kurzen Epitome ein Glied des Arguments wohl ausgelassen werden konnte. – Die Vorform des epikureischen Arguments findet sich in noch kürzerer Fassung bei ARISTOTELES, *Physik* Γ 4, 203b 20, aber sie wird nur als einer der fünf Gründe angeführt, die zur Konzeption des Unbegrenzten, ἄπειρον, geführt haben, ohne daß sich

dem er ihm zugleich klarere Konturen gibt:

Also, was ist das All, ist in keiner Richtung der Straßen
endlich begrenzt; sonst müßte es doch ein Äußerstes haben.
Äußerstes weiter scheint von nichts es geben zu können,
wenn nicht darüber hinaus etwas ist, was begrenzte, so daß sich
zeigte, wohin nicht weiter der Sinne Natur würde folgen.
Weil aber über die Summe hinaus nichts ist, wie man zugibt,
hat sie ein Äußerstes nicht, entbehrt also Endes und Maßes[87].

CICERO äußert sich gleichfalls sehr positiv über das epikureische Argument und führt es als Beispiel einer Schlußfolgerung an, in der das Bezweifelte aus nicht bezweifelten Vordersätzen gezogen ist im Gegensatz zu den Schlüssen der Dialektiker, von denen ihnen keiner zugestanden wird: «Siehst du wohl, wie Epicurus, den die Stoiker stumpfsinnig und ungebildet schalten, von dem, was wir in der Natur das All (omne) nennen, schließt, daß es ein Unbegrenztes sei? Was begrenzt ist, sagt er, hat ein Äußerstes. Wer gesteht dies nicht zu? – Was aber ein Äußerstes hat, das kann außerhalb von einem andern angeschaut werden. Auch dies muß man zugestehen. – Das All aber wird nicht von außenher durch einen andern angeschaut. Auch das kann man nicht leugnen. Da es also nichts Äußerstes hat, muß es unbegrenzt sein. – Siehst du wohl, wie er von zugestandenen Sätzen zu dem, was bezweifelt wird, gelangt?»[88] Der Vorzug des epikureischen Arguments liegt in der Tat darin, daß es an das Zeugnis der unmittelbaren sinnlichen Anschauung appelliert, um zum Unsinnlichen fortzuschreiten. LUKREZ geht von diesem Hintergrund aus, um dem Problem der Unbegrenztheit des Universums diejenige Form zu geben, die die größtmögliche Anschaulichkeit mit sich bringt, ohne jedoch eine Bestätigung oder Widerlegung durch das Zeugnis der Sinne zu erwarten. Die sich wiederholende Bewegung des Wurfs des Speers, ohne ein bestimmtes Ziel erreichen zu können, dient lediglich dazu, die Wiederholbarkeit und Fortsetzbarkeit der Raumerfahrung *innerhalb* des begrenzten Raumes des Weltalls in die Augen der Phantasie springen zu lassen, um dadurch *indirekterweise* die Unbegrenztheit des Universums geltend zu machen. Ich verstehe daher nicht, warum PETER-RUDOLF

ARISTOTELES damit identifiziert: ἔτι τῷ τὸ πεπερασμένον ἀεὶ *πρός τι* περαίνειν, ὥστε ἀνάγκη μηδὲν εἶναι πέρας, εἰ ἀεὶ περαίνειν ἀνάγκη ἕτερον πρὸς ἕτερον. Vgl. PHILOPONOS, *Commentaria in Phys.* (VITELLI) 572, 10: ἕτερον γὰρ τὸ πεπεράνθαι καὶ τὸ ἅπτεσθαι, καὶ τὸ μὲν πρός τι, τὸ ἅπτεσθαι, τὸ δὲ οὔ, denn das Begrenztsein und Berühren sind zweierlei, letzteres, nämlich das Berühren, eine Relation, ersteres aber nicht.

87 LUKREZ, *d.r.n.* I 958–964, übers. nach K. BÜCHNER.

88 CICERO, *de divinatione* (AX) II 50, § 103; übers. nach F. JACOBS.

SCHULZ sich über das merkwürdige Schlußverfahren, mit dem LUKREZ hier die Unendlichkeit zu fassen versucht, wundern muß[89].

SCHULZ sieht darin weder eine Analogie noch einen indirekten Beweis, sondern nur ein äußerlich durchgeführtes Gedankenexperiment, das in bedenklicher Weise aufgebaut wird. Denn LUKREZ «läßt ganz unbedenklich seinen Gegner den Speer nach draußen werfen, obwohl es weder ein Draußen gibt noch ein Ziel (V. 978), noch überhaupt Raum, durch den der Speer fliegen kann. Dennoch läßt er auf der anderen Seite einen Körper sich in den Weg des Pfeiles stellen, obwohl doch weder ein Körper außerhalb des Raumes sein kann, noch überhaupt Raum, in dem der Körper sein kann. Was ist das für ein Denken? Man muß es aussprechen: um die Unendlichkeit des Raumes zu beweisen, setzt LUKREZ sie bereits voraus»[90].

SCHULZ wiederholt im Grunde genommen den alten Vorwurf der petitio principii, der dem stoischen Argument bereits von ALEXANDER und SIMPLIKIOS gemacht wurde. Dabei verfällt er aber derselben Mißdeutung des unbegrenzten Raumes, den er als ein pures Nichts, μηδέν, auffaßt, obwohl das κενόν weder bei den Pythagoreern noch bei den Atomisten, noch bei den Stoikern, noch bei den Epikureern mit dem absoluten Nichts gleichgesetzt werden kann. Wohl wird das κενόν von DEMOKRIT als μηδέν und von den Stoikern als nichtseiend, οὐκ ὄν, angesprochen, aber dieses Nichtseiend oder ἀσώματον hört damit nicht auf, den gleichen Seinsrang mit dem Seienden zu haben. Dafür spricht deutlich der Satz DEMOKRITS: «das Nichts existiert ebensosehr wie das Ichts» (μὴ μᾶλλον τὸ δὲν ἢ τὸ μηδὲν εἶναι)[91]. Es handelt sich dabei um eine *prinzipielle* Gleichrangigkeit, weil das eine, der Körper, σῶμα, nicht ohne das andere, Leeres, κενόν, aufgefaßt werden kann. Denn das κενόν ist sowohl für DEMOKRIT als auch für EPIKUR eine bestimmte Natur und hat eigenen Bestand (φύσιν τινὰ καὶ ὑπόστασιν ἰδίαν), wie es von PLUTARCH erläutert wird[92]. EPIKUR äußert sich noch klarer darüber in seinen Grundsätzen über die nichtoffenbaren Dinge (ἄδηλα): «Nichts wird aus dem Nichtseienden (οὐδὲν γίνεται ἐκ τοῦ μὴ ὄντος)... und wenn das Verschwindende ins Nichtseiende unterginge, dann wären schon alle Dinge zugrunde gegangen, da das, worin sie sich auflösten, nichts wäre»[93]. Dazu muß man auch noch folgende Sätze berücksichtigen: «Wenn es andererseits

89 P.-R. SCHULZ, *Das Verständnis des Raumes bei Lukrez*, Tijdschrift voor Philosophie *20* (1959), 44ff.
90 SCHULZ, ebd. 44.
91 PLUT., *adv. colot.* 4 p. 1108F (= DK68 B156, 18).
92 PLUT. ebd.
93 *Brief an Herodot* 34–39 (USENER), übers. nach GIGON.

jenes nicht gäbe, das wir das Leere, den Raum und die unberührbare Natur nennen, so gäbe es nichts, wo die Körper wären und worin sie sich bewegten, so wie man sie sich bewegen sieht»[94]. Mit allen diesen Sätzen, glaube ich, will EPIKUR unmißverständlich erklären, daß es wohl gegen die Interpretation von SCHULZ Raum gibt, «in dem der Körper sein kann», weil die Funktion des Leeren gerade die ist, Grund und Bedingung der Möglichkeit nicht für das Sein, sondern für die Bewegung der Körper zu sein. Es bildet, mit anderen Worten, das Medium, das Worin oder das Wodurch (δι' οὗ), das die Bewegung der Körper ermöglicht. Die ontologische Selbständigkeit von Leerem und Körper, σώματα und κενόν, hat nur den Sinn, daß sie in ihrem prinzipiellen Charakter nicht voneinander ableitbar sind. Was aber die Bewegung der Körper betrifft, so läßt sie sich nicht anders in ihrer Phänomenalität begreifen als durch einen Rückgang auf deren unphänomenalen (ἄδηλον) Grund, der das Leere, τὸ κενόν, ist. Die Existenz des Leeren gehört also zu den unabdingbaren Voraussetzungen der epikureischen Kosmologie, die auch LUKREZ mit übernimmt. Die Unbegrenztheit dieses Leeren braucht eigentlich nach LUKREZ nicht extra bewiesen zu werden, da sie für sich selbst spricht und sich aus der Natur des Leeren ergibt[95]. Wenn er es trotzdem tut, so richtet sich sein indirekter Beweis nur an die Adresse derjenigen, die sie in Frage stellen. Zwar begeht er dabei die ihm vorgeworfene petitio principii, da er das zu Beweisende schon voraussetzt, aber diese Schwäche trifft alle indirekten Beweise, die das Gegenteil widerlegen wollen. Diese Schwäche braucht aber nicht so breit ausgeschlachtet zu werden, um auch die Natur des Leeren zu verdunkeln. Denn es ist einfach nicht richtig, daß es im Hinblick auf das Leere kein Draußen gibt, wie SCHULZ behauptet[96], da das Leere nichts anderes ist als das Außerhalb des Begrenzten, das Außerkosmische schlechthin:

da draußen die Summe des Raumes
ohne Begrenzung ist, entfernt von den Mauern der Welt hier[97].

Dieses Außerkosmische schlechthin aber kann nicht noch einmal von außen her angeschaut werden, da es den Inbegriff und die Bedingung des Außenseins darstellt.

94 *Brief an Herodot* 40 (USENER): εἰ (δὲ) μὴ ἦν ὃ κενὸν καὶ χώραν καὶ ἀναφῆ φύσιν ὀνομάζομεν, οὐκ ἂν εἶχε τὰ σώματα ὅπου ἦν οὐδὲ *δι' οὗ* ἐκινεῖτο, καθάπερ φαίνεται κινούμενα.

95 LUKREZ II, 1050f: «... res ipsaque per se/vociferatur, et elucet natura profundi».

96 SCHULZ, ebd. 44.

97 LUKREZ II, 1044–45: «cum summa loci sit / infinita foris haec extra moenia mundi», übers. nach K. BÜCHNER.

Ebensowenig ist es verständlich, warum die von SCHULZ selbst stark hervorgehobene Bildlichkeit des Lukrezschen Verfahrens zum Anlaß genommen werden muß, um ihm den logischen Charakter rundweg abzusprechen. Ist doch auch das Archytas-Argument, an das sich LUKREZ anscheinend anschließt, auch ein Bild, das nicht die Kapitulation, sondern die Konkretisierung des Denkens fordert. Und bestehen die Beweise des ZENON VON ELEA (um 460 v. Chr.) gegen die Bewegung nicht ebenso aus starken bildlichen Elementen (das Pfeil-, das Achilles-, Schildkröten- und das Stadionargument), deren Bildlichkeit der logischen Schärfe keinen Abbruch tut? Beide, ZENON und ARCHYTAS, denken in einer Zeit, in der die abstrakte Logik noch nicht systematisiert und kodifiziert worden ist. Die Paradoxie und der apagogische Beweis sind die Hauptformen, deren sie sich bedienen, um allgemein anerkannten Grundsätzen zu widersprechen. So widerspricht auch das Archytas-Lukrez-Argument dem Grundsatz, der die Begrenztheit des Kosmos auf das Weltall, das Universum als solches überträgt, ohne das unbegrenzte Leere mit ins Auge zu fassen. Es ist überhaupt der Anfang der Logik und der Dialektik, ganz zu schweigen von der Mathematik, der sich in solchen Denkformen bekundet, und deswegen ist es mir unbegreiflich, daß man diese Denkformen als unlogisch betrachtet. Zwar gehört LUKREZ, zeitlich gesehen, nicht mehr in diesen Anfang, wohl aber gedanklich, sofern er sich eines Arguments bedient, das aus dieser Denkform hervorgegangen ist.

## IV

Sofern nun die Absicht der vorliegenden Arbeit darin liegt, die Wirkungsgeschichte des Archytas-Arguments möglichst genau nachzuzeichnen, so gehört es auch zu ihrer Aufgabe, nach den Spuren dieses Arguments über die Antike hinaus Ausschau zu halten. Ich muß aber gestehen, daß es mir nicht gelungen ist, *vor* GIORDANO BRUNO (1548–1600) Philosophen zu finden, die es in ihren Denkansatz aufgenommen haben. Das ist leicht zu erklären. Bei der Beherrschung der mittelalterlichen und der Renaissance-Kosmologie durch das aristotelische und platonische Weltbild ist kaum zu erwarten, daß der Gedanke der Unendlichkeit des Alls nennenswerte Chancen gehabt hätte, sich durchzusetzen, es sei denn bei solchen Geistern, die es gewagt hätten, den kosmologischen Horizont ihrer Zeit zu durchbrechen, um die aus ihm verbannte Unendlichkeit mit neuem Impetus und neuen Beweisführungen wiederherzustellen und wesentlich zu vertiefen. Zu diesen Geistern gehört zweifellos auch GIORDANO BRUNO sowohl durch seinen dichterischen als auch durch seinen spekulativen Genius. Dieser Doppeleigenschaft verdankt er seine Nähe zu LUKREZ, die sich vor allem in seiner Schrift *Zwiegespräche vom unendlichen All und den Welten* bekundet[98]. Das Lukrez-Bild kommt schon in dem ersten Dialog vor, in dem die Frage an ARISTOTELES gestellt wird: Wo ist die Welt, wo befindet sich das All? Aus der Unmöglichkeit der Vorstellung, daß die Welt nur in sich selber und von nichts anderem umfaßt sei, zieht BRUNO den ironischen Schluß, daß Himmel und Welt im Nichts, also nirgendwo sich befinden. Das zwingt ihn, auf die im Lukrez-Argument (I, 968–979) enthaltene Frage, deren Wortlaut ich nicht mehr zu zitieren brauche, Bezug zu nehmen, um seine These vom unendlichen All zu fundamentieren[99]. Obwohl er auf das Argument nicht näher eingeht, so geht doch aus seiner Fragestellung klar hervor, daß er in dessen Bahn steht, wenn er die peripatetische These vom «konvexen» und «konkaven» Raum unter die Lupe nimmt, um die in ihr liegenden Widersprüche aufzudecken. Denn ist der Raum nach ARISTOTELES «die Oberfläche eines umfassenden Körpers»[100], dann erweist er sich bei einer kritischen Betrachtung als nur umschließend, selber aber von nichts umschlossen[101]. «Doch mag es sich mit jener Oberfläche verhalten, wie es will – ich werde stets die Frage wiederholen: Was ist jenseits derselben?»[102]. Sollte der peripatetische Gegner antworten: das Nichts, so entgegnet ihm BRUNO, daß er damit nur ein Leeres, Inhaltloses meint, das selber nach außen keine Schranken hat, wohl aber nach innen begrenzt ist, und das findet er als viel schlimmer zu denken, als daß das All unendlich und unbeschränkt sei. «Denn dem leeren Raum können wir doch nicht entgehen, wenn wir auch das All als endlich setzen»[103].

Diese Ausführungen von BRUNO sollen nicht dahingehend aufgefaßt werden, als ob er auch die andere These der Epikureer mit übernähme, die das All entgöttlicht, selbst wenn die Götter weiterhin in ihm beheimatet bleiben, ohne jedoch auf es Einfluß zu nehmen. Denn BRUNO hätte den unendlichen Raum nicht aus bloßer Hochachtung vor der räumlichen Ausdehnung gefordert, wenn er in diesem Raume nicht zugleich das unendliche Spiegelbild der unendlichen Erhabenheit, das heißt Gottes, erblickt hätte. Aus dem

98 GIORDANO BRUNO, *Zwiegespräche vom unendlichen All und den Welten*, übers. von L. KUBLENBECK (Jena 1892).
99 BRUNO, op. cit. 9.
100 ARISTOTELES, *de caelo* Δ 3, 310b 7f.: ὁ τόπος ἐστὶ τὸ τοῦ περιέχοντος πέρας, vgl. *Phys.* Δ 2, 209 b 28f. (ὁ τόπος οἷον τὸ ἀγγεῖον).
101 BRUNO, op. cit. 37.
102 BRUNO, op. cit. 37f.
103 BRUNO, op. cit. 38.

Begriff der unendlichen Entfaltung der Erhabenheit in unzählige Stufen der Vollkommenheit, den er dem CUSANUS (1401–1464) verdankt, leitet er auch seine Forderung nach einem unendlichen Raum ab zur Aufnahme der unzähligen Weltkörper. Damit beginnt BRUNO schon die Unendlichkeit des Alls angesichts der Gottesunendlichkeit einzuschränken: «Ich nenne das All als Ganzes unendlich, weil es ohne Rand ist, keine Schranke, keine Oberfläche hat; ich sage aber, das All ist nicht absolut und völlig unendlich, weil jeder Teil, den wir von ihm erfassen können, begrenzt und jede einzelne der unzähligen Welten, die es in sich begreift, begrenzt ist. Ich nenne Gott in seiner Ganzheit unendlich, weil er jegliche Grenze von sich ausschließt und jedes seiner Attribute einzig und unendlich ist, und ich nenne Gott absolut und völlig unendlich, weil er überall ganz ist in der ganzen Welt und in jedem ihrer Teile unendlich und völlig allgegenwärtig ist – im Gegensatz zur Unendlichkeit des Weltalls, welches letztere vollkommen nur im Ganzen ist und nicht in jedem seiner Teile, wenn überall mit Bezug auf das Unendliche das ein Teil genannt werden darf, was wir von ihm erfassen können»[104].

Auf diese Differenz zwischen der Unendlichkeit Gottes und des Alls muß man achten, wenn man der Gefahr entkommen will, die Wirkung des Lukrez-Arguments auf BRUNO unbeschränkt anzusetzen. Darin sind eher die Züge eines christlich gefärbten Platonismus zu erkennen, sofern der Akzent auf die Abbildlichkeit des Weltalls gelegt wird. PLATON aber lehrt betont die Einzigkeit des Kosmos, die er von der Einzigkeit des Weltmodells des Demiurgen ableitet, während BRUNO den Gedanken der Abbildlichkeit mit dem der Vielheit der Welten in eine seltsame Allianz bringt, für deren Auflösung die Fanatiker seiner Zeit nur ein wirksames Argument wußten – die Flammen des Scheiterhaufens.

Der zweite Aspekt der Wirkung des Archytas-Arguments kommt aus einer ganz anderen philosophischen Richtung der Neuzeit, aus dem englischen Empirismus, und zwar aus der Feder seines Hauptvertreters JOHN LOCKE (1632–1704). Im Zuge seiner Untersuchungen über die empirische Genealogie der Erkenntnis, und zwar über die Genesis der einfachen Modi der Idee des Raumes – Idee ist hier nicht im objektiven, sondern im subjektiven Sinne zu verstehen – entdeckt LOCKE die Quelle der Idee der *Unendlichkeit* des Raumes im menschlichen Vermögen, 1. jegliche Idee einer Entfernung, sooft man will, zu wiederholen und zu verdoppeln, 2. die räumlichen

104 BRUNO, op. cit. 48f.

Gestalten bis ins Unendliche zu variieren und zu vervielfachen[105]. Von dem *Ort* des Universums aber, so sagt LOCKE ausdrücklich, können wir keine Idee haben, weil die Idee des Ortes nur die Relation des Abstandes eines Gegenstandes von bestimmten Punkten und die besondere Lage der Dinge im Bezug auf einen gegenwärtigen Zweck bezeichnet, was für den Alltagsgebrauch von Nutzen ist. Eine Idee vom Ort des Universums gibt er nur im Hinblick auf dessen Teile zu[106]. «Denn über das Universum hinaus haben wir keinerlei Idee von feststehenden, deutlich abgegrenzten Dingen, zu denen unsere Vorstellung das Weltall in eine Relation setzen könnte; vielmehr gibt es jenseits des Weltalls nichts als den einförmigen Raum oder die bloße Ausdehnung, in der der Geist keinerlei Unterschiede, keinerlei Merkmale findet. Denn wenn man sagt, die Welt sei irgendwo, so besagt das nichts weiter als daß sie existiert, eine Ausdrucksweise, die zwar vom Ort hergenommen ist, aber nur die Existenz, nicht die örtliche Lage bezeichnet»[107]. Das läge in dem unklaren Sinn des Wortes «Ort», daß er «für den Raum verwendet wird, den ein Körper einnimmt; insofern befindet sich das Weltall allerdings an einem Ort»[108].

Indem LOCKE nun die Idee des Raumes in ihren Komponenten weiter untersucht, kommt er auch auf die Idee des Vakuums, und hier setzt er gleich bei dem bekannten Archytas-Argument an, ohne allerdings auch die Bezugsquelle zu nennen: «Wenn man die Körperwelt nicht als unendlich ansieht (und ich denke, niemand wird das tun wollen), so fragt es sich, ob ein Mensch, den Gott an die äußerste Grenze der körperlichen Dinge versetzt hätte, imstande sein würde, die Hand über seinen Körper hinaus auszustrecken. Wenn er es könnte, so würde er den Arm dahin bringen, wo vorher Raum ohne Körper war; wenn er dort die Finger spreizte, so wäre zwischen ihnen noch immer Raum ohne Körper. Könnte er aber die Hand nicht ausstrecken, so müßte das an einem äußeren Hindernis liegen (denn wir nehmen an, daß er lebendig ist und die derzeitige Kraft, die Glieder seines Körper zu bewegen, beibehält, was an sich nicht unmöglich ist, wenn

105 J. LOCKE, *Über den menschlichen Verstand* (Berlin 1962) (Philosophische Studientexte), I, 202; 192f.

106 LOCKE, op. cit. 196. Diese Frage nach «dem Ort des Universums» bringt uns auf ARISTOTELES zurück, der sie als erster gestellt hat, Physik Δ 5, 212a 8: ὁ δ' οὐρανός, ὥσπερ εἴρηται, οὔ που ὅλος οὐδ' ἔν τινι τόπῳ ἐστιν. «Das Weltall hingegen als Ganzes ist, wie eben erst gesagt, weder irgendwo noch an einem Orte.» Übers. nach WAGNER. Es ist dieselbe Frage, von der er ausgegangen ist, um dem «Außerkosmischen» jede kosmologische Bedeutung abzusprechen.

107 LOCKE, op. cit. 196.

108 LOCKE, op. cit. 196.

es Gott so gefällt; jedenfalls wäre für Gott nicht unmöglich, ihn so zu bewegen); dann frage ich, ob das, was seine Hand daran hindert; sich nach außen zu bewegen, Substanz oder Akzidenz ist, ob es etwas oder nichts ist»[109]. Die Wiedergabe des Textes kann hier unterbrochen werden, weil das, was darauf folgt, nicht unmittelbar zur Version des Arguments gehört.

Bei aller Unbestimmtheit hinsichtlich der Bezugsquelle, läßt doch diese Version deutlich erkennen, daß sie die archyteische, bzw. die stoische Fassung voraussetzt, da bei beiden mit dem Ausstrecken der Hand und nicht mit dem Speerwurf wie bei LUKREZ experimentiert wird. Andererseits ist mit Sicherheit anzunehmen, daß LOCKE durch sein Verhältnis zu GASSENDI (1592–1655), dem Erneuerer des Atomismus und Epikureismus, mit der Version von LUKREZ vertraut gewesen sein muß. Eine klare Andeutung darauf nehme ich aus folgendem Passus des Essays: «Man glaube nicht etwa, diese Grenzen seien für die Wanderungen des weiten menschlichen Geistes zu eng, der seinen Flug über die Sterne hinaus nimmt und sich nicht in die Schranken der Welt einzwängen läßt, der mit seinen Gedanken oft sogar die äußersten Grenzen der Ausbreitung der Materie überschreitet und in den unbegreiflichen leeren Raum hinausschweift»[110].

Wie dem auch sei, LOCKES eigene Version unterscheidet sich von den anderen dadurch, daß sie Gott selbst in den Vorgang einschaltet, um den experimentierenden Mann an die Grenzen des Weltalls zu versetzen, als ob er die alte Kritik der griechischen Kommentatoren vor Augen hätte, die unter anderem die physische Unmöglichkeit der Durchführung eines solchen Experiments beanstandet hatten. Die Frage, die er selbst weiter stellt, ist, ob er überhaupt «über die äußersten Grenzen der Körperwelt im Weltall hinauszugehen oder an Gottes Allmacht zu appellieren» braucht, «um ein *Vakuum* zu finden»[111]. Er braucht nur den Teilungsprozeß der Materie ins Auge zu fassen, um einzusehen, daß es des entsprechenden leeren Raumes bedarf, um die Bewegung der Teile des geteilten Körpers zu ermöglichen. An Gott appelliert er, solange sein Denken sich in der Bahn der Tradition bewegt, aus der auch das Gedankenexperiment kommt. Zur Tradition gehören auch die ontologischen Begriffe Substanz und Akzidenz, deren er sich bei der Frage, was denn an der Ausstreckung der Hand des experimentierenden Menschen hindern könnte, bedient, obwohl er diese Begriffe im

109 LOCKE, op. cit. 202.

110 LOCKE, op. cit. 143. Bei J. A. S. JOHN, *The philosophical works of John Locke* (London 1902), Bd. 1, 240, steht als Anmerkung des Herausgebers der Vers von LUKREZ: extra flammantia moenia mundi.

111 LOCKE, op. cit. 204.

selben Kapitel scharf kritisiert und als «ziemlich wertlos in der Philosophie» bezeichnet hat[112].

Das Befremdende bei der Reflexion über das Argument liegt daran, daß LOCKE wohl die Idee der Unendlichkeit in ihrer Notwendigkeit nachzuweisen versucht, gleichzeitig aber erklärt, daß sie ineins mit der Idee der Ewigkeit «gleichermaßen begrenzt oder unbegrenzt» ist[113]. Diese Antinomie beruht darauf, daß er zwischen der Idee der Unendlichkeit des Raumes und der Idee des unendlichen Raumes einen Unterschied statuiert, der an scholastische Subtilität grenzt: «Erstere ist nichts anderes als eine angenommene endlose Progression des Geistes auf Grund beliebig wiederholter Raumideen. Wenn dagegen im Geist tatsächlich die Idee eines unendlichen Raumes vorhanden sein soll, so hieße das voraussetzen, daß der Geist *alle* die wiederholten Raumideen, die ihm eine *endlose* Wiederholung niemals vollständig vergegenwärtigen kann, schon überblickt habe und tatsächlich noch überschaue, worin ein offenbarer Widerspruch liegt»[114].

V

Wenn ich jetzt auf den historischen Durchgang durch die mannigfaltigen Erörterungen und Kontroversen über den Begriff des leeren Raumes, κενόν – und dieser Durchgang ist nur als ein Querschnitt zu verstehen –, zurückblicke, so drängt sich automatisch die skeptische Frage auf, ob sich das philosophische Denken nicht in einen Leerlauf begeben hat, der mit den positiven Leistungen der Naturwissenschaft nichts zu tun hat. Das neuzeitliche naturwissenschaftliche Denken hat doch den Dunst aller dieser Hirngespinste durch exakte Messungen, Beobachtungen und Experimente aufgelöst und die physikalische Erkenntnis des Raumes so vorwärtsgetrieben, daß wir nicht mehr auf Systeme zurückzuschauen brauchen, die auf reiner Spekulation aufgebaut sind. Die Sache ändert sich, glaube ich, etwas, wenn es gerade Vertreter dieses naturwissenschaftlichen Denkens gibt, wie MACH, die, ohne den Unterschied zum philosophischen Denken zu vermischen, den Nachweis des Vakuums als wesentlichen Beitrag zur «Verselbständigung

112 LOCKE, op. cit. 201.
113 LOCKE, op. cit. 203.
114 LOCKE, op. cit. 251; vgl. THOMAS HOBBES, *Lehre vom Körper*, Erster Teil, in Auswahl übers. und hg. von M. FRISCHEISEN-KÖHLER (Leipzig 1915) 104: «Wenn man schließlich fragt, ob die *Welt* endlich oder unendlich sei, so verliert das Wort *Welt seinen Sinn*; alles nämlich, was wir uns vorstellen, ist an sich begrenzt, ob wir nun bis zu den Fixsternen oder zur neunten, zehnten oder schließlich bis zur tausendsten Sphäre rechnen. Der Sinn der Frage kann allein sein, ob Gott wirklich so viele Körper häufte, wie wir vermögen Raum zu Raum hinzuzufügen.»

der Raumvorstellung» kennzeichnen[115]. Den Grund der Undenkbarkeit des Vakuums sieht MACH in der «Verquickung der Raumvorstellung mit der Körpervorstellung..., die von ARISTOTELES und vielen andern antiken Denkern vertreten wird. Die ein Vakuum annahmen, wie *Leukipp*, *Demokrit*, *Epikur* u.a., hatten also eine der unsrigen näherliegende Raumvorstellung»[116]. MACH nennt leider ARCHYTAS VON TARENT nicht, dessen Erfindungsgeist und Kraft der Abstraktion er an anderen Stellen sehr wohl zu rühmen weiß[117], aber dieses ändert nichts an der Tatsache, daß der Gedanke des Vakuums das kosmologische und wissenschaftliche Denken befruchten konnte.

115 E. MACH, *Erkenntnis und Irrtum, Skizzen zur Psychologie der Forschung* (Darmstadt [6]1968) 441.
116 MACH, op. cit. 440.
117 MACH, op. cit. 29, 87, 288, 352.

# Ptolemaios und Kepler

(Von der *Harmonia mundi* zur Naturgesetzlichkeit)

JOHANNES LOHMANN

## 1. *Die Voraussetzungen*

Die Besprechung meines Buches *Musiké und Logos* (Stuttgart 1970) durch ULRICH KLEIN (Gymnasium *79* (1972), S. 471f.) kann wohl als eine der seltsamsten Buchbesprechungen bezeichnet werden, die je geschrieben wurden. Einerseits werden dort die *eigentlichen* Thesen und Ergebnisse des besprochenen Buches mit keinem Worte erwähnt. Andererseits glaubt der Rezensent, meine Thesen widerlegt zu haben unter Berufung auf die Studie *Stoicheion* von W. BURKERT (Philologus *103* (1959), S. 167–197), in der der Artikel *Stoicheion* von H. KOLLER (Glotta *34* (1955), S. 161–174) kritisiert wird. Das Resultat dieser Kritik BURKERTS faßt KLEIN in dem Satze zusammen, daß στοιχεῖον keineswegs eine verlorengegangene musikalische Bedeutung besessen habe, sondern in mathematischem Zusammenhange aus dem *Glied einer Reihe, eines Systems* zur *Voraussetzung* und *Grundlage* geworden sei. Eben dasselbe (soweit und insofern es zutrifft, darüber weiter unten) hatte ich bereits in meinem Buche auf Seite 95/96 festgestellt: der Titel Στοιχεῖα besagt demnach ursprünglich: Lehre von den Gliedern einer (arithmetischen, geometrischen oder harmonikalen) Reihe. Den Charakter einer derartigen Analytik der Eigenschaften von bestimmten στοιχεῖα hatte natürlich auch das Beweisverfahren des THEODOROS VON KYRENE für die Rationalität oder Irrationalität der (in heutiger Sprache) «Quadratwurzeln» von $\sqrt{3}$ bis $\sqrt{17}$, über das in PLATOS *Theätet* berichtet wird. Wie aus diesem «urpythagoreischen» στοιχεῖον-Begriff des «Gliedes einer Reihe (στοῖχος)» der στοιχεῖον = «Element»-Begriff der Folgezeit werden konnte..., das steht auf einem anderen Blatt. Es erscheint nach diesem seltsamen Quiproquo geboten, die angebliche Widerlegung KOLLERS durch BURKERT einmal genauer unter die Lupe zu nehmen, zumal uns dieses mitten in die Problematik des Verhältnisses der altpythagoreischen *Harmonie der Welt* zur modernen Naturgesetzlichkeit hineinführen wird.

Zunächst einmal ist die Fragestellung, ob es sich bei στοιχεῖον um einen «musikalischen» Terminus handelt oder nicht, ein «Streit um des

Kaisers Bart» (vgl. dazu *Musiké und Logos*, S. 9), der bloß von den eigentlichen Problemen abführt. Der springende Punkt liegt woanders, und deshalb ist BURKERT auch nicht wesentlich über KOLLER hinausgekommen. Es hängt dieses letztlich damit zusammen, daß BURKERT hier, wie auch in seinem Buche *Weisheit und Wissenschaft* (Erlanger Beiträge X, Erlangen 1962), sich als so kritik- und instinktlos (was Hand in Hand geht mit einer nahezu krankhaften abstrakt-«philologischen» Hyperkritik), und was die spezifisch mathematische und die allgemein-wissenschaftsgeschichtliche Problematik angeht, als so kenntnislos erweist, daß er durch seine Arbeiten die durch das von ihm zusammengetragene Material an sich ermöglichten Erkenntnisse eher zugedeckt als herausgestellt hat.

Aus den von BURKERT registrierten Belegstellen ergeben sich für den ursprünglich «pythagoreischen» Terminus στοιχεῖον die folgenden 4 (*auseinander hervorgehenden*!) Verwendungen: 1. «Phase» in einer Bewegung bzw. alternativ vorkommende reale Möglichkeit, 2. Meßpunkt an einer Skala, 3. das jeweils primäre, «fundierende» Glied in einem Begründungszusammenhang, und 4. der «klassische» στοιχεῖον-Begriff, der in das Lateinische mit *elementum* übersetzt wurde und der (wie viele andere Grundbegriffe der europäischen Wissenschaft) im Buche Delta der aristotelischen *Metaphysik* (im dritten Kapitel) maßgebend definiert wird.

Diese 4 Verwendungen oder «Bedeutungen» des Wortes στοιχεῖον verhalten sich keineswegs *so* zueinander, wie die sogenannten «Bedeutungen» eines gewöhnlichen umgangssprachlichen Wortes (wie BURKERT das Wort στοιχεῖον behandelt), sondern sie spiegeln in ihrer Aufeinanderfolge die Entwicklung des wissenschaftlichen Denkens in der griechischen πόλις-Zeit, und sie sind damit sogar *repräsentativ* für die Geschichte des wissenschaftlichen Bewußtseins in Europa. Dadurch erledigen sich aber allein schon alle Versuche, dem alten Pythagoreismus (und seinem Begründer!) den Charakter echter Wissenschaftlichkeit abzusprechen (die natürlich nicht mit dem *modern*-europäischen Wissenschaftsideal zusammenfallen muß) – wie dieses außer BURKERT vor allem auch ERICH FRANK in seinem maßlos überschätzten Buche *Plato und die sogenannten Pythagoreer* getan hat[1]. Alle diese Versuche beruhen auf einer völligen Verkennung dessen, was «Wissenschaft» und eine wissenschaftliche Gesinnung letztlich ausmacht.

1 Halle a.d. Saale 1923 (Nachdruck Darmstadt 1962). – Die Ausführungen von ERICH FRANK – insbesondere auch seine Ansichten zur geschichtlichen Bedeutung von ARCHYTAS – sind in mathematischer und musiktheoretischer Hinsicht vollkommen laienhaft; er ist so inkompetent, daß er das «pythagoreische Komma» für «irrational» hält!

Unsere Ziffern 1 und 2 bei den Verwendungen des Terminus στοιχεῖον sind korrelativ zu verstehen, bzw. komplementär aufeinander zu beziehen. Dieses tritt allerdings erst klar heraus, wenn man (was BURKERT nicht tut) die berühmten altpythagoreischen συστοιχίαι, und insbesondere die wichtigste von diesen, nämlich das Gegensatzpaar ἄρτιος/περισσός gerade/ungerade, für die Eruierung der Bedeutungs-Geschichte des Wortes στοιχεῖον mit heranzieht. Auf diesem Begriffspaar basiert nicht nur die pythagoreische Zahlentheorie, sondern überhaupt ein großer Teil der altpythagoreischen Mathematik, wie dieses namentlich OSKAR BECKER in seinen zahlreichen Arbeiten zur Geschichte der griechischen Mathematik gezeigt hat. Wichtig für die altpythagoreische Weltanschauung überhaupt ist insbesondere, daß dieser Gegensatz ἄρτιος/περισσός, als in der Funktion des Zählens = Denkens (dazu *Musiké und Logos*, S. 2) periodisch sich wiederholend, offenbar zugleich «mental» und «real» gemeint ist.

Mathematische Grundbegriffe sind von den συστοιχίαι außer diesem Gegensatzpaar noch Einheit und Vielheit (ἓν καὶ πλῆθος), «gerade» und «gekrümmt» (εὐθὺ καὶ καμπύλον, d.i. «Gerade» und «Kurve»), und das unübersetzbare τετράγωνον καὶ ἑτερόμηκες (im Effekt = Quadrat und Rechteck, aber diese als die jeweilige Proportionalität ihrer Seiten verstanden). Philosophische Grundbegriffe sind πέρας καὶ ἄπειρον (endlich/unendlich) und ἀγαθὸν καὶ κακόν (gut/schlecht), während rechts/links, männlich/weiblich, und vor allem φῶς/σκότος (Licht/Dunkel) der unmittelbaren Erscheinungswelt angehören. Dieses Weltbild der στοιχεῖα im ganzen ist genau das, was PARMENIDES (B 8, 60 bei DIELS-KRANZ), als διάκοσμος ἐοικώς der *unwandelbaren* Ἀληθεΐη gegenüberstellt. Wenn das Wort στοιχεῖον selbst bei PARMENIDES nicht vorkommt, so wird das einfach daran liegen, daß es, als technischer «Neologismus» (die älteste Form des Wortes ist στοιχήϊον!), für den epischen Stil des parmenideischen Gedichtes unmöglich war.

Man kann diese Art von στοιχεῖα wie den parmenideischen διάκοσμος ἐοικώς beschreiben als «Phasen» einer (teils bloß mentalen, teils auch realen) «Bewegtheit», die sich *vollziehen* muß als ein periodischer Durchgang (διά-κοσμος) durch je 2 entgegengesetzte «Phasen». Das gleiche behauptet im Grunde auch BURKERT (a.a.O., S. 188), wenn er «στοιχεῖον» erklärt als «Mittel» (besser noch wäre: ein «konstruierter Bezugspunkt, um...») «eine Reihe hervorzubringen». Dieses «produktive» Moment des στοιχεῖον ergibt insbesondere die Ziffern 2 und 3 unter den oben angeführten Bedeutungen, wobei 2 gleich ursprünglich mit 1 ist – gewissermaßen die «andere Seite» von ihr darstellt –, während 3 eine spätere, davon abgeleitete, aber immer noch altpythagoreische Verwendung oder Bedeutung repräsentiert.

Συστοιχία ist nicht dasselbe wie συζυγία «Paar», wie H. J. KRÄMER (*Ursprung der Geistmetaphysik*, S. 330) zu meinen scheint. Es ist, als Terminus technicus, unmittelbar auf den Terminus technicus στοιχεῖον zu beziehen. Dieses geht insbesondere hervor aus ARISTOTELES, *Eth. Nic.* 1096b 5: οἱ Πυθαγόρειοι… τιθέντες ἐν τῇ τῶν ἀγαθῶν συστοιχίᾳ τὸ ἕν… Συστοιχία bezeichnet den spezifischen Charakter des *einen* Gliedes in dem durch das στοιχεῖον als solches konstituierten Reziprozitätsverhältnis. Daraus ergibt sich, daß man den technischen Begriff στοιχεῖον mit dem ebenfalls technischen Begriff «λόγος» für das (mehr oder weniger zahlenhafte) *Verhältnis* von zwei Gliedern zusammennehmen oder zusammensehen muß, und hierzu dann den in *Musiké und Logos*, S. 106, zitierten Satz des EUDEMOS hinzunehmen muß: Πυθαγόρας τὴν περὶ αὐτὴν (d.i. die Geometrie) φιλοσοφίαν εἰς σχῆμα παιδείας ἐλευθέρου μετέστησεν… ἀύλως καὶ νοερῶς τὰ θεωρήματα διερευνώμενος, ὃς δὴ καὶ τὴν τῶν ἀνὰ λόγον πραγματείαν καὶ τὴν τῶν κοσμικῶν σχημάτων σύστασιν ἀνεῦρεν, das heißt, frei übersetzt, PYTHAGORAS hat die Beschäftigung mit der Wissenschaft zum Kennzeichen der Bildung des freien Mannes gemacht, und er hat die reine Theorie, und zugleich das Verfahren einer «ana-log-ischen» Untersuchung sowie das Weltsystem des «Kosmos» gefunden.

Wir haben es hier – wenn man diesen Satz des EUDEMOS richtig liest – mit 2 Tatsachen von weltgeschichtlicher Bedeutung zu tun, d.i., richtig verstanden, die Entstehung der Idee einer *zweckfreien* Wissenschaft, *in Verbindung* mit der Idee der politischen Selbstbestimmung des freien Mannes (des πολίτης, des «Bürgers»), die (was man, angesichts der ideologischen Verblendung weiter intellektueller oder pseudointellektueller Kreise von heute, nicht genug betonten kann) *essentiell* zusammengehören. Diese «Ideologie» der Freiheit entsteht, soweit wir sehen können, etwa im 6. Jahrhundert im westlichen Kleinasien, in Ionien, um dann von dort, in ihrer vollkommenen, «philosophischen» Ausprägung durch die «Pythagoreer» und die Eleaten, zunächst nach Unteritalien, und weiter dann in das Mutterland verpflanzt zu werden, und dort dann schließlich die Idee der «Philosophie» im vollen, heute noch geltenden Sinne zu erzeugen.

Wie dieser letzte Akt sich speziell in der uns jetzt beschäftigenden Hinsicht formal vollzog, das können wir bei demselben EUDEM lesen (fr. 31 WEHRLI, aus SIMPLICIUS, *In Ar. Phys.* I, p. 7, 10 DIELS): Πλάτων τά τε τῶν Πυθαγορείων καὶ Ἐλεατικῶν ἐπὶ τὸ σαφέστερον προαγαγών… τὰς στοιχειώδεις ἀρχὰς τῶν ἄλλων διέκρινε καὶ «στοιχεῖα» πρῶτος αὐτὸς ὠνόμασε τὰς τοιαύτας ἀρχάς; «Plato entwickelte die Lehre der Pythagoreer und der Eleaten weiter, und er unterschied (dabei) die στοιχεῖα als Prinzipien von den anderen (Prinzipien), und er nannte *zuerst* diese (besonderen) Prinzipien ‹στοιχεῖα›».

Der Satz des EUDEMOS stellt den wesentlichen «terminologischen» Reflex eines Prozesses vor uns hin, dessen Ignorierung bisher nicht nur das Verständnis für die Geschichte des στοιχεῖον-Begriffs verdunkelt, sondern auch die Arbeiten der beiden Tübinger Philologen H. J. KRÄMER und K. GAISER in eine unglückliche Beleuchtung gerückt hat: es handelt sich bei diesem Vorgang, auf den EUDEM anspielt, zwar um einen essentiell *mündlich* sich vollziehenden Prozeß, aber um alles andere als eine Art von «Geheimlehre» (wie der Begriff ἄγραφα δόγματα von Übelwollenden immer wieder missverstanden worden ist).

Das, worum es sich hier handelt und was das europäische Denken bis heute bestimmt, ist die Tatsache, daß in den internen Diskussionen der platonischen Akademie, aus dem Zusammenfließen der verschiedenen früheren philosophischen Richtungen (τά τε τῶν Πυθαγορείων καὶ 'Ελεατικῶν ἐπὶ τὸ σαφέστερον προαγαγών...), diejenige wissenschaftliche und philosophische Sprache entstanden ist, die – mit einigen speziellen Modifikationen durch ARISTOTELES und die hellenistischen Schulen –, original oder übersetzt, bis heute gilt.

EUDEMOS sagt, daß der Begriff στοιχεῖον von PLATO (wofür *wir* besser «von der platonischen Akademie» sagen werden, weil es sich hier wie sonst nur um das Resultat eingehendster Diskussionen unter den Schulgenossen handeln kann) zu einem Begriffe für eine *besondere Art* von Prinzipien gemacht worden ist – während es sich (so dürfen wir ergänzen) bei dem ursprünglichen, «pythagoreischen» Begriffe στοιχεῖον um das das Verfahren dieser Schule überhaupt kennzeichnende Prinzip handelte, nämlich das Prinzip einer Reihenbildung durch Bezugspunkte (oben S. 145), die den Charakter sowohl der «Phase» in einer Bewegung, wie auch des Meßpunktes an einer Skala haben können (d.i. oben S. 144, Ziffer 1 und 2).

Zu der zweiten Verwendung gehört vor allem στοιχεῖον in der Bedeutung «Schattenlänge» (*Musiké und Logos*, S. 4; bei BURKERT S. 187f.), das sich natürlich zunächst auf den «Gnomon», den Schattenzeiger der Sonnenuhr bezieht. Da der Gnomon bereits von ANAXIMANDER eingeführt wurde, müssen wir allein aus diesem Grunde schon die Schöpfung des Terminus technicus στοιχήϊον, bzw. seinen Gebrauch, in die früheste Zeit des «Pythagoreismus» zurückverlegen.

Die Frage, ob στοιχεῖον *zuerst* «Buchstabe», (musikalische) «Tonstufe», oder was auch immer sonst bedeutet habe (die die Forschung bis zu BURKERT hin auf Abwege geführt hat), beruht auf der Verkennung der Tatsache, daß die Geschichte eines Terminus technicus, und zumal die des Leitbegriffes einer Schulsprache, *anderen* Gesetzen folgt, als die eines Wortes der einfachen Umgangssprache.

Στοιχεῖον ist gewiß nie *die* Bezeichnung der Tonstufe gewesen, so wie es auch im Griechischen nie *die* Bezeichnung des «Buchstabens» (γράμμα) war – dazu wird erst die lateinische Übersetzung *elementum*. Es muß aber schon sehr früh (zur Bezeichnung des formalen «Elementes») auf die Musiktheorie – ebenso wie natürlich auch auf analoge Größen in vielen anderen Gebieten – *angewendet* worden sein. Das beweist der für PETRON VON HIMERA überlieferte Ausdruck κατὰ στοιχεῖον ἅπτεσθαι (*Musiké und Logos*, S. 12), der auf das engste mit der Form der griechischen Musik *und* mit deren Theorie verbunden ist und der uns zugleich in das frühpythagoreische Unteritalien bzw. Sizilien des ausgehenden 6. Jahrhunderts, also an die «Wiege» des Pythagoreismus führt. Um zu verstehen, worauf hier angespielt wird, bedarf es eines Rückblickes auf die Geschichte der von dem griechischen λόγος-Begriffe her bedingten wissenschaftlichen Terminologie in Logik, Mathematik und Musiktheorie, die in dem frühpythagoreischen στοιχεῖον-Begriffe natürlich noch vollkommen ungeschieden waren.

Wir finden in KANTS Urteilstafel (*Kritik der reinen Vernunft* B 95), unter dem Titel der «Relation», die 3 Formen des «kategorischen», des «hypothetischen» und des «disjunktiven» Urteils. Der Unterschied des hypothetischen und des disjunktiven Urteils beruht in diesem Falle darauf, daß im ersten Falle (wenn..., so...) 2 Fakten miteinander verbunden, in dem der *disjunctio* aber (entweder..., oder...) – hinsichtlich ihres Vorkommens – voneinander getrennt werden. Die beiden letzten Formen sind erst von der stoischen Logik eingeführt worden, die, im Gegensatz zu der echt aristotelischen Logik, wie die KANTS, bereits eine «Urteilslogik» war (vgl. Verf., *Vom ursprünglichen Sinn der aristotelischen Syllogistik*, in: *Logik und Erkenntnislehre des Aristoteles*, hg. von F.-P. HAGER, (Darmstadt 1972), S. 175–210, = Lexis *2*, 1951, S. 205–236). Die beiden «hypothetischen» Urteilsformen (bei KANT «hypothetisch» bzw. «disjunktiv» genannt) heißen in der stoischen Logik συνημμένον bzw. διεζευγμένον (welch letzterer Terminus in das Lateinische mit *disjunctum/disjunctio* übersetzt wurde). Dieses Begriffspaar συνημμένον/διεζευγμένον kommt aber zuerst in der griechischen Musiktheorie vor, und es bildet sogar die Grundlage für die griechische Musik selbst und als solche, und nicht bloß für deren Theorie (vgl. *Musiké und Logos*, passim).

Das Grundfaktum in der griechischen Musik ist die Unterscheidung der «festen» (ἑστῶτες) und der «beweglichen» (κινούμενοι) Tonstufen. Die festen Tonstufen kommen dadurch zustande, daß 2 Quartintervalle in die Oktave hineingesetzt werden, worauf dann noch ein «Ganzton» übrigbleibt. Die daraus sich ergebenden Tonstufen bilden mit ihren Intervallen die Gleichung: $^4/_3 \cdot {^4/_3}$ (zweimalige «Quart») $\cdot {^9/_8}$ (Ganzton) = (mit absoluter Genauigkeit!) $^2/_1$ (eine Oktave). Die auf diese Weise gegebenen *absolut* festliegenden Tonstufen können entweder so in die Oktave hineingelegt werden, daß die beiden Quarten «sich berühren» (συνημμένον), oder aber so, daß sie durch einen Ganzton «getrennt» sind (διεζευγμένον). Da die μέση genannte Tonstufe (als «Mittelpunkt» des Systems der Oktave, vgl. *Musiké und Logos*, S. 23 und sonst) obligatorisch zu den «festen» Tonstufen gehören muß, kann beim συνημμένον der fixe Ganzton in jedem Falle nur «oben» in der Oktave liegen. Daraus ergeben sich die beiden Grundmöglichkeiten (in einer modernen Notierung) *e--a-h--e'* (= διεζευγμένον), bzw. *e--a--d'-e'* (= συνημμένον), welche beiden Formen dann in der weiteren Entwicklung zu den mittelalterlichen «Kirchentonarten», und schließlich zu den neuzeitlichen Dur- bzw. Molltonarten geführt haben (*Musiké und Logos*, S. 96ff.).

Wenn wir nun in dem von uns aufgestellten Schematismus das Verhältnis der Randtöne der «Quarten» (als des konstitutiven Intervalls der Formenbildung in der griechischen Musik) als eine ἀνα-λογ-ία formulieren (vgl. dazu *Musiké und Logos*, S. 110ff.), so bekommen wir (wiederum in heutiger Schreibung) die beiden Proportionen $e:a = h:e'$, bzw. $e:a = a:d'$, das heißt in dem zweiten Falle (dem des συνημμένον) können wir das Verhältnis der beiden Quarten zueinander als κατὰ στοιχεῖον (das wäre in unserer Notierung das *a*) ἅπτεσθαι beschreiben. Dieses und nichts anderes muß das κατὰ στοιχεῖον ἅπτεσθαι des PETRON VON HIMERA bedeutet haben, und diese Feststellung ist ganz unabhängig davon, wie sich PETRON sein bizarres Welt- oder Weltensystem im einzelnen vorgestellt haben mag.

Verallgemeinernd aber können wir dann dazu noch feststellen, daß man sich überhaupt, einerseits die Entwicklung des στοιχεῖον-Begriffs, und andererseits die des (unter allen Begriffen aller menschlichen Sprachen vollkommen einzigartigen) frühpythagoreischen λόγος-Begriffs von vorneherein und ständig korrelativ aufeinander bezogen zu denken hat. In diesem Zusammenhang der Entwicklung des λόγος-Begriffs im allgemeinen verliert dann auch die dem ARISTOTELES seit Jahrtausenden nachgeplapperte Behauptung, die alten Pythagoreer hätten das Wesen der Dinge in der «Zahl» gesehen, alle Befremdlichkeit. Es handelt sich ja nicht um die Zahl an sich und abstrakt, sondern um die konkreten Bezugspunkte in einer als «λόγος» zu formulierenden Reihenbildung von στοιχεῖα!

Obendrein muß sich, wer behaupten will, daß der στοιχεῖον-Begriff nie, oder jedenfalls erwiesenermaßen nicht für die musikalische Form verwendet worden wäre (nur dieses ist eine mögliche Fragestellung!), damit auseinandersetzen, daß der Begriff συλλαβή, der später (als «Silbe») stets mit στοιχεῖον/*elementum*/Buchstabe zusammen vorkommt, *zuerst* belegt ist in der Bedeutung des Quartintervalls bzw. «Tetrachords», also der fundamentalen «Zusammenfassung» *musikalischer* στοιχεῖα (*Musiké und Logos*, S. 9).

Eudemos (dazu *Musiké und Logos*, S. 106ff. und oben S. 146) beschreibt die für den Pythagoreismus charakteristische Forschungsmethode als τῶν ἀνὰ λόγον πραγματεία. Ebendieses muß auch der Buchtitel Στοιχεῖα bedeuten, der für die geometrischen Lehrbücher seit Hippokrates von Chios bezeugt ist (*Musiké und Logos*, S. 95f.; Burkert, S. 189ff.). Daß auch hierbei aller Wahrscheinlichkeit nach das Prinzip der (arithmetischen, geometrischen, «harmonischen» und sonstigen) Reihenbildung ausschlaggebend gewesen sein wird, habe ich schon a.a.O., Anm. 1, angedeutet. In steigendem Maße wird aber dabei die dritte Verwendungsart von στοιχεῖον (oben S. 144) eine Rolle gespielt haben, über deren Bedeutung für die Diskussion in der platonischen Akademie der von ihm als «Prinzipienlehre» bezeichneten Problematik H. J. Krämer viel Material beigebracht hat, vgl. namentlich *Der Ursprung der Geistmetaphysik*, S. 107ff.

Diese «Stoicheion-Metaphysik» ist gegenüber der älteren Phasen-Stoicheiotik vor allem dadurch gekennzeichnet, daß die Glieder der Reihungen in einem συναναίρεσις genannten πρότερον/ὕστερον-Abhängigkeits-Verhältnis zueinander stehen, so, daß mit der Aufhebung des Voraufgehenden immer zugleich auch das folgende Glied aufgehoben ist, aber nicht umgekehrt.

In die von Krämer sogenannte «Prinzipienlehre» wird der στοιχεῖον-Begriff überhaupt in der Weise aufgenommen worden sein, daß (wie Eudemos, fr. 31, das ausdrücklich bezeugt) das στοιχεῖον zu einer besonderen Art von Prinzipien *unter anderen* wird, während es im alten Pythagoreismus *das* analytische Prinzip schlechthin gewesen war. Es ist dieses von Eudemos erwähnte platonische Prinzip dann auch der Begriff des «Elementes», wie er von Aristoteles im Buche Delta (zusammen mit vielen anderen Grundbegriffen, wie sie seitdem Gültigkeit haben) beschrieben wird: ἐξ οὗ σύγκειται πρώτου ἐνυπάρχοντος... καὶ εἰς ἃ διαιρεῖται ἔσχατα «das, aus dem sich etwas als erstem zusammensetzt... und das, in das etwas als letztes eingeteilt, bzw. zerlegt wird».

Man wird demnach die durch Eudemos direkt und durch Aristoteles indirekt bezeugte nachpythagoreische Geschichte des στοιχεῖον-Begriff so beschreiben können, daß in den Diskussionen der platonischen Akademie – einer Art von ‹Clearing House› für Ideen im größten Stil – στοιχεῖον ebenso zu einem Grundbegriff der *materiellen* Analyse auf den verschiedensten Gebieten wird, wie die «Idee» (als εἶδος) jetzt zu dem entsprechenden Grundbegriffe der «ideellen» Analyse dessen, was ist, gemacht wurde. Erst seitdem können natürlich die 4 «Elemente» Erde, Wasser, Luft und Feuer den Namen στοιχεῖα gehabt haben.

Auch der Begriff der «Idee» verdankt seine heutige Bedeutung einer ähnlichen gewaltsamen Umdeutung durch PLATO[2], der dieses ionische Wort ἰδέη, attisiert ἰδέα (echt attisch hätte es ἰδῆ gelautet!), DEMOKRIT entnahm (bei dem es, als ἄτομος ἰδέη «unteilbare Form», das «Atom» bezeichnete), um es aus der «materiellen» in die (nunmehr sogenannte) «ideelle» Sphäre des «Seienden» zu versetzen (*Musiké und Logos*, S. 5).

Wenn στοιχεῖον in seiner *ursprünglichen* Bedeutung das konstitutive Glied in einem zugleich «mentalen» und «realen» Durchgange ist, so kommt darin zum Ausdruck, daß das als Ἁρμονία bezeichnete Grundgefüge des pythagoreischen Kosmos *zugleich* die Weltordnung *selbst*, und diese selbe Ordnung als einen *Begründungs*zusammenhang meint. Diese urpythagoreische «Harmonie» des «Kosmos» (beide Begriffe können nur in bezug aufeinander sich gebildet und entwickelt haben!) fällt im Verlaufe der Geschichte der Wissenschaft mehr und mehr auseinander.

Zuerst geschieht dieses durch die unter dem Einfluß der Eleaten und DEMOKRITS in der platonischen Schule (einschließlich des ARISTOTELES) entwickelte Methode eines formalisierten Beweisganges, wie er sich von da an mit dem Namen der «Logik» verbindet (was sich zunächst darin manifestiert, daß λόγος nun, neben dem Begriffe des mathematischen «Verhältnisses», auch die Bedeutung der strengen «Definition» einer Sache annimmt).

Eigentlich verdunkelt wird die wahre Bedeutung des «Pythagoreismus» für die Geschichte der europäischen Wissenschaft aber erst durch das Wissenschaftsideal der modernen europäischen Naturwissenschaft, das an die Stelle der pythagoreischen unmittelbaren Symmetrieanschauung die Form des neuzeitlichen «Naturgesetzes» setzte, die in der Vorausberechnung und

2 Auch EUDOXOS VON KNIDOS muß eine «Ideen-Lehre» entwickelt haben, die nach dem Zeugnis des ALEXANDER VON APHRODISIAS *zwischen* der «materialistischen» Ideenlehre DEMOKRITS und der «idealistischen» Ideenlehre PLATOS gestanden haben muß: Εὔδοξος μίξει τῶν ἰδεῶν ἐν τοῖς πρὸς αὐτὰς τὸ εἶναι ἔχουσιν ἡγεῖται ἕκαστον εἶναι. «EUDOXOS glaubt, daß durch *Mischung* der ‹Ideen› in den gemäß diesen (Ideen) Existierenden alles ist, wie es ist» (KONRAD GAISER in *Synousia*, Festgabe für W. SCHADEWALDT [Pfullingen 1965], S. 218f.).

*nachträglichen Beobachtung* des Planeten «Neptun» gewissermaßen ihre «Reifeprüfung» bestand.

Es ist aber ein großer Irrtum – der namentlich von naturwissenschaftlich-mathematisch nicht genügend gebildeten Philologen und daneben auch von engen naturwissenschaftlichen Spezialisten geteilt wird –, daß die «wahre Wissenschaft» erst mit dieser Form der Wissenschaft beginnen würde. Die pythagoreische Idee einer irgendwie «symmetrischen» (insbesondere auch zahlenhaften) unmittelbaren Anschauung (ohne daß man diese geschaute Form in einem strengen oder auch «trivialen» Sinne «erklären» könnte) spielt vielmehr auch heute noch eine nicht unerhebliche Rolle, selbst in den strengsten Naturwissenschaften – namentlich auch in den Arbeiten des Lehrers unseres Jubilars, ARNOLD SOMMERFELD, der so innerhalb des Atoms wunderbare Analogien zu den Planetenbahnen unseres Sonnensystems fand. Auch die Feinstruktur der Spektrallinien etwa zeigt nach ihm Zahlenverhältnisse, die durchaus altpythagoreischen Spekulationen entsprechen[3]. Und JOHANNES KEPLER steht noch so sehr im Banne des altpythagoreischen Weltbildes einer kosmischen Harmonie, daß er sich überhaupt nicht der Tatsache bewußt geworden ist, daß mit seinen «drei Gesetzen» (namentlich aber mit dem dritten «Keplerschen Gesetz») etwas vollkommen Neues in die Welt getreten war.

Seinen Höhepunkt erreichte das pythagoreische Weltgefühl zur Zeit PLATOS, mit der Entdeckung des Systems der 5 regelmäßigen Körper (Pyramide, Würfel, Oktaeder, Dodekaeder, Ikosaeder), mit ihren wunderbaren symmetrischen Eigenschaften. PLATO selbst ist in seinem *Timaios* ganz davon erfüllt, wenn er auch als Philosoph die pythagoreische Auffassung einer unmittelbar-anschaulichen *Darstellung* der Form durch das Phänomen (von ARISTOTELES μίμησις genannt) durch die Auffassung der Teilhabe (μέϑεξις) des Phänomens an der Form ersetzte.

Welche konstruktive, rein geistige Kraft der inneren Anschauung lag aber bereits in der aller Wahrscheinlichkeit nach schon von PYTHAGORAS selbst gefaßten Konzeption einer frei im Raume schwebenden, kugelförmi-

3 Ich zitiere hierfür aus SOMMERFELDS *Atombau und Spektrallinien* (Vorwort zur ersten Auflage von 1919): «Was wir heute aus der Sprache der Spektren heraushören, ist eine wirkliche Sphärenmusik des Atoms, ein Zusammenklingen ganzzahliger Verhältnisse, eine bei aller Mannigfaltigkeit zunehmende Ordnung und Harmonie... alle ganzzahligen Gesetze der Spektrallinien und der Atomistik fließen letzten Endes aus der Quantentheorie. Sie ist das geheimnisvolle Organon, auf dem die Natur die Spektralmusik spielt und nach dessen Rhythmus sie den Bau der Atome und der Kerne regelt». Das ist Geist vom Geiste KEPLERS, und weltenfern von NEWTONS *hypotheses non fingo!*

gen Erde, die PHILOLAOS dann 100 Jahre später zu der Konzeption von 2 um einen imaginären Weltmittelpunkt kreisenden Himmelskörpern (Erde und «Gegenerde») fortbildete.

Man muß schon durch die technischen Wunder unserer Zeit vollkommen blasiert geworden sein, um dieses nicht mehr als einen Wendepunkt in der Geschichte der Menschheit empfinden zu können. Es genügt im übrigen ein Blick auf die Vorstellungswelt *aller anderen* sogenannten «Hochkulturen», um die vollkommene Einzigartigkeit der griechischen Konzeption der «Harmonie» des «Kosmos» zu erkennen, die sich, wie ich schon *Musiké und Logos*, S. 105, ausgeführt habe, bereits am Beginn dieses Zeitalters in dem Mythos von «Kadmos und Harmonia» ein unvergleichliches Denkmal gesetzt hat.

Von dem Satze von BURKERT im Vorwort zu *Weisheit und Wissenschaft*: «in jener Bruchzone von alt und neu, als in weltgeschichtlich einmaliger Leistung Griechen die rationale Weltdeutung und die mathematische Naturwissenschaft entdeckten, bedeutet Pythagoras nicht den Ursprung des Neuen, sondern das Weiterwirken oder Neuaufleben alter, vorwissenschaftlicher Weisheit, gegründet auf übermenschlicher Autorität, ausgeformt in ritueller Bindung» ist also *genau das Gegenteil wahr*!

## 2. *Die Tradition*

Dasjenige Moment, das von den meist auf wertlose antike Philosophenanekdoten sich stützenden grotesken Theorien über die angebliche «Primitivität» des ältesten Pythagoreismus in der Regel vollkommen übersehen wird, ist der unbestreitbare *Zusammenhang* der antiken Philosophie seit THALES. PYTHAGORAS VON SAMOS und XENOPHANES VON KOLOPHON (der Gründer der Schule der «Eleaten») haben zunächst nichts weiter getan, als die in Ionien entzündete Flamme nach Italien zu tragen (vgl. *Musiké und Logos*, S. 9). Und nicht vergessen werden darf bei diesem Problem einer sich durchhaltenden Kontinuität *im Wesentlichen*, daß am Ende der Antike es «pythagoreische» Ideen sind, um die herum als Kern sich der wesentliche Gehalt der antiken griechisch-römischen Zivilisation, zu konkreten Lehrinhalten verdichtet, durch das Mittelalter hindurch bis zum Beginn der Neuzeit erhalten hat.

Es sind dieses bekanntlich die «7 freien (richtiger: eines Freien *würdigen*) Künste», die schon in ihrem Namen auf den Zusammenhang zwischen echter Wissenschaft und politischer Freiheit in der Idee und im Leben des frühen griechischen Stadtstaates zurückweisen. In der Idee der «7 artes liberales» verbinden sich die 3 sprachlichen Disziplinen des «Trivium» (Grammatik,

Rhetorik und Logik bzw. «Dialektik») mit den 4 «mathematischen» des «Quadrivium» (Arithmetik, Geometrie, Musik, urspr. «Harmonik», und Astronomie). Während die «artes» des «Trivium» bloß eine gewisse formale Bildung vermitteln, ist die Vierzahl der mathematischen Artes aus dem Geiste des Pythagoreismus geboren, und zugleich durch die dritte Bedeutung des στοιχεῖον-Begriffs[4] in ihrer Systematik bedingt: die Geometrie setzt die Arithmetik voraus, und so, wie die «Harmonik» die Mathematik zur Voraussetzung hat, ist die Astronomie wiederum in den harmonischen Proportionen fundiert, die am unmittelbarsten in den musikalischen Formen sich offenbaren.

Das Verhältnis von Arithmetik, Geometrie und Harmonik aber manifestiert sich zunächst in dem Verhältnis der 3 entsprechenden Proportionen und deren «Mittleren» (μεσότητες), deren Erforschung von ARCHYTAS zwar zum Abschluß gebracht wurde, aber längst vor diesem begonnen haben muß. Und letztlich beruht dieses ganze Gebäude, das dann von BOETHIUS, CASSIODOR und ISIDOR VON SEVILLA dem lateinischen Mittelalter überliefert wurde, auf denselben Symmetrieprinzipien, aus deren Anschauung heraus nach OSKAR BECKER THALES VON MILET bereits im 6. Jahrhundert seine Sätze über die Winkel im Kreise gewonnen hatte.

Die «Ideologie», die für das obere «Quadrivium» der 7 artes liberales bestimmend war, findet sich bei PTOLEMAIOS im 3. Buche seiner «Harmonik», die von PORPHYRIOS (das ist der *letzte* griechische Philosoph, der im lateinischen Westen noch gelesen wurde, vgl. DÖRRIE, *Porphyrios als Mittler zwischen Plotin und Augustin, Antike und Orient im Mittelalter* (Berlin 1962), S. 26–47, = *Platonismus in der Philosophie des Mittelalters*, (Darmstadt 1969), S. 410–439) im 3. Jahrhundert kommentiert wurde. Die Grundidee dieses Weltbildes ist formuliert in dem Satze (S. 92, 9ff. in der Ausgabe von DÜRING in den Göteborger «Årsskriften» 36, 1930): τῶν ὄντων τοίνυν ἁπάντων ἀρχαῖς κεχρημένων ὕλῃ καὶ κινήσει καὶ εἴδει... τὴν ἁρμονικὴν οὔτε ὡς τὸ ὑποκείμενον ἀποδεκτέον... οὔτε ὡς τὸ τέλος... ἀλλ' ὡς τὸ αἴτιον «da die Prinzipien alles Seienden Materie, Bewegung und Form sind... (die Materie als das Substrat... die Bewegung als Ursache... die Form als

4 Es gibt ein ganz klares Kriterium für den Unterschied zwischen στοιχεῖον 1 und 2 und στοιχεῖον 3: στοιχεῖον 1 und 2 sind «phänomenal», στοιχεῖον 3 aber («Derivations»-στοιχεῖον nach KRÄMER, vgl. oben S. 150) ist «trans-phänomenal». KRÄMER sieht allerdings die dritte Bedeutung von στοιχεῖον zu sehr isoliert, und identifiziert sie anscheinend mit dem «Derivations»prinzip des πρότερον/ὕστερον, von dem sie nur einen Aspekt darstellt, während sie selbst zunächst ihren Ort in der Entwicklungsgeschichte des στοιχεῖον-Begriffs, von der Bedeutung 1 und 2 zu der Bedeutung 4, hat.

das Ziel...), darf die ‹Harmonie› nicht als (bloßes) Substrat verstanden werden, und nicht als Ziel (das Ziel, das *durch sie* erreicht wird, ist εὐμέλεια, εὐρυθμία und εὐνομία), sondern als die Ursache (die dem materiellen Substrat die passende Form verleiht)».

Die «Harmonie» des pythagoreischen «Kosmos» ist somit das Prinzip einer «finalen», *auf ein Ziel gerichteten* Kausalität, und ebendieses ist es, was dieses pythagoreische Weltbild von dem das *moderne* Denken beherrschenden Prinzip einer bloß *effektiv*-kausal wirkenden «Naturgesetzlichkeit» radikal unterscheidet. Dieses Weltbild eines von dem Prinzip der «Harmonia mundi» beherrscht gedachten «Kosmos» ist es, was Altertum und Mittelalter verbindet, und was bis zu JOHANNES KEPLER auch in der Wissenschaft geherrscht hat[5]. Dieser Unterschied in der Denkweise KEPLERS gegenüber der *nach* ihm herrschenden, aber durch seine Entdeckungen wesentlich mit heraufgeführten neuen wissenschaftlichen Denkform ist es wohl auch, was GALILEI nach KEPLERS Tode in einem Briefe schreiben ließ: «Ich habe Kepler stets wegen seines freien und feinen Verstandes geschätzt, allein seine Art zu philosophieren ist von der meinigen durchaus verschieden» (JOHANNES KEPLER, *Mysterium Cosmographicum*, übersetzt und eingeleitet von M. CASPAR (Augsburg 1923), S. XXVf.).

Das Ziel der «Harmonie» ist nach PTOLEMAIOS nicht das bloße «Sein» (τὸ εἶναι μόνον), sondern das «Gut-Sein» (εὖ εἶναι), zu dem ein λόγος notwendig gehört, der als ein wesentlicher Faktor bei allem die Vollkommenheit hervorbringt (ἑκατέρῳ – das heißt sowohl bei den «göttlichen» wie bei den Dingen der Physis – συναπεργάζεται τὸ εὖ). Der λόγος ist Prinzip der Ordnung (τάξις) und der Symmetrie, und zwar der «harmonische» Logos speziell auf dem Gebiete des Hörbaren (ἀκουστόν), der anschaulich vorstellende (φανταστικός) auf dem Gebiete des Sichtbaren (ὁρατόν), und der «kritische» auf dem Gebiete des Geistes (παρὰ τὸ νοητόν). Diese Ordnung und Symmetrie heißt auf akustischem Gebiete ἐμμέλεια (vgl. dazu *Musiké und Logos*, passim). Um sie in korrekter Weise herzustellen (κατορθοῦν) bedarf es der theoretischen Auffindung der Symmetrien (τῆς θεωρητικῆς τῶν συμμετριῶν εὑρέσεως) durch den Geist, der praktischen De-

5 Wie weit es *daneben* – etwa in einer Linie DEMOKRIT–EPIKUR–LUKREZ–GASSENDI – noch eine andere Weltauffassung gegeben hat, in der dem «Zufall» eine beherrschende Rolle zugeschrieben wurde, und die dann in der «Renaissance», bei der Heraufkunft des von GALILEI geteilten Weltgefühls (oben S. 155), vielleicht eine entscheidende Rolle gespielt hat, kann hier nicht erörtert werden. Jedenfalls muß aber betont werden, daß diese Weltanschauung in den Jahrtausenden von der frühen griechischen Philosophie und Wissenschaft bis zu KEPLER nur eine ganz bescheidene und absolut periphere Rolle gespielt hat!

monstration (τῆς χειρουργικῆς ἐνδείξεως) durch die «Techne» und der aus beiden folgenden Erfahrung (τῆς παρακολουθητικῆς ἐμπειρίας) durch die Übung bzw. Gewöhnung (παρὰ τὸ ἔθος). Das heißt, die Wissenschaft der Mathematik hat es nicht allein mit der «Schau» des Schönen zu tun (μὴ θεωρίας ἔχεσθαι τῶν καλῶν μόνον), sondern zugleich auch mit dessen Aufweisung und Einübung (ἀλλ'ἐνδείξεως ὁμοῦ καὶ μελέτης). Im Unterschied zu dem Geschmacks-, Geruchs-, und Tastsinn unterscheiden Gesicht und Gehör die Dinge dabei nicht bloß nach der Lust, sondern mehr noch nach der Schönheit (οὐχ ἡδονῇ μόνῃ κρινούσαις τὰ ὑποκείμενα, πολὺ δὲ πρότερον τῷ καλῷ).

Gegenstände dieser von dem Prinzip der 'Αρμονία geleiteten «Kritik» sind sowohl μορφή und μέλος (sinnlich schöne Gestalt und musikalische Form) als auch die Bewegungen am Himmel und die menschlichen Handlungen (τῶν οὐρανίων κινήσεων καὶ τῶν ἀνθρωπίνων πράξεων). Es haben sich also in diesem Begriff der «Harmonie» des Kosmos und der menschlichen Seele (ἁρμονία ist nach altpythagoreischer Auffassung sowohl die Struktur der Oktave – die, als «μέλος», zugleich mit dem ἦθος des Menschen identisch ist – wie auch die menschliche Seele selbst) bei PTOLEMAIOS «theoretische», «ästhetische» und ethisch-pädagogische Momente zu einer Einheit verbunden!

Im folgenden wird dann ausgeführt, wie das Gesetz der gefügten Form (ἡ τοῦ ἡρμοσμένου δύναμις), wie es in den Gebilden der musikalischen Formung zunächst aufscheint, sowohl die Funktionen der menschlichen Seele wie auch die Bewegungen der Gestirne am Himmel regiert. Sosehr die Konstruktionen dieser Analogien, zwischen dem Mikrokosmos der Seele und dem Makrokosmos der Welt im ganzen, und beider mit der musikalischen Form, uns im einzelnen auch willkürlich erscheinen mögen, so imponierend ist das Gesamtbild dieses Gefüges, in das der geschichtliche Mensch sich in seinem Dasein jahrtausendelang hineingestellt fühlte, und dem wir Heutigen, wenn wir ehrlich sein wollen, nichts Gleichwertiges entgegenzusetzen haben.

Man kann dieses Weltbild, sowohl was seine Intentionalität wie auch was seinen Wirklichkeitsgehalt angeht, nur würdigen, wenn man es zunächst einmal ganz formal, das heißt rein in seinem «dimensionalen» Erschließungscharakter betrachtet. Auch und gerade die modernsten naturwissenschaftlichen Theorien über die Sinneswahrnehmung und -erfahrung arbeiten noch mit ähnlichen dreidimensionalen Schematismen wie PTOLEMAIOS, so die verschiedenen Theorien über den «Farbenkreis» (dem formal in der Akustik der Quintenzirkel, bzw. in der antiken Musik der Quartenzirkel entspricht; vgl. *Musiké und Logos*, S. 97–100) von HELMHOLTZ, OSTWALD und neuerdings HASSENSTEIN (vgl. H. HÖNL, *Die Ostwaldsche Systematik der Pigmentfarben...*, Die Naturwissenschaften *41* (1954), S. 487–494; B. HASSENSTEIN, *Zur Datenverarbeitung beim Farbensehen des Menschen*, Kybernetik *4* (1968), S. 209–223).

Es scheint bei einer solchen «Datenverarbeitung» die Dreizahl der Dimensionen das ökonomische Optimum darzustellen. Die zweidimensionale «Matrix» oder gar die eindimensionale «Skala» wären allzu ärmlich (vgl. Verf., *Die Idee der Wissenschaft...*, Philos. Jahrbuch der Görres-Ges. *77* (1970), S. 181). Bei vier Dimensionen aber steht der dafür erforderliche Mehraufwand in keinem Verhältnis mehr zu dem dadurch erzielten zusätzlichen Ertrag. Und, rein geistesgeschichtlich betrachtet, ist das, was PTOLEMAIOS macht, kaum weniger berechtigt als HEGELS berühmt-berüchtigte Trias Thesis/Antithesis/Synthesis – mit dem Unterschied noch dazu, daß es sich bei HEGEL sozusagen um die private Marotte eines Einzelnen handelt, während diejenige Weltanschauung, aus der heraus die Kombinatorik des PTOLEMAIOS entspringt, mehrere Jahrtausende lang, sowohl im Okzident wie im Orient, das Bewußtsein der Denkenden im Banne hielt (daß auch schon die vorchristlichen Germanen in ihrer geistigen Elite auf das tiefste von diesem Weltbilde der «Bedeutsamkeiten» beeinflußt waren, zeigt HEINZ KLINGENBERG in seinem Buche *Runenschrift – Schriftdenken – Runeninschriften*, Heidelberg 1973).

Als ein konkretes Beispiel für die Methode des PTOLEMAIOS wollen wir zum Schluß noch auf seine Parallelisierung der Bewegtheit der musikalischen Form und der Bewegungen der Planeten am Himmel (Kapitel 10–12 im dritten Buche der «Harmonik») etwas näher eingehen, weil dieser Fall die Stärken und die Schwächen seiner Methode besonders schön hervortreten läßt. Die Bewegung der «Planeten» vollzieht sich natürlich (mit der Erde als Mittelpunkt bei PTOLEMAIOS!) in der Dreidimensionalität des realen Raumes. Diese 3 Bewegungsdimensionen werden im Griechischen benannt als μῆκος («Länge»), das ist als Bewegung einfach vorwärts/rückwärts, βάθος («Tiefe»), das ist bei PTOLEMAIOS Erdnähe/Erdferne (gr. περίγειος/ἀπόγειος), und πλάτος («Breite»), das ist hier die Lage der Bahn im Verhältnis zum Himmelsäquator.

Während diese Dimensionalität der Gestirnsbewegungen, wie PTOLEMAIOS sie auffaßt, für uns bloß noch eine «doxographische» Bedeutung hat, können wir dagegen aus der dimensionalen Beschreibung der damit in Verbindung gebrachten musikalischen Formen wertvolle Schlüsse auf die *Wirklichkeit* der griechischen Musik ziehen. Der ersten Bewegungsdimension (κατὰ μῆκος) entspricht die einfache Bewegung zwischen «hoch» und «tief» (gr. ὀξύ bzw. βαρύ, das ist wörtlich übersetzt etwa «schrill» bzw. «schwer»), wozu die wichtige Bemerkung gemacht wird: οἱ φωνασκοῦντες ἄρχονταί τε μελῳδεῖν ἀπὸ τῶν βαρυτάτων φθόγγων καὶ καταπαυόμενοι λήγουσιν ἐπ'αὐτούς «die Musikausübenden beginnen die Melodie mit den tiefsten Tönen und hören zum Schluß mit ihnen auf».

Der «Tiefen»-Bewegung (das ist die Bewegung zwischen ἀπόγειον und περίγειον) entspricht die Abwandlung nach den Tongeschlechtern (μεταβολὴ κατὰ γένος), die sich in der griechischen Musik *innerhalb* der beiden Quartintervalle in der Oktave abspielt, als Bewegung *zwischen* dem «enharmonischen» Genos (mit den Intervallen Ditonos/Viertelton/Viertelton) und dem «diatonischen» Genos (= Ganzton/Ganzton/Halbton), mit dem «chromatischen» Genos als der Lage zwischen diesen beiden Extremen. Es wird also speziell das «Pyknon» im Tetrachord der Quarte (*Musiké und Logos*, S. 22) mit dem «Epikyklos» der ptolemäischen Planetenbahnen verglichen.

Mit der dritten räumlichen Dimensionalität der Planetenbahnen schließlich wird die μεταβολὴ κατὰ τόνον, die Tonartenmodulation, in Beziehung gesetzt, in der das *ganze System* der Oktave sich nach oben oder nach unten verschiebt, wobei unter den von PTOLEMAIOS anerkannten 7 τόνοι (dazu *Musiké und Logos*, S. 42ff.) die «dorische» Tonart die (dem Himmelsäquator in der Astronomie entsprechende) mittlere Lage einnimmt.

Wir können aus diesem Parallelismus zwischen den Bewegungen der «Wandelsterne» (wie er sie auffaßte) und der Dimensionalität der musikalischen Tonbewegungen bei PTOLEMAIOS zweierlei lernen. Für die Musik dieses, daß ein jeder, der sich nicht vollkommen und radikal von der Vorstellung einer «Leiter», Skala, oder dergleichen freizumachen vermag, von der ursprünglichen Form der griechischen Musik überhaupt nichts verstehen kann. Die an einer «Skala» orientierte Bewegung ist ja notwendig eindimensional gedacht, während der Grieche seine Musik als eine in 3 selbständigen, vollkommen voneinander unabhängigen Dimensionen verlaufende Bewegung hörte. Das beweisen an sich (mehr oder weniger) *alle* Zeugnisse, die wir für diese Musik haben. PTOLEMAIOS aber sagt dieses hier ausdrücklich, jedenfalls für den, der «Ohren hat zu hören». *Alle* nach dieser Theorie *möglichen* Formen waren allerdings zur Zeit des PTOLEMAIOS keineswegs mehr im Gebrauch.

Zweitens aber zeigt dieses Beispiel besonders eindringlich den Unterschied zwischen dieser Art von («analogischer») Erklärung, und dem Erklärungsprinzip des modernen Naturgesetzes. Das moderne Naturgesetz definiert (womöglich mathematisch) einen vorher empirisch festgestellten oder nachträglich empirisch zu bestätigenden gesetzmäßigen Ablauf oder Zusammenhang. Die «harmonikale» Welterklärung dagegen versucht systematisch Sinnzusammenhänge zu erschließen, wobei sie von der Annahme ausgeht, daß alles, was ist oder geschieht, (wie eine sprachliche Form) je in einem bestimmten «Sinne» zu verstehen sein muß oder verstanden werden kann, bzw., dasselbe als Kontrast ausgedrückt: in der Denkform der «Naturgesetzlichkeit» ist dieser zu verstehende «Sinn» das Geschehen selbst, in der Form der «Weltharmonie» aber das, was ARISTOTELES als μίμησις bezeichnet, das heißt etwas Analoges zu dem, was der Schauspieler (gr. μῖμος) für den Zuschauer darstellt, und was sich aus dieser Darstellung für den das dargestellte Geschehen Miterlebenden oder Nachvollziehenden erschließt[6].

## 3. *Das Wissenschaftsideal Keplers*

Es ist mit KEPLER etwa so, wie mit KOLUMBUS, der den Weg nach Indien suchte, und dabei, ohne dieses selbst zu wissen, Amerika entdeckte. KEPLER selbst wollte bloß dieselbe Sache besser machen als PTOLEMAIOS, und er konnte dieses ja einfach deshalb, weil er von dem richtigeren Weltsystem – dem des KOPERNIKUS – ausging.

Der entscheidende Unterschied ist hierbei nicht an sich das Verhältnis zur Erfahrung. KEPLER schreibt am 12. Juli 1600 an HERWART VON HOHENBURG: Es dürfen diese Spekulationen a priori nicht gegen die Erfahrung verstoßen, sie müssen vielmehr mit ihr in Übereinstimmung gebracht werden (J. KEPLER, *Ges. Werke*, Band VI, S. 472). Und PTOLEMAIOS kontrolliert seine apriorisch ermittelten Intervallverhältnisse sogar ganz empirisch mit Hilfe des Saitenkanons.

Das für den Unterschied der Idee der Weltharmonie von der Idee der modernen «Naturgesetzlichkeit» entscheidende Moment liegt vielmehr in der selbstverständlichen Annahme einer kosmischen Ordnung, deren Möglichkeiten zuerst apriorisch gesehen werden, um sie dann in der Erfahrung

6 Dieser Vergleich soll den Unterschied wiedergeben, daß es sich in dem einen Falle um einen zu «erlebenden» *Sinn*, in dem anderen aber bloß um einen mechanisch zu kontrollierenden «Kalkül» handelt. Ein echtes «Erleben» steht sowohl hinter KANTS berühmter Parallelisierung des «moralischen Gesetzes in mir» mit dem «gestirnten Himmel über mir», wie auch hinter der «harmonikalen Bewegung» eines A. v. THIMUS und HANS KAYSER (vgl. dazu etwa: H. KAYSER, *Akroasis, die Lehre von der Harmonik der Welt* [2. Aufl., Basel und Stuttgart 1964]).

wiederzufinden. Diese «regulative» Rolle der Erfahrung unterscheidet auch den ernst zu nehmenden Pythagoreismus seit den ältesten Zeiten[7] bis zu KEPLER hin von den wilden «pythagoreisierenden» Spekulationen, die den genuinen Pythagoreismus in den Augen von Ununterrichteten immer wieder kompromittiert haben.

Ich zitierte für KEPLERS Einstellung noch aus dem «Nachbericht» von M. CASPAR (*Ges. Werke* VI, S. 473): Wenige Wochen nach der Entdeckung seines Ellipsensatzes im Jahre 1605, als er den Koloß der ihm gestellten Aufgabe bezwungen hatte, entrang sich ihm nun der Seufzer: «Möge mich doch Gott von der Astronomie losmachen, damit ich mich der Sorge für mein Werk über die Weltharmonik zuwenden kann» (Brief an HEYDONUS in London, Mai 1605). So tief hafteten diese Betrachtungen in seinem Geist, so stark nahmen sein Denken und Fühlen die Spekulationen ein, die auf dem Grenzgebiet zwischen Mathematik und Metaphysik liegen. «Wenn es etwas gibt», so sagt er in dem gleichen Brief, «was den himmlischen Geist des Menschen an diesem unseren verstaubten Verbannungsort fesseln und ihn damit aussöhnen kann, so daß man sich freuen mag, zu leben, so ist es wahrhaftig dieser Genuß».

Wenn demgegenüber die Denkform der modernen Naturwissenschaft, da, wo sie zu vollem Selbstbewußtsein erwacht ist, diese «spekulative» Denkform (sei es als «Pythagoreismus», «Aristotelismus» oder wie sonst) von sich stößt, so könnte man dieses mit einem Vogel vergleichen, der das Ei, in dessen schützender Hülle er heranwuchs, zerbricht und von sich stößt. Ohne den Schutz dieser Eierschale wäre das Junge freilich – um im Bilde zu bleiben – nie flügge geworden.

Dabei geht es konkret um eine Art von Auslesevorgang, der in der ambivalenten Rolle KEPLERS bei der Entstehung des wissenschaftlichen Weltbildes der Neuzeit sich geradezu personal zu verkörpern scheint. Diese Zwiespältigkeit KEPLERS gilt ganz besonders für sein Hauptwerk, die *Quinque Libri Harmonices Mundi*. Dieses Werk setzt die Vollendung der Keplerschen Entdeckung des Bewegungsgesetzes der Himmelskörper, und zwar schon durch seinen Titel *Harmonice Mundi*, in einen Rahmen, der, so möchte man sagen, mehr als hundertprozentig «pythagoreisch» ist. «Allein, damit dem Kopernikus nichts abgehe von der pythagoreischen Philosophie», habe er sein Werk geschrieben, schreibt er schon in einem Briefe an seinen Lehrer MICHAEL MÄSTLIN vom 15. August 1599 (*Ges. Werke* VI, S. 470).

7 Gerade dieses, daß sie «das Ohr über die Vernunft stellen» (531 A ὦτα τοῦ νοῦ προστησάμενοι) macht PLATO im *Staate* den Pythagoreern zum Vorwurf!

Methodisch wichtig ist andererseits der Satz in dem Briefe an JOACHIM TANCKIUS vom 12. Mai 1608 (a.a.O. S 474): «Nichts Verborgenes wird in der Naturphilosophie... ans Licht gebracht. Es werden nur Dinge, die vorher schon bekannt waren, in Beziehung gesetzt». Das Wesentliche ist aber doch dabei, daß diese Beziehungen hier *in die Dinge hineingelesen*, und *nicht* vorurteilslos aus den Phänomenen abgelesen werden, wie das das *nach* KEPLER zur Herrschaft gekommene wissenschaftliche Weltbild forderte, das NEWTON in den Satz kleidete: *hypotheses non fingo*! In diesem Punkte unterscheidet sich KEPLER in nichts von PTOLEMAIOS. Es sind bloß seine «Vorurteile» *andere* als die des PTOLEMAIOS. So bekämpft KEPLER in *De Stella Nova* (*Ges. Werke* I, S. 253–257) in langen Ausführungen nicht nur GIORDANO BRUNOS These von der Unendlichkeit der Welt, sondern es ist für ihn auch selbstverständlich, daß die *Sonne* ihr Zentrum bildet – so, wie für PTOLEMAIOS dieses selbstverständlich die *Erde* ist.

Die beiden letzten und eigentlich entscheidenden Schritte zu unserem heutigen Weltbild sind im übrigen erst im Laufe des 19. Jahrhunderts erfolgt. Sie bestehen einerseits konkret-räumlich in dem Übergang zu der Rechnung mit Millionen und Milliarden von Lichtjahren, und andererseits zeitlich in der Rechnung mit den Jahrmillionen und Jahrmilliarden der Erdgeschichte. Seitdem ist KANTS Satz von der Erhabenheit des «gestirnten Himmels über mir» (der in Wirklichkeit ein Relikt aus der Epoche der *Harmonia mundi* darstellt) eigentlich sinnlos geworden, denn diese über jedes harmonische Maß hinausgewachsene Dimensionalität, die im allgemeinen nur noch gedankenlos nachgeplappert wird, kann einen fühlenden Menschen nur noch erschrecken.

Die Zeitbedingtheit *beider* Standpunkte, des KEPLERS, und desjenigen des PTOLEMAIOS, zeigt sich besonders kraß bei der Interpretation der «Sphärenharmonie», *an die beide glauben*, bloß daß KEPLER (vgl. *Harmonice Mundi* liber V, cap. V–IX, insbes. cap. VI: *in extremitatibus motuum planetariorum expressos esse quodammodo modos seu tonos musicos*) die «Harmonien» der Musik *seiner Zeit* mit den Planeten des *kopernikanischen* Systems in Verbindung bringt, während PTOLEMAIOS in den Relationen *seines* zwischen Fixsternhimmel und Erde eingespannten Weltsystems die Proportionen des total und radikal von der heutigen Musik verschiedenen σύστημα τέλειον der *griechischen* Musik wiederfindet (vgl. dazu INGEMAR DÜRING, *Ptolemaios und Porphyrios über die Musik*, Göteborgs Högskolas Årsskrift $40_1$, [1934], S. 280f.).

Und wenn man KEPLERS «5 Bücher von der Harmonie der Welt» von diesem «harmonikalen» Standpunkt aus betrachtet, so verschwinden hier die 3 «Keplerschen Gesetze», durch die KEPLER nach moderner Auffassung als ein Genie unvergleichlichen Ranges in die Geschichte der Astronomie und überhaupt der Naturwissenschaften eingegangen ist, in einem Meere von uns Heutigen phantastisch erscheinenden Spekulationen. Aber *ohne* diesen Durchgang durch das Meer der Spekulationen – einerlei, wie diese an sich zu bewerten sind – wäre nicht nur KEPLER nicht, sondern überhaupt kein Mensch je auf die «Keplerschen Gesetze» gekommen! Oder anders ausgedrückt: erst mußte die «Methode», das heißt der *Weg* der mathematischen Berechnungen *gefunden* werden, und dann konnte er zu bleibenden Resultaten führen.

Die Grundideen, von denen KEPLERS ganzes Denken beherrscht ist, hat er im letzten Buche der *Harmonice Mundi*, zu Beginn des 9. Kapitels, mit einer unnachahmlichen Präzision und Konzision, und zugleich im Stil des feierlichsten Pathos, selber formuliert: *cum igitur videamus, Harmonias universales omnium sex Planetarum non temere posse evenire... sequitur igitur ut Creator, sapientiae omnis fons, approbator Ordinis perpetuus, scaturigo Geometriae et Harmonices aeterna et superessentialis, ut hic inquam coelestium Opifex ipsissimus Harmonicas proportiones, ortas ex figuris planis regularibus, adjunxerit ad solidas quinque figuras regulares, exque utraque classe, unum perfectissimum Archetypum coelorum conformaverit*; *in quo, sicut per solidas quinque figuras, Ideae relucerent orbium, quibus sex stellae vehuntur*: *sic etiam per planarum figurarum soboles, Harmonias* (*libro tertio ex ijs deductas*), *Eccentricitatum in singulis orbibus mensurae, ad motus corporum proportionandos, continerentur*: *exque his duabus rebus contemperatio una fieret, et majores orbium proportiones, minoribus Eccentricitatum, ad Harmonias procurandas necessariarum, nonnihil concederent*; *et vicissim, ex proportionibus Harmonicis, illae potissimum Planetis accomodarentur, quae cum solida quaque figura cognationem majorem haberent*; *qua id per Harmonias fieri potuit*: *eaque tandem ratione proportiones Orbium, et singulorum Eccentritates, ex Archetypo simul enascerentur, ex Orbium vero amplitudine et mole corporum, periodica Tempora singulorum resultarent.* «Da wir also sehen, daß die allgemeine Harmonie der Proportionen der Planeten(bahnen) nicht aufs Geratewohl zustande kommen kann... folgt also daraus, daß der Schöpfer, der Quell jeglicher Weisheit, der beständige Bestätiger der Ordnung, der ewige, über dem Sein stehende Ursprung der Geometrie und der Harmonie – in unserem Falle: der eigentliche Bewirker der Himmelserscheinungen – die harmonischen Proportionen, die aus den regelmäßigen Figuren der Ebene entspringen, mit den 5 regulären Körpern verbunden hat, und aus diesen beiden Klassen (von ‹Prinzipien›) ein himmlisches Urbild der Vollkommenheit zustande gebracht hat; in diesem (Urbilde der Vollkommenheit) scheinen einerseits die ‹Ideen› der Bahnen auf, auf denen die 6 Sterne dahinfahren, und sind andererseits die Maße der ‹Exzentrizitäten› in den einzelnen Bahnen im Verhältnis zu den Bewegungen der Himmelskörper enthalten, so, daß aus diesen beiden Momenten eine einzige Zusammenstimmung entsteht, indem einerseits die größeren Verhältnisse der Umlaufbahnen den kleineren der Exzentrizitäten, die für die Herstellung der Harmonien notwendig sind, ein wenig nachgeben, während andererseits von den harmonischen Proportionen diejenigen vor allem den Planeten(bahnen) ‹angepaßt› werden, die mit den einzelnen regulären Körpern eine so große Verwandtschaft haben, wie dieses unter Wahrung der ‹Harmonie› überhaupt möglich ist. Auf diese Weise entstehen zugleich aus dem Urbild die Proportionen der Planetenbahnen und die Exzentrizitäten derselben, und dann aus der ‹Amplitude› der Planetenbahnen und der Masse der Körper die periodischen Umlaufszeiten der einzelnen (Planeten).»

Es erscheint fast unbegreiflich, daß bisher anscheinend noch niemand gesehen hat, daß dieses Weltbild im ganzen, seiner «*inneren* Form» nach, *mit dem des* PTOLEMAIOS *vollkommen übereinstimmt*, und daß es bloß äußerlich-faktisch (Sonne oder Erde im Mittelpunkt, «Epizyklen» bei PTOLEMAIOS, «Exzentrizitäten» bei KEPLER – Dur-Moll-System der Tonarten bei KEPLER, auf das σύστημα τέλειον ἀμετάβολον bezogene Tonarten bei PTOLEMAIOS) sich von dem ptolemäischen Weltbild unterscheidet. Dieses Unverständnis beruht offenbar darauf, daß man unter dem Einfluß der modernen «scientifischen» Weltanschauung bloß die äußere Faktizität für «real» hält, und die die pure Faktizität transzendierende *Weltanschauung* (*world outlook*: bei PTOLEMAIOS und bei KEPLER die Idee der «Harmonie» – heute die zu einem an sich «sinn-losen» Aggregat von Fakten gewordene Welt), *soweit sie das moderne «Skelett» von Weltbild transzendiert*, für eine persönliche Marotte des Forschers hält – während für *die* Jahrtausende, in denen dieses Weltbild der *Harmonia mundi* allgemein galt, gerade dieses dasjenige ist, auf das es eigentlich ankommt.

Die Weltanschauung KEPLERS erscheint in dem eben in extenso zitierten Absatz mit der äußersten Prägnanz zusammengefaßt in dem Satze (in Zeile 11) von den 5 regelmäßigen Körpern, in denen die «Ideen» der Bahnen aufleuchten, *quibus sex stellae vehuntur*. Das heißt, KEPLER steht demnach *im Prinzip* noch vollkommen auf dem Boden der Sphärenbeweger des ARISTOTELES im 8. Kapitel des Buches Lambda der *Metaphysik*. Demgegenüber erscheint der Unterschied, daß KEPLER für diese «Ideen» *quibus sex stellae vehuntur* zunächst (in der ersten Auflage des *Mysterium Cosmo-*

*graphicum*) *animae* («Seelen») *motrices* sagt, später aber (in der 1621 erschienenen 2. Auflage) lieber *vis* «Kraft» sagen will, als relativ belanglos. Dagegen enthält der letzte Satz des oben zitierten Absatzes, mit seiner Verbindung von «Bewegung» und Masse (*moles*), eine Vordeutung auf die spätere Entwicklung. Für die Aufklärung dieser Zusammenhänge bedarf es eines Blickes auf die übrigen Komponenten in der Heraufkunft der modernen Naturwissenschaften, neben dem «Pythagoreismus».

Unter den 7 *artes liberales* ist außer den 4 «mathematischen» Disziplinen des *Quadriviums* von den 3 *artes* des *Triviums* mindestens auch noch die «Logik» oder «Dialektik» entscheidend an dem Entwicklungsprozeß beteiligt, der von der Scholastik zur Neuzeit führte. Diese Zusammenhänge sind in jüngster Zeit durch die verschiedenen Arbeiten von ANNELIESE MAIER[8], die sich dabei auf die Schätze der vatikanischen Bibliothek stützen konnte, weitgehend aufgeklärt worden – jedenfalls, soweit sie die letzte unter den 4 Epochen in der Geschichte der Scholastik betreffen.

Diese 4 Epochen sind: 1. die «naive» eines ANSELM VON CANTERBURY, 2. die «dialektische» Epoche, die vor allem durch den sogenannte «Universalienstreit» gekennzeichnet ist, 3. die Hochscholastik seit ALBERT D. GR. und THOMAS, die ganz unter dem Einfluß der arabischen Philosophie – insbesondere der Aristoteles-Kommentare des AVERROES und der Metaphysik des AVICENNA – steht, und 4. die Epoche der «nominalistischen» Zersetzung der metaphysischen Spekulation, zu der auf der einen Seite der abstrakt-metaphysisch-logische «Occamismus» und auf der anderen Seite die mehr wissenschaftstheoretischen Strömungen von Paris (JOHANNES BURIDAN, NICOLAUS ORESMIUS, ALBERT V. SACHSEN, der Gründer der Universität Wien, MARSILIUS V. INGHEN, der Gründer von Heidelberg) und Oxford (THOMAS BRADWARDINE, WILHELM HEITESBURY, RICHARD SUISSET) gehören.

Der entscheidende Wandel in der Denkform, und damit auch der *eigentliche* Übergang zum «modernen» Europa (der Gegensatz *vetus/modernus* ist eines der «Schlagworte» dieser Zeit!), erfolgte auf der dritten Stufe dieser Entwicklung. Wenn das bisher übersehen worden ist, so liegt das, kurz gesagt, vor allem daran, daß das arabische Denken, dessen Eindringen in das lateinische Europa diesen Wandel herbeiführte, als «Aristotelismus» ge-

8 *Die Vorläufer Galileis im 14. Jahrhundert* (Rom 1949); *Zwei Grundprobleme der scholastischen Naturwissenschaft* (2. Aufl., Rom 1951) (Storia e Letteratura, Bd. 37); *An der Grenze von Scholastik und Naturwissenschaft* (Rom 1952) (Storia e Letteratura, Bd. 41); *Metaphysische Hintergründe der spätscholastischen Naturphilosophie* (Rom 1955) (Storia e Letteratura, Bd. 52); *Zwischen Philosophie und Mechanik* (Rom 1958) (Storia e Letteratura, Bd. 52).

tarnt war. Dieser durch arabische Augen gesehene «Aristoteles» eines AVERROES oder AVICENNA ist aber von dem echten ARISTOTELES nicht nur durch mehr als ein Jahrtausend getrennt, sondern er ist dazu noch vollkommen und in allen Einzelheiten auf eine total anders geartete Denkform hin uminterpretiert worden: so, wie das griechische Denken sich selbst als ein λόγον διδόναι, das heißt als eine mit der Sache gewissermaßen «isomorphe» Rechenschaftsablegung von dem, was ist, *wirklich* ist, versteht, betrachtet die arabische Sprache, und damit das in dieser Sprache sich ausdrückende Denken, sich selbst als «Intentionalität»!

Dieser von der Hochscholastik aus dem Arabischen übernommene Begriff des Begriffes als *intentio* (ar. *maᶜnā*) erzeugt dann (seit DUNS SCOTUS, vgl. CARL PRANTL, *Geschichte der Logik im Abendlande* III, S. 208ff.) den Begriff des «Objektes», dessen Geschichte bis zu KANT hin nunmehr die Geschichte des Denkens im lateinischen Europa zugleich faktisch bestimmt und symptomatisch kennzeichnet. Das heißt, es wird der Begriff des «Objektes» aus dem *objectum contemplationis*, Objekt der Betrachtung, «intentionalem» Objekt, zu dem Objekt einer äußeren oder inneren realen Effizienz («realem» Objekt).

Dieses wiederum ist seinerseits das Resultat eines neuen, aus dem Arabischen übernommenen *Natur*begriffs. Über die Geschichte dieses «operativen» Naturbegriffs habe ich in einem im Jahre 1970 gehaltenen, im «Philosophischen Jahrbuch» der Görres-Gesellschaft *79* (1972), S. 199–205 (vgl. dort insbes. S. 204f.) abgedruckten Vortrag aus einer mangelhaften Kenntnis der Quellen heraus sehr unzureichend gehandelt.

Die Araber haben den griechischen Begriff φύσις von vorneherein und schon sehr früh «operativ» verstanden, bzw., ihn so «transformiert». Dieses geht daraus hervor, daß sie die zunächst aus dem Syrischen übernommene, ganz wörtliche Übersetzung des griechischen φύσις-Begriffs *kiyān* alsbald durch den Begriff *ṭabᶜ* oder *ṭabīᶜa* ersetzten, der anscheinend aus der arabischen Mystik stammt (vgl. PAUL NWYIA, *Exégèse Coranique et Langage Mystique* (Beyrouth 1970), S. 272).

Dieses muß man zusammennehmen mit der Übersetzung der aristotelischen Begriffe δύναμις/ἐνέργεια durch *quwwa/fiᶜl*, das ist etwa Kraft/Leistung (lat. dann *potentia/actus*, die natürlich nichts «Römisches» an sich haben, wie HEIDEGGER, *Schellings Abh. über das Wesen der menschl. Freiheit*, S. 224, meint), sowie mit vielen anderen, ebenfalls in dieselbe Richtung weisenden «Transformationen» des ursprünglichen griechischen Begriffsgefüges, die dann, im Endeffekt, in lateinischem Gewande, als «Sauerteig», die neuzeitliche Denkform, einer zunächst «intentionalen», und sodann «realen» *Objektivität* erzeugt haben.

Die völlige Entfaltung dieser Denkform der «Objektivität» im neuzeitlichen Sinne erfolgt in 3 Stufen. Zunächst wird die von dem «operativen» Naturbegriff her interpretierte «Objektivität» als *Theorie* entwickelt. Dieses ist im wesentlichen die Funktion der von ANNELIESE MAIER untersuchten vierten Epoche der Scholastik (oben Anm. 8).

Nachdem dieser im ganzen durch mehrere Jahrhunderte sich hinziehende Prozeß sozusagen an einem inneren Erschöpfungsvorgang sich totgelaufen hatte (A. MAIER: in der «Physik» des 14. Jahrhunderts wird «gerechnet» – zum Teil schon recht kompliziert –, aber es wird nicht gemessen!), erfolgt die systematische Einschaltung der sinnlichen Erfahrung, als «Experiment», durch die Pioniere der neuzeitlichen Naturwissenschaft *als Praxis*. Erst darauf dann kommt schließlich, in einem dritten Akt der *theoretischen Klärung* und Durchdringung dieser Praxis, der Prozeß im ganzen zu einem gewissen Abschluß.

Jetzt erscheinen «Masse» und «Energie» als die beiden primären physikalischen Faktoren in einer solchen «operativ» verstandenen Natur. Energie wird jetzt die *Fähigkeit, eine «Arbeit» zu leisten*. Damit ist, wie der ursprüngliche «Objekt»begriff, auch die aristotelische Konzeption der ἐνέργεια ungefähr in ihr Gegenteil verkehrt!

Den eigentlichen Wendepunkt in dieser Entwicklung bedeutet also der in der Hochscholastik aus dem Arabischen übernommene «operative» «Natur»begriff (vgl. dazu, unter Berücksichtigung des oben S. 165 Gesagten, den dort zitierten Aufsatz im Philos. Jahrbuch 79, S. 204f.). Dieser Wendepunkt ist symptomatisch dadurch gekennzeichnet, daß die Problematik der «Individuation» die des «Universalien»-Streites in den Hintergrund drängt (PRANTL, Bd. III, S. 9). Bei THOMAS ist das «Principium individuationis» die *materia (de)signata*. *(De)signata* meint hier das arabische *mu$^{c}$ayyan*, für dessen Bedeutung ich auf GOICHON, *Lexique de la langue philosophique d'Ibn Sīnā*, p. 256–261, verweise (*$^{c}$ain* ist unter den 3 arabischen Individualitätsbegriffen *$^{c}$ain*, *dhāt* «essentia», *nafs* «anima» der Begriff der «Individuation» schlechthin). Die Scotisten dagegen suchen das Principium individuationis nicht mehr in der Materie, sondern lassen die Kontraktion zum Individuum durch formale Momente – diese insbesondere als «haecceitas» – bedingt sein (A. MAIER, *Zwei Grundprobleme*, S. 54).

In den daraus und darauf dann folgenden Untersuchungen und Disputationen der «Schulen» sind es vor allem 2 Problembereiche, die die Bedingungen der Möglichkeit für die moderne «exakte» Naturwissenschaft, und insbesondere für die Infinitesimalrechnung, und damit die Möglichkeit der Bewältigung des in den Sophismen des ZENON VON ELEA zuerst auftauchenden, von ARISTOTELES zuerst begrifflich formulierten, potentiell Unendlichen (δυνάμει ἄπειρον) eröffnet haben. Es ist dieses einmal das Problem der «Näherung» (*appropinquatio*) und des Grenzwertes (*limes*), und auf der anderen Seite das Problem der *intensio et remissio formarum*, die durch die scotistische Verschiebung des gedanklichen Substrats der Veränderung von der *materia* (*de*)*signata* zur «*haecceitas*» einen neuen Charakter erhielten.

Im ganzen genommen ist diese geistige Bewegung im spätmittelalterlichen lateinischen Europa genau entgegengesetzt derjenigen Kehrtwendung, die in Griechenland um die Wende des sechsten zum fünften Jahrhundert durch die «Eleaten», und insbesondere durch PARMENIDES bewirkt wurde: *damals* wurde die begriffliche «Form», gegenüber dem «Fluß» des Denkens bzw. des Gedachten sowohl bei PYTHAGORAS wie bei HERAKLIT, als unwandelbare ἀλήθεια fixiert. Dieses eleatische Postulat der «Fixierung» des Gedachten erzeugte einerseits den «Atomismus» LEUKIPPS und DEMOKRITS, und andererseits die «Ideenlehre» PLATOS (die ihre «fixen» Größen ja mit demselben Namen benannte, wie DEMOKRIT die seinigen, vgl. oben S. 151), und alles, was dann darauf folgte – einschließlich der aristotelischen Logik.

*Jetzt* aber wird im lateinischen Europa des Spätmittelalters – in Konsequenz des aus dem Arabischen übernommenen «operativen» Naturbegriffs – diese feste Form wieder aufgelöst. Deswegen hat auch dieser 2. «Nominalismus» einen ganz anderen Charakter als der erste der «dialektischen» Epoche, mit dem Universalienstreit und den «Suppositions»theorien. Es wird diese neue Problematik zunächst unter dem Titel der *latitudo formarum* abgehandelt. Die «Intension» der Formen kann dabei verstanden werden sowohl als Wachsen oder Abnehmen der Form als «Inhärenz», wie auch, mehr «nominalistisch», als *accessus ad terminum* (AEGIDIUS ROMANUS bzw. HEINRICH VON GENT, vgl. *Zwei Grundprobleme*, S. 31). In beiden Fällen wird Qualität wie Bewegung vom *terminus ad quem* als «Limes» her gedacht.

Diese Disputationen über die *latitudo formarum* führen dann weiter bei NICOLAUS ORESMIUS (ca. 1320–1382) zu der Konzeption einer *qualitas* bzw. eines *motus uniformiter difformis*, bzw. *difformiter difformis*, die in einer an die Kurven der «analytischen Geometrie» des DESCARTES erinnernden Weise dargestellt werden (*Zwei Grundprobleme*, S. 81ff.). Daß «Oresme etwas ganz anderes wollte als Descartes» (a.a.O. S. 82f.) ist nicht so wichtig, wie A. MAIER meint. Wichtig ist vielmehr, daß sich der europäische Geist damit überhaupt für diese Problematik und diese Methodik öffnete.

Auf der anderen Seite sehen wir an dem langen Wege seit den Eleaten, den dieses Denken brauchte, um zu dem ihm gesetzten «*terminus*» zu gelangen, daß diese spezifisch-moderneuropäische Denkform, die *uns* heute so einfach und geradezu selbstverständlich erscheint, in Wirklichkeit die am wenigsten einfache und selbstverständliche von allen sein muß, denn diese scheinbare Einfachheit resultiert ja genetisch aus einer «Komplexion» der verschiedensten, vielfach geradezu entgegengesetzten geschichtlichen Komponenten.

# Astronomische Beobachtungen und kosmologische Modelle

WOLFGANG MATTIG

## 1. *Mechanisches Gleichgewicht und allgemeine Expansion*

Der Beginn der physikalisch-mathematischen Behandlung der kosmologischen Fragestellung fällt in das Jahr 1917, als EINSTEIN und DE SITTER zwei verschiedene Lösungen für die Raum-Zeit-Struktur des Universums angeben konnten. Jedoch ist das Problem des mechanischen Gleichgewichtes in einem unendlich ausgedehnten Raum schon früher diskutiert worden, erwähnt seien hier die Gedankengänge von OLBERS und die von C. NEUMANN und H. v. SEELIGER[1]. OLBERS führte 1826 die Absorption des Lichtes ein, um dem Einwand zu entgegnen, daß in einem unendlich ausgedehnten, mit Sternen erfüllten Raum der Himmel sonnenhell sein müßte. NEUMANN und SEELIGER schlugen gegen Ende des vorigen Jahrhunderts eine Abänderung des Newtonschen Gesetzes vor, um den mechanischen Schwierigkeiten im unendlichen Raum zu entgehen.

Auch EINSTEIN begegnete in seiner Kosmologie auf der Grundlage der allgemeinen Relativitätstheorie den gleichen Schwierigkeiten, wie sie in der Newtonschen Mechanik auftraten. Erst die Erweiterung seiner Grundgleichungen um das kosmologische $\Lambda$-Glied bot die Möglichkeit des Verständnisses eines Universums mit statisch verteilter Materie; dies ist aber einer Abänderung des Newtonschen Gravitationsgesetzes äquivalent. DE SITTERS kosmologisches Modell enthielt andererseits die Aussage, daß sich die Galaxien voneinander entfernen, also eine Rotverschiebung in den Galaxienspektren beobachtbar sein müßte.

Die ersten erfolgreichen Messungen von Radialgeschwindigkeit extragalaktischer Objekte gelang SLIPHER 1912, jedoch zeigten die wenigen Galaxien kein klares systematisches Verhalten, obwohl die Zahl der Galaxien mit Rotverschiebungen größer war als die mit Blauverschiebungen und alle gemessenen Geschwindigkeiten relativ groß ausfielen ($\approx$ 200 km/sec). Es sei

1 Vgl. O. HECKMANN, *Theorien der Kosmologie* (Berlin 1942).

hier besonders erwähnt, daß erst im Jahre 1924 durch HUBBLE eindeutig die extragalaktische Stellung der Spiralnebel im Universum sichergestellt werden konnte. Mit dem 2,5-Meter-Spiegel des Mt.-Wilson-Observatoriums gelang ihm die Auflösung der äußeren Teile des Andromedanebels in Einzelsterne, womit erstmals die Entfernungsbestimmung einer Galaxie möglich wurde.

Für die Kosmologie von entscheidender Bedeutung war die andere große Entdeckung von HUBBLE im Jahre 1929. Er konnte nachweisen, daß die Rotverschiebung der Linien in den Galaxienspektren proportional mit der Entfernung wächst. Diesen Proportionalitätsfaktor nennen wir bis heute die Hubble-Konstante $H_0$ und interpretieren diesen Sachverhalt als eine allgemeine Expansion des Weltalls. Dieser Beobachtungsbefund gab bis heute die stärksten Impulse für die kosmologische Forschung.

Es ist besonders hervorzuheben, daß im Anschluß an die de Sittersche Entdeckung zu Beginn der zwanziger Jahre von FRIEDMAN[2] die ganze Vielfalt expandierender Weltmodelle, aus den Einsteinschen Grundgleichungen abgeleitet, eingehend untersucht wurde; also vor der Hubbleschen Entdeckung der Rotverschiebung. Trotzdem erhoben sich öfters Stimmen, die versuchten, die Rotverschiebung in den Galaxienspektren durch Einführung neuer physikalischer Effekte zu erklären, um eine allgemeine Expansion des Universums zu vermeiden. Dies besonders wohl deshalb, weil die meisten Modelle zu dem Schluß kommen, daß alle Galaxien vor einer endlichen Zeit sehr eng beieinander gewesen sein müssen. Mathematisch ergibt sich eine Singularität (Friedman-Singularität) zur Zeit $t = 0$ mit einer unendlich großen Dichte. Zu diesem Thema schreibt O. HECKMANN[1] in der Einleitung zu seinem Buch *Theorien der Kosmologie*: «Manchmal wird die Meinung vertreten, wenn es gelänge, einen optischen Elementarprozeß zu finden, der die Rotverschiebung in den Nebelspektren einwandfrei, ohne die Annahme von Doppler-Verschiebungen, zu deuten erlaubt, so könne man die Kosmologie mit ihren Extrapolationen entbehren. Damit ist aber die Frage nach dem mechanischen Zusammenhalt – etwa nach dem Gleichgewicht – der ungeheuren Massen im System der Nebel nicht beantwortet, sondern man hat höchstens seine Uninteressiertheit an diesem Problem erklärt.»

In den letzten Jahrzehnten hat es nicht an hochinteressanten Ansätzen zur Weiterentwicklung der allgemeinen Relativitätstheorie gefehlt. Jedoch scheinen mir die kosmologischen Konsequenzen erst dann von praktischer Bedeutung zu sein, wenn die astronomischen Beobachtungen mit den aus der

2 A. FRIEDMAN, Z. Physik *10*, 377 und *21*, 326 (1922, 1924).

klassischen Einsteinschen Relativitätstheorie abgeleiteten Weltmodellen im Widerspruch sind. Sollten jedoch andere Effekte der allgemeinen Relativitätstheorie, wie zum Beispiel die Merkurperiheldrehung und die Lichtablenkung im Widerspruch zur Beobachtung stehen, dann müßten wir jedoch von vornherein «nicht klassische» Weltmodelle mit der Beobachtung vergleichen. Wie jedoch HÖNL[3] gezeigt hat, weisen die Messungen der Merkurperihelbewegung, der Lichtablenkung und der Laufzeitvergrößerung von Radarwellen im Schwerefeld der Sonne eher auf die Gültigkeit der Einsteinschen Theorie als auf die der Skalar-Tensor-Theorie von JORDAN[4] sowie von BRANS und DICKE[5] hin.

## 2. *Kosmologische Modelle*

Die Vielfalt der möglichen Lösungen der Einsteinschen Feldgleichungen kann eingeschränkt werden, wenn wir einige wesentliche Voraussetzungen über die Materieverteilung im Universum machen. Wir wollen annehmen, daß diese homogen und isotrop ist. Abweichungen von der Isotropie konnten bisher nicht nachgewiesen werden, sie sind kleiner als 1%[6]. Von lokalen Dichteschwankungen abgesehen, ist die Materieverteilung homogen, wenn unsere betrachteten Elementarvolumina nur hinreichend groß gewählt werden. Die Lösungsmöglichkeiten werden noch weiter eingeschränkt, wenn wir die «Mittelpunktslosigkeit der Welt» postulieren, das heißt wenn wir annehmen, jeder Beobachter habe den gleichen Anblick von der Welt (Weltpostulat).

Mit diesen Voraussetzungen reduzieren sich die Einsteinschen Feldgleichungen mit $\Lambda$-Glied auf die zwei Differentialgleichungen

$$3\frac{\ddot{R}}{R} - \Lambda = -\frac{\varkappa\varrho}{2}, \tag{1}$$

$$\frac{\ddot{R}}{R} + 2\frac{\dot{R}^2}{R^2} - \Lambda - \frac{\varkappa\varrho}{2} = -2\frac{\varepsilon}{R^2}, \tag{2}$$

$R$ ist der zeitabhängige Skalenfaktor im Robertson-Walker-Linienelement, $\varrho$ die Dichte und $\varkappa = 8\pi G/c^2$ ($G$ Gravitationskonstante). $R(t)$ beschreibt die

3 H. HÖNL, Veröff. der Deutschen Akad. d. Naturforscher «Leopoldina», Halle a. S., im Druck.

4 P. JORDAN, Astron. Nachr. *276*, 193 (1948).

5 C. BRANS und B. H. DICKE, Phys. Rev. *124*, 925 (1961).

6 R. B. HUGHES und M. S. LONGAIR, Monthly Not. *135*, 131 (1967).

Expansion des Universums als Funktion der «Weltzeit». Darüber hinaus haben die gemachten Voraussetzungen dazu geführt, daß wir nur Räume konstanter Krümmung beschreiben, die durch $\varepsilon = 0, \pm 1$ charakterisiert seien ($\varepsilon = +1$ sphärischer, $\varepsilon = 0$ euklidischer, $\varepsilon = -1$ hyperbolischer Raum), und daß im als strahlungslos angenommenen Raum $\varrho \cdot R^3 = \text{const.}$ ist, das heißt die Erhaltung der Masse garantiert ist.

Aus den Gleichungen (1) und (2) folgt die Friedmansche Differentialgleichung

$$\dot{R}^2 = \frac{C}{R} + \frac{\Lambda}{3} R^2 - \varepsilon, \tag{3}$$

die das Zeitverhalten des universellen Skalenfaktors $R$ beschreibt. Als charakteristische Konstanten treten $C = {}^1\!/_3\, \varkappa \varrho\, R^3$, $\Lambda$ und $\varepsilon (= 0, \pm 1)$ auf, sind sie bekannt, ist die Raum-Zeit-Struktur im Kosmos beschrieben.

Allen Lösungen der Friedmanschen Differentialgleichung (3) mit $\Lambda = 0$ ist die Singularität bei $t = 0$ gemeinsam, dort strebt $R \to 0$, und zwar mit unendlich großem Gradienten. Für einen euklidischen ($\varepsilon = 0$) und hyperbolischen, offenen Raum ($\varepsilon = -1$) strebt $R \to \infty$ für $t \to \infty$, das heißt der Raum bleibt im expandierenden Zustand. Im sphärischen geschlossenen

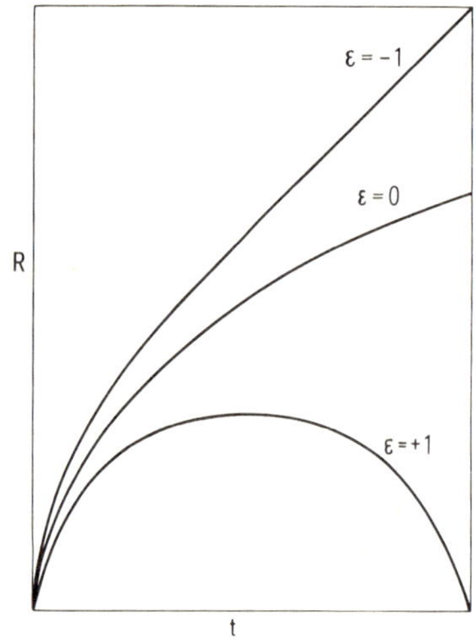


Abb. 1. Der universelle Skalenfaktor $R$ als Funktion der Zeit $t$ (schematisch, $\Lambda = 0$). $\varepsilon = +1$: sphärischer geschlossener Raum, $\varepsilon = 0$: euklidischer offener Raum, $\varepsilon = -1$: hyperbolischer offener Raum.

Raum ($\varepsilon = +1$) dagegen erreicht $R(t)$ zunächst ein Maximum und nimmt danach wieder ab, bis zu einer zweiten Singularität bei $t = T$, das heißt nach einer expandierenden Phase geht der Raum in eine kontrahierende Phase über. Dieses Verhalten $R(t)$ ist in der Abbildung 1 schematisch skizziert.

Die Aufgabe der beobachtenden Astronomie ist es, zu entscheiden, welche Raumstruktur verwirklicht ist. Dazu ist es notwendig, die Parameter der Friedmanschen Differentialgleichung bzw. äquivalente Parameter zu bestimmen.

## 3. *Beobachtungen in der «näheren» Umgebung*

Zunächst soll untersucht werden, ob es möglich ist, aus der Diskussion der Feldgleichungen (1) bis (3) zum Zeitpunkt $t_0$, das heißt dem jetzigen Zeitpunkt, Aussagen über die Raum-Zeit-Struktur zu erhalten.

Wir führen dazu nach HOYLE und SANDAGE[7] neben dem Hubbleparameter $H_0 = (\dot{R}/R)_0$ den Beschleunigungsparameter $q_0 = -(\ddot{R}/R)_0/H_0^2$ ein. Dann können die beiden Differentialgleichungen (1) und (2) für die jetzige Beobachtungszeit $t = t_0$ in der Form

$$q_0 H_0^2 + \frac{1}{3}\Lambda = \frac{\varkappa \varrho_0}{6}, \tag{4}$$

$$H_0^2 (2q_0 - 1) + \Lambda = \frac{\varepsilon}{R_0^2} \tag{5}$$

geschrieben werden. $H_0$ und $\varrho_0$ sind der Beobachtung direkt zugänglich. Nehmen wir an, daß wir das kosmologische Glied $\Lambda$ in der Theorie prinzipiell entbehren können, dann folgen aus der Hubblekonstanten $H_0$ und der mittleren Dichte im Universum $\varrho_0$ alle Größen, die unser Problem lösen. Mit $H_0$ und $\varrho_0$ folgt aus (4) $q_0$; $q_0$ beschreibt aber die Raumstruktur, denn nach (5) ergibt sich für $0 < q_0 < 1/2$ ein hyperbolischer Raum ($\varepsilon = -1$), für $q_0 = 1/2$ ein euklidischer ($\varepsilon = 0$) und für $q_0 > 1/2$ ein sphärischer Raum ($\varepsilon = +1$). Damit wird auch $R_0$ bestimmt und damit die Konstante $C$ in (3).

Verfolgen wir zunächst diesen Weg und fragen nach den beobachtbaren Größen $H_0$ und $\varrho_0$.

*Hubblekonstante* $H_0$: Die Hubblekonstante bestimmt quantitativ den (linearen) Zusammenhang zwischen der Geschwindigkeit $v = c \cdot \Delta\lambda/\lambda$ und der Entfernung der Galaxien ($v = H_0 \cdot r$). Im allgemeinen bereitet die Mes-

7 F. HOYLE und A. SANDAGE, Publ. Astr. Soc. Am. *68*, 301 (1956).

sung der Linienverschiebung in den Galaxienspektren keine größeren Schwierigkeiten, wenn man davon absieht, daß dies bei weiter entfernten Objekten wegen der geringen Lichtmenge technisch immer schwieriger wird. Die Bestimmung der Hubblekonstanten reduziert sich daher auf das Problem der Entfernungsbestimmung der Galaxien. Dabei ist es notwendig, charakteristische Eigenschaften kosmischer Objekte, die aus der näheren Umgebung bekannt sind, auf ferne Objekte zu übertragen. Seit der Zeit, in der HUBBLE das nach ihm genannte Gesetz entdeckte, mußte die kosmische Entfernungsskala im wesentlichen zweimal korrigiert werden. BAADE[8] stellte 1950 fest, daß die Perioden-Helligkeitsbeziehung der $\delta$-Cep-Sterne, die HUBBLE als wesentlichstes Kriterium zur Entfernungsbestimmung benutzte, wegen der Existenz zweier Sternpopulationen zu korrigieren sei; die Entfernung der Galaxien wurde um einen Faktor 2,6 größer und der Andromedanebel erhielt die gleichen Dimensionen wie unser Milchstraßensystem. 1958 hat dann SANDAGE[9] festgestellt, daß helle Sterne in den Galaxien fehlerhaft identifiziert wurden (HII-Gebiete), eine neue Eichung der Entfernungsskala führte dann zu einer Hubblekonstanten $H_0$ zwischen 50 und 100 km $s^{-1}$Mpc$^{-1}$ (1 Mpc $= 3 \cdot 10^{24}$ cm), während der ursprüngliche Hubblesche Wert bei etwa 500 km $s^{-1}$Mpc$^{-1}$ lag. Im letzten Jahrzehnt wurde die Hubblekonstante mehrmals mittels der verschiedenen Kriterien zur Entfernungsbestimmung abgeleitet. Aus Beobachtungen von etwa 100 Gruppen und Galaxienhaufen findet VAUCOULEURS[10] $H_0 = (100 \pm 10)$ km $s^{-1}$Mpc$^{-1}$, aus der Untersuchung der 21-cm-Linie erhält ROBERTS[11] einen Mittelwert von $H_0 = 97$ km $s^{-1}$Mpc$^{-1}$. Unter Berücksichtigung aller Kriterien hält VAN DEN BERGH[12] den Wert $H_0 = (95 \pm 15)$ km $s^{-1}$Mpc$^{-1}$ für den wahrscheinlichsten, jedoch schließt ABELL[13] $H_0 < 50$ km $s^{-1}$Mpc$^{-1}$ nicht aus. Wegen der noch existierenden Unsicherheiten ist es zweckmäßig, mit $H_0 = h \cdot 100$ km $s^{-1}$Mpc$^{-1}$ zu rechnen, wobei der Korrekturfaktor $h$ von der Größenordnung 1 ist, wahrscheinlich $0{,}5 \lesssim h \lesssim 1$. Der reziproke Wert der Hubblekonstanten $H_0^{-1}$ gibt an, zu welcher Zeit der gesamte Kosmos in einem «Punkt» konzentriert gewesen wäre, wenn man die Akzeleration nicht berücksichtigt. Für diese Zeit ergibt sich dann $T_0 = H_0^{-1} = 3 \cdot 10^{17} \cdot h^{-1}$ sec $= 1 \cdot 10^{10} \cdot h^{-1}$

8 W. BAADE, Publ. Astr. Soc. Am. *68*, 5 (1956).
9 A. SANDAGE, Astrophys. J. *127*, 573 (1958).
10 G. DE VAUCOULEURS, IAU-Symposium *44*, 353 (1972).
11 M. S. ROBERTS, IAU-Symposium *44*, 12 (1972).
12 S. VAN DEN BERGH, Nature *225*, 503 (1970).
13 G. O. ABELL, IAU-Symposium *44*, 341 (1972).

Jahre, der wirkliche Zeitpunkt liegt weniger weit zurück ($7\text{–}8 \cdot 10^{10}$ Jahre).

*Dichte* $\varrho_0$: Bei verschwindendem kosmologischem Glied und der Kenntnis der Hubblekonstanten bestimmt die mittlere kosmische Dichte $\varrho_0$ die Raumkrümmung.

Aus (4) und (5) folgt dann

$$\varrho_0 - \frac{3H_0^2}{\varkappa} = \varepsilon \cdot \frac{3}{R_0^2 \varkappa}. \tag{6}$$

$\varrho = 3\, H_0^2/\varkappa$ bezeichnet man als die kritische Dichte $\varrho_{kr}$, für diese ist der Raum euklidisch, für $\varrho_0 \gtrless \varrho_{kr}$ dagegen sphärisch oder hyperbolisch. Wegen $\varkappa = 8\pi G/c^2$ ($G$ Gravitationskonstante) ergibt sich die kritische Dichte zu

$$\varrho_{kr} = 2 \cdot 10^{-29} \cdot h^2\ g\ \mathrm{cm}^{-3}.$$

Noch vor wenigen Jahren ergab die zusammenfassende Diskussion aller Kriterien zur Dichtebestimmung eine mittlere kosmische Dichte, die erheblich unter der kritischen Dichte lag. VAN DEN BERGH[14] leitete 1965 eine Dichte von $\varrho_0 = (4 \pm 2) \times 10^{-31}$ ab, die auf einen hyperbolisch gekrümmten Raum schließen ließ mit $q_0 = 0{,}01$ (nach (4)). Neuere Untersuchungen haben jedoch ergeben, daß die Dichte wesentlich größer zu sein scheint. Aus der Theorie der Entstehung von Galaxien erhielt OORT[15] eine Dichte $\varrho_0$, die unter der Annahme einer Hubblekonstanten von $H_0 = 75$ km $s^{-1}$ Mpc$^{-1}$ die halbe kritische Dichte, nämlich $\varrho_0 = 5 \cdot 10^{-30}\ g\ \mathrm{cm}^{-3}$ ergab. NOONAU[16] hat nach verschiedenen Kriterien die Massendichte neu bestimmt. Aus Galaxienzählungen und Massendaten erhielt er $\varrho_0 = 2 - 5 \cdot 10^{-31}\ g\ \mathrm{cm}^{-3}$, aus dem Studium von Doppelgalaxien $\varrho_0 = (1{,}6 \pm 1{,}6)\ 10^{-30}\ g\ \mathrm{cm}^{-3}$ und aus der Dynamik von Galaxienhaufen $\varrho_0 = (5 \pm 2)\ 10^{-30}\ g\ \mathrm{cm}^{-3}$, hierbei wurde $H_0 = 100$ km $s^{-1}$ Mpc$^{-1}$ angenommen. Diese neueren Untersuchungen, die zum Teil den Einfluß der intergalaktischen Materie berücksichtigen, zeigen, daß die mittlere kosmische Dichte $\varrho_0$ nur wenig von der kritischen Dichte abweicht, nämlich $\varrho_0 = {}^1/_2\, \varrho_{kr}$ nach OORT bzw. $\varrho_0 = \lesssim {}^1/_4\, \varrho_{kr}$ nach NOONAU. Zwar wäre auch nach diesen neueren Ergebnissen der Raum noch hyperbolisch gekrümmt, doch scheint, wenn man die angegebenen Fehlergrenzen etwas höher ansetzt, ein euklidischer oder sogar ein sphärischer Raum nicht ausgeschlossen zu sein. Mit der größten neueren Dichte von OORT und $H_0 = 75$ km $s^{-1}$Mpc$^{-1}$ ergibt sich für den Beschleunigungsparameter $q_0 = 0{,}22$.

14 S. VAN DEN BERGH, Landolt-Börnstein, Band VI/1, *Astronomie und Astrophysik*, 676 (1965).

15 J. H. OORT, Astron. and Astrophys. *7*, 405 (1970).

16 T. W. NOONAU, Publ. Astr. Soc. Am. *83*, 31, 35, 37 (1971).

Wenn man die Beobachtungsergebnisse zur Bestimmung von $H_0$ und $\varrho_0$ kritisch betrachtet und diese nicht überinterpretiert, ist es zur Zeit nicht möglich, aus der Diskussion der Feldgleichungen zur Zeit $t = t_0$ schlüssige Aussagen über die Raumstruktur zu machen, obwohl auch die neueren Dichtebestimmungen einen hyperbolisch gekrümmten Raum andeuten.

## 4. *Beobachtungen ferner Galaxien*

Während wir bisher versucht haben, aus der Hubblekonstanten und der Dichte unser Problem zu lösen, wollen wir jetzt versuchen, aus Beobachtungen der fernsten Objekte Aussagen über die Raumstruktur zu erhalten. Dabei müssen die Beobachtungen soweit in den Raum hinausgetragen werden, bis signifikante Unterschiede der Weltmodelle in den beobachtbaren Beziehungen auftreten. Hier stehen drei Beobachtungsmöglichkeiten zur Verfügung:

1. Rotverschiebung – Helligkeit,
2. Galaxienzahl – Helligkeit,
3. Rotverschiebung – Durchmesser.

1. Für weit entfernte Objekte ist die lineare Hubble-Relation nicht mehr gültig, der Zusammenhang zwischen der Rotverschiebung $z = \Delta\lambda/\lambda$ und der Entfernung bzw. zwischen $z$ und der scheinbaren bolometrischen Helligkeit $m$ wird für Friedmanmodelle mit $\Lambda = 0$ nach MATTIG[17] durch die Beziehung

$$m_{bol} = 5 \log \frac{1}{H_0\, q_0^2} \left[q_0 z + (q_0 - 1)\left(\sqrt{2 q_0 z + 1} - 1\right)\right] + M \qquad (7)$$

beschrieben; $M$ ist die absolute bolometrische Helligkeit. Der Beschleunigungsparameter $q_0$ bestimmt auch hier die Raumkrümmung, und nur für $q_0 = 1$ (sphärischer Raum) gilt die lineare Hubblebeziehung für alle Entfernungen. Wie der Vergleich der neueren Beobachtungen von SANDAGE[18] mit der Theorie zeigt, siehe dazu Abb. 2, können die Beobachtungen am besten mit $q_0 = 1$ der Theorie angepaßt werden. MCVITTIE[19] kommt zu dem gleichen Ergebnis, nämlich $0{,}8 < q_0 < 1{,}4$, und auch aus den Rotverschiebungs-Helligkeits-Untersuchungen von Radiogalaxien folgt $q_0 = 1$ [20]. Wie

17 W. MATTIG, Astron. Nachr. *284*, 109 (1958).
18 A. SANDAGE The Observatory *88*, 91 (1968).
19 G. C. MC VITTIE, Monthly Notices *155*, 425 (1972).
20 J. V. PEACH, IAU-Symposium *44*, 314 (1972).

die Abbildung 2 zeigt, ist die Streuung der Meßpunkte um die theoretischen Kurven recht groß und lassen noch erhebliche Abweichungen von $q_0 = 1$ zu.

Weitere Unsicherheiten seien noch angezeigt. Bei den am weitesten entfernten Objekten ist das Licht vor einigen Millionen Jahren emittiert worden. Eine zeitliche Entwicklung der Galaxien ist möglich, obwohl nach BAUM[21] und MORGAN[22] die untersuchten Objekte meist Sterne der älteren Population I enthalten und Änderungen über $3 \times 10^9$ Jahre klein sind. Jedoch ergibt sich nach PEACH[23] eine Unsicherheit von 0,5 im Beschleunigungsparameter $q_0$, wenn die Änderung der absoluten Helligkeit 0,05 magnitudines in $10^9$ Jahren beträgt. Die wahrscheinlichste Entwicklungskorrektur mit $dM/dt = -0{,}05\ (\pm\ 0{,}02) \cdot 10^{-9}$ mag · Jahr$^{-1}$ führt nach PEACH[20] auf $q_0 = 0{,}5 \pm 0{,}2$.

Bei den nahen Galaxien ist die Abweichung von der Homogenität und der Isotropie noch so stark, daß dies einen Einfluß auf die Bestimmung von

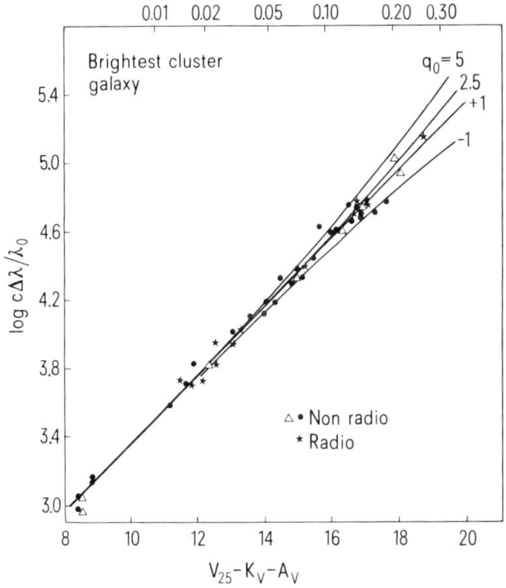


Abb. 2. Beobachtungen der Rotverschiebung ($\log c \cdot \Delta\lambda/\lambda_0$) als Funktion der scheinbaren Helligkeit ($V_{25} - K_v - A_v$), verglichen mit den theoretischen Beziehungen nach Gleichung (7). (A. SANDAGE, The Observatory *88*, 91 (1968)).

21 W. A. BAUM, Publ. Astr. Soc. Am. *71*, 106 (1959).
22 W. W. MORGAN, Astrophys. J. *135*, 1 (1962).
23 J. V. PEACH, Astrophys. J. *159*, 753 (1970).

$q_0$ haben könnte, denn wegen ihrer großen Anzahl haben diese Beobachtungen ein starkes Gewicht. Nach SANDAGE[24] wäre eine Verkleinerung von $q_0$ möglich.

Bei der Bestimmung von $q_0$ wurde weiter vorausgesetzt, daß sich die absoluten Helligkeiten der Galaxien statistisch um eine mittlere Helligkeit verteilen. Eine asymmetrische Verteilung, wie sie von der Beobachtung angezeigt wird, führt ebenfalls zu einer Verkleinerung von $q_0$[20].

Aus der direkten Beobachtung der Rotverschiebungs-Helligkeits-Relation folgt also $q_0 \approx 1$, Entwicklungseffekte und weitere notwendige Korrekturen deuten auf ein $q_0 < 0{,}5$ hin.

2. Die Diskussion der theoretischen Beziehungen zwischen der Anzahl der Galaxien pro Raumwinkeleinheit und der scheinbaren Helligkeit zeigt, daß es praktisch unmöglich ist, daraus die Raumkrümmung abzuleiten[24].

3. Ist $y$ der lineare Durchmesser der Galaxien, dann gilt für den Zusammenhang zwischen dem Isophotendurchmesser $\Theta$ und der Rotverschiebung $z$ nach SANDAGE[24] die Beziehung

$$\Theta(\text{isoph.}) = \frac{y\, H_0\, q_0^2}{c\,\{q_0\, z + (q_0 - 1)(\sqrt{1 + 2 q_0\, z} - 1)\}}\,. \tag{8}$$

Der Vergleich von SANDAGE[25] zwischen Beobachtung und Theorie zeigt, siehe Abb. 3, daß auch hier, trotz großer Streuung, $q_0 \approx 1$ der wahrscheinlichste Wert ist, vorausgesetzt, daß zeitliche Änderungen des Durchmessers vernachlässigt werden können. Beobachtungen von BAUM[26] dagegen ergeben $q_0 \approx 0{,}3$, der Sandagesche Wert von $q_0 = 1$ liegt außerhalb seiner Fehlergrenzen.

Diese Beobachtungen (1) und (3), die die am weitesten entfernten Objekte in die Betrachtung einbeziehen, lassen einen hyperbolisch gekrümmten Raum ($q_0 < 0{,}5$) am wahrscheinlichsten erscheinen.

Zwei wesentliche Punkte sollen bei diesem Vergleich zwischen den Beobachtungen und den kosmologischen Modellen noch angesprochen werden. In den späten vierziger Jahren entwickelten BONDI und GOLD das kosmologische Modell des stationären Universums. Dies sagt aus, daß jeder Beobachter nicht nur an jedem Ort, sondern auch zu jeder Zeit den gleichen Anblick vom Universum haben soll, die Hubblekonstante ist also eine

24 A. SANDAGE, Astrophys. J. *133*, 355 (1961).
25 A. SANDAGE, Astrophys. J. *173*, 485 (1972).
26 W. A. BAUM, IAU-Symposium *44*, 393 (1972).

wirkliche Konstante, das heißt zeitunabhängig. Eine Singularität in $R(t)$ wird vermieden, die Dichte $\varrho_0$ bleibt konstant, das heißt es muß während der Expansion laufend neue Materie erzeugt werden. Dieses Modell kann in den beobachtbaren Beziehungen mit einem Beschleunigungsparameter $q_0 = -1$ beschrieben werden. Wie die Beobachtungen zeigen, können wir diesen Fall jetzt ausschließen. Dies um so mehr seit der Entdeckung der 3-Grad-Kelvin-Hintergrundsstrahlung, die kaum anders als ein Relikt eines «Urknalls» zu deuten ist.

Der Versuch, aus den großen Rotverschiebungen der Quasare eine Entscheidung zwischen den verschiedenen kosmologischen Modellen zu fällen, hat bisher zu keinem Ergebnis geführt.

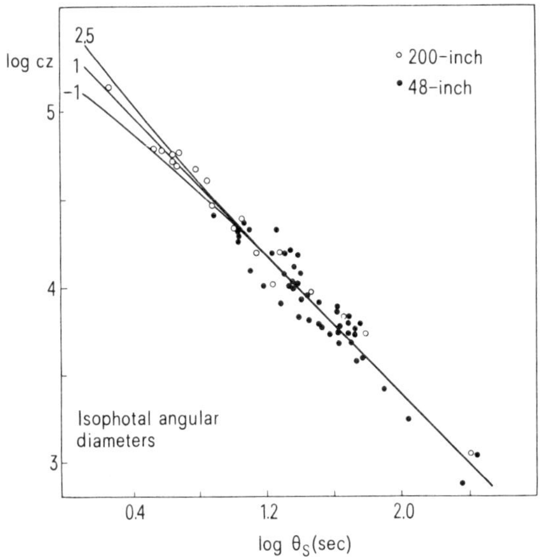


Abb. 3. Beobachtungen der Rotverschiebung (log $cz$) als Funktion des Isophoten durchmessers (log $\Theta$ $s$), verglichen mit den theoretischen Beziehungen nach Gleichung (8) (A. SANDAGE, Astrophys, J. *173*, 485 (1972)).

## 5. *Zusammenfassung*

In den Abschnitten 3 und 4 haben wir versucht, die Beobachtungsergebnisse der Galaxienforschung mit den Aussagen der verschiedenen kosmologischen Modelle zu vergleichen. Dabei haben wir besonderen Wert darauf gelegt, die Frage zu prüfen, ob es möglich ist, zwischen den verschiedenen möglichen Krümmungen des uns umgebenden Raumes zu entscheiden. Wir haben dabei nur die einfachsten kosmologischen Modelle betrachtet, nämlich nur die der Einsteinschen Relativitätstheorie mit verschwindendem kosmologischem Glied. Wir gingen dabei von der Annahme aus, daß wir diese einfache Theorie erst verlassen sollten, wenn uns die Beobachtungen dazu zwingen. Dies ist nicht der Fall, die Beobachtungen liegen innerhalb der möglichen einfachen kosmologischen Modelle. Aber auch unter diesen einfachen Modellen ist eine eindeutige Entscheidung zwischen den Modellen nicht möglich, obwohl die Beobachtungen so weit in den Raum hinausgetragen werden, wo eine Entscheidung möglich wäre.

Das wichtigste Ergebnis der Forschung der letzten zehn Jahre ist, daß sich die Aussagen aus der Dichtebestimmung in der näheren Umgebung und aus der Rotverschiebung ferner Galaxien weitgehend angenähert haben. Nach Abwägung aller Unsicherheiten scheint der Beschleunigungsparameter $q_0$, der die Krümmung bestimmt, im Bereich $0{,}1 < q_0 < 1$ zu liegen. Ein offener, hyperbolisch gekrümmter Raum ($q_0 < 0{,}5$) scheint am wahrscheinlichsten, obwohl ein euklidischer oder sphärischer Raum den Beobachtungen nicht widerspricht. Damit wäre die jetzt beobachtete Expansion des Universums ein nicht umkehrbarer Vorgang.

# Singularities in General Relativity

ACHILLES PAPAPETROU

General Relativity has made possible the first quantitative discussion of the cosmological problem. After establishing the field equations of general relativity EINSTEIN applied them to the study of the homogeneous and isotropic model of the Universe. The results obtained in this way were considered as unsatisfactory: The field equations do not permit the existence of time-independent solutions and EINSTEIN proposed to modify them by the introduction of the so-called cosmological term. FRIEDMAN found later that the initial field equations had time-dependent cosmological solutions describing expanding or contracting Universes. The discovery at 1934 of the Hubble effect, which was interpreted as a consequence of an expansion of the Universe, has been a decisive argument in favour of the Friedman solution of the cosmological problem.

An important feature of the Friedman solution is the existence of a geometrical singularity in the past: The expansion starts in an explosion-like manner at a certain moment at which the three-dimensional space was just one point. After some hesitation this feature has been gradually accepted by cosmologists as well as by philosophers. It was indeed tempting to consider seriously this direct, though strange relation between the metaphysical concept of the creation of the Universe and a physical theory. Even theoretical physicists are today trying to clarify some fundamental physical questions on the basis of the singularity of the Friedman solution.

In this note we wish to stress that general relativity leads necessarily to the existence of singularities not only in cosmological solutions but also in solutions representing limited physical systems. We shall review briefly the main properties of the non-cosmological singularities in order to show that their existence leads to conceptual difficulties which are even more important and at the same time much less remote than those arising from the cosmological singularities.

The simplest way to arrive at a non-cosmological singularity is by considering an isolated star. When the thermonuclear energy of the star will be totally exhausted we shall have a *cold star*. Cold stars with spherical symmetry have been discussed on the basis of the Einstein field equations. This discussion led to the following important result: Because in general relativity the stresses act also as sources of the gravitational field, a state of equilibrium cannot exist but only if the total mass of the star does not exceed a certain limit. If the mass is larger than this limit, then the star will contract until all its matter reaches the centre of the star; this is the *gravitational collapse*.

From the Einstein field equations it follows that when the total mass of the star has been concentrated at its centre this point will become a *geometrical singularity*: At this point the curvature will be infinite and the metric degenerate. Because of this it will be impossible to determine at this point the Christoffel symbols and also the velocity of matter, i.e. the quantities entering into the equation of motion. Consequently, it is impossible to write mathematically meaningful equations of motion for the matter which has fallen into the singularity. From the moment of collapse all matter which has reached the singularity will remain there permanently. It is as if matter falling in the singularity is henceforth of a very special kind, for which the concept of motion exists no more.

Note an important difference between this singularity and the cosmological one. In the cosmological case the whole space-time shrinks into the singularity. In the present case we have a singular point, or more exactly a singular half-worldline of the four-dimensional space, in an otherwise regular space: All points outside this half worldline are perfectly regular.

The more detailed discussion leads to the following conclusions. Outside the spherically symmetric star the gravitational field is given by the Schwarzschild solution of the Einstein field equations. After the collapse of the star we shall have the Schwarzschild metric everywhere outside the singular half-line which we mentioned previously. At distances $r$ from the singularity which are large in comparison to the gravitational radius $m$ of the star nothing strange happens. But when we approach the sphere $r = 2\,m$, which is called the *Schwarzschild* sphere, the situation changes. Inside this sphere the light cones are inclined towards the singularity, with the consequence that any physical particle or observer arriving there will necessarily fall in the singularity.

An observer being just outside the Schwarzschild sphere can still escape but only if he has a very high speed in an appropriate direction. On the contrary, an observer far away from the singularity – e.g. as far as we are from the centre of the sun – will have no difficulty to stay permanently outside the collapsed star by circling around it: It will be sufficient that he has the appropriate peripheral velocity, as in the case of the motion of the earth around the sun.

The Schwarzschild sphere is called *horizon*, in order to indicate that no particle of any kind can cross it outwards. The collapsed star, being inside this sphere, will send no signals of any kind outwards and will therefore appear to any observer situated outside as an absolutely *black* object. One has proposed the name *black hole*, in order to stress the fact that particles moving inwards can cross the horizon and will then fall in the singularity; but nothing will come out again.

Note that a collapsed star is not strictly unobservable: There is the gravitational field of the star and an observer can determine this field outside the horizon in detail, e.g. by using an appropriate system of test particles. In this way the observer can arrive at a definite proof of the existence of the collapsed star and even determine its mass.

The case of a black hole existing for all times, and not created at a certain moment by the collapse of a cold star, constitutes a very interesting geometrical problem which has been discussed in detail. Several types of coordinates have been used for its mathematical description. The coordinates used initially for the solution of the field equations and some other coordinates obtained by rather simple transformations have the following common defect: They determine manifolds which are, in the geometrical language, *incomplete*.

A more complicated transformation has then been found leading to coordinates which extend the Schwarzschild space-time to a complete manifold (Kruskal coordinates). But this manifold presents to us an extremely interesting new feature: In the corresponding diagram there are *two singular worldlines* and *two space-times*. The first is the one in which observers like ourselves are located. The second space-time is, in a certain sense, symmetrical to the first. The two singular worldlines and the two space-times are interrelated in a complicated, non-intuitive way.

The question then arises at once, whether we should consider this second space-time as existing independently. A first discussion has been made of the possibility to send signals from the one space into the other. The results have been negative because of the existence of the singularities, on which must fall every material particle which has crossed the horizon.

Later it has been found that there are other types of black holes, with angular momentum (axial symmetry only) or with electric charge. For these types of black holes the situation is in a certain sense simpler: Some types of particles do not fall on the singularity after they have crossed the horizon; they move inwards only down to a certain depth after which they move again outwards. They then cross the horizon again, but they are going out into *another space!* Thus a black hole of e.g. the electric type may be considered as a bridge from our space-time into another one.

Summing up we see that the field equations of general relativity lead to solutions containing singularities of two different types. As we mentioned earlier, the cosmological singularities have to be interpreted as representing the beginning (creation) or the end of the Universe. Much more important is the assumption that the non-cosmological singularities are physically meaningful. Indeed, this assumption leads directly to the following two consequences which constitute profound and extremely strange modifications of basic, until now generally accepted ideas:

(i) The existence of a state of matter to which the concept of motion is not applicable.

(ii) Existence of several space-times interrelated through black holes.

In spite of these disturbing consequences it is the opinion of a number of research workers that black holes may well exist in nature and methods are now under discussion which would permit to observe them, of course, in an indirect way. There is on the other side the possibility that the singularities of general relativity have no physical meaning: It is reasonable to assume that the theory of general relativity will also, as any other physical theory, be of limited validity and the singularity may be one of the consequences lying outside the region of this validity.

The final clarification of the situation constitutes an important, but also a very difficult problem.

# Die Vorstellung des Chaos in der Musik

## Zu JOSEPH HAYDNS Oratorium «Die Schöpfung»

ALBRECHT RIETHMÜLLER

In einer 1802 anonym erschienenen, aus K. F. ZELTERS Feder stammenden Rezension von HAYDNS *Schöpfung* (1796–1798) wird über deren Einleitung mit dem Titel «Die Vorstellung des Chaos» nicht nur angemerkt, sie sei «nach unserm Urtheil das Herrlichste in diesem Werke», sondern auch ausgeführt: «Es sind hier fast alle gangbaren Instrumente als Stoff und Materialien beysammen, woraus ein ungeheures, fast unübersehbares Gewebe von Herrlichkeiten der Kunst zusammengesezt und geordnet worden ist. Die Einwendung, von der Unmöglichkeit eines Chaos durch harmonische, melodische und rhythmische Kunstmittel, zerfällt hier offenbar in eine subtile Verstandesprätension, womit sich allenfalls ein Komponist ausreden könnte, dem eine solche Aufgabe gemacht wäre, die er nicht lösen wollte; allein dieser Schein von Unmöglichkeit und des Widerspruchs; mit einem Worte, diese Fabelhaftigkeit, ist auch zugleich das Poetische und somit das Beste an der ganzen Intention»[1]. Damit berührte ZELTER die entscheidende Paradoxie: Kann das auf Ordnung gerichtete und von Ordnungsvorstellungen geleitete und bestimmte musikalische Schaffen in die Lage versetzt sein, das Chaos darzustellen?

1. Die Einleitung der *Schöpfung* bildet den ersten bedeutenden Versuch, das Chaos musikalisch darzustellen[2]. Ein solcher Versuch weist gegenüber den wissenschaftlichen und philosophischen, aber auch gegenüber anderen künstlerischen Auffassungen Eigentümlichkeiten auf. Kaum möglich erscheint in der Musik die von F. LÄMMLI so genannte «paradigmatische Kosmogonie» im Sinne etwa der «Entwicklung der Lebewesen aus Ei und Em-

1 Allgemeine Musikalische Zeitung *4*, 1801/1802, Sp. 390f.

2 Das Wort «Vorstellung» im Titel der «Einleitung», deren primäre Funktion die der Eröffnung ist, wird neben seinen anderen Bedeutungen im Sinne von «Darstellung» aufgefaßt. – Weitere Chorkompositionen über den Stoff der Schöpfung kurz vor HAYDN nennt A. SCHERING, *Geschichte des Oratoriums* (Leipzig 1911), 383.

bryo»[3], die sich für die Literatur und die gegenständliche Malerei und Plastik anbieten mag. In einer darstellenden Kunst wird das ungegenständliche und unvorstellbare Chaos verwirklicht werden, indem es anhand bekannter Gegenstände und Vorgänge versinnbildlicht wird. Der Musik jedoch ist die Darstellung von Gegenständen auch dort fremd, wo sie – wie in HAYDNS Oratorien – tonmalerisch verfährt. Wie W. DILTHEY zurecht unterstrichen hat, bildet die «malende Musik» das Dynamische an den Gegenständen nach[4]. Demzufolge wäre gerade die malende Musik geeignet, den Kosmos aus dem Chaos zu *entwickeln*, indem sie den Übergang von der Unordnung zur Ordnung, von der ungeordneten Bewegung zur geordneten usw. darstellte. Wie gezeigt werden wird, liegt es HAYDN jedoch fern, einen solchen Entwicklungsgang nachzuzeichnen. Die Interpretation muß demzufolge sehr behutsam vorgehen, sofern sie die Haydnsche Komposition mit irgend anderen Auffassungen des Chaos in Zusammenhang bringt.

Mißlich ist der Umstand, daß von HAYDN keine Zeugnisse überliefert sind, die einen Hinweis auf die Intentionen enthielten, die HAYDN in seinem Chaos verfolgt hat. Die Zeit war noch nicht reif dafür, daß die Komponisten ihre Haltung aufgegeben hätten, sich gegen das vermittelnde Wort zu sperren und die Reflexion auf ihr Schaffen kundzutun. Außer dem Titel der Komposition liegt nur eine kurze Äußerung in einem Brief an ZELTER vor, die sich auf die angeführte Besprechung bezieht: « Sie sind ein tief sehender Mann der Tonkunst, dies beweist die wahre Zergliederung meines *Chaos* dan Sie würden und hätten dasselbe eben so gemacht wie Haydn»[5]. Trotz dieser freundlichen Geste sollte die Deutung ZELTERS, die aus HAYDNS musikalischem Chaos ein Panoptikum «elektrischer Gewalt» und «rennender Planeten» werden läßt[6], weder als die authentische noch als eine auch heute noch überzeugende angesehen werden, da sie den musikalischen Verlauf zu sehr assoziativ beschreibt. Denn diese Partitur eines Haydnschen Instrumentalstückes, auch wenn sie einen programmatischen Titel trägt und wenn ZELTER bemerkenswerterweise das Notenbild als «sonderbar» und «geheimnisvoll» an-

3 *Vom Chaos zum Kosmos. Zur Geschichte einer Idee* (Basel 1962) (Schweizer. Beitr. zur Altertumswiss., H. 10), 75ff. Für den Hinweis auf diese Arbeit danke ich Herrn Dr. A. GIANNARÁS.

4 *Von deutscher Dichtung und Musik. Aus den Studien zur Geschichte des deutschen Geistes* (Stuttgart und Göttingen ²1957), 268.

5 Brief vom 25.2.1804, in: *Joseph Haydn. Gesammelte Briefe und Aufzeichnungen*, hg. von D. BARTHA (Kassel, Basel usw. 1965), 436.

6 Brief an GOETHE vom 28.4.1930, in: *Briefwechsel zwischen Goethe und Zelter*, hg. von F. W. RIEMER (Berlin 1833–1834), Bd. 5, 450.

führt[7], reicht allein nicht dazu aus, daß sie selbst im Detail dem Wortsinne nach welt-anschaulich gedeutet werden könnte. Deshalb sind gegen jene Bemühungen Zweifel anzumelden, die auf Grund der bekannten Tonmalereien der Haydnschen Oratorien versuchen, in dieser Wendung einen Meteoren auffahren zu sehen und in jenem Forte einen Stoß der «Urmaterie» zu hören. Wo HAYDN in seinen Oratorien Gegenstände und für jeden erfahrbare Bewegungsabläufe schildert, ist es sinnvoll, sie zur Sprache zu bringen. Bei einer Thematik aber wie der Darstellung des Chaos, das in der Musik mehr noch als in der gegenständlichen Malerei und in der Literatur ein Produkt der nicht an Erfahrenes gebundenen Phantasie ist, haftet einer Interpretation stets etwas Willkürliches an, sofern sie es unternimmt, einzelne Stellen der Chaoskomposition ebenso tonmalerisch zu deuten wie das Fallen der Schneeflocken oder das Brüllen des Löwen im weiteren Verlauf der *Schöpfung*.

Da von HAYDN selbst kein Fingerzeig gegeben ist, der den Zugang zu seinem Chaos erleichterte, andererseits aber eine angemessene Erklärung ohne jede Stütze außerhalb der musikalischen Faktur gerade in diesem Fall unsicher ist, orientieren sich die bisherigen Deutungen fast durchweg an dem Rezitativtext, der sich der instrumentalen Einleitung unmittelbar anschließt («... und die Erde war ohne Form und leer; und Finsternis war auf der Fläche der Tiefe; und der Geist Gottes schwebte auf der Fläche der Wasser»). So geschieht es beispielsweise explizit bei W. DILTHEY, der in der vielleicht besten Interpretation der *Schöpfung* bei der Diskussion der Frage, ob «malende Musik» verwerflich sei, folgendes bemerkt: «Die instrumentale Einleitung drückt die Leerheit, Formlosigkeit und Finsternis und vielleicht das Schaffen Gottes darin aus durch die einförmige Wiederholung derselben Tonfolge, die sich wie träge bewegt und nach den einzelnen Stößen wie machtlos und formlos und der Gestaltung widerstehend zurückgeht»[8]. Was DILTHEY hier an Eigenschaften dem Haydnschen Chaos zuschreibt und mit Hinweisen auf musikalische Sachverhalte zu belegen sucht, das sind die Worte des Textes G. VAN SWIETENS[9]. Ob mit ihnen die wesentlichen Merk-

7 Allgemeine Musikalische Zeitung *4*, 1801/1802, Sp. 391.

8 *Von deutscher Dichtung und Musik*, a.a.O. 268.

9 Das Verhältnis HAYDNS zu seinem Textdichter wird unterschiedlich beurteilt; auf alle Fälle gab VAN SWIETEN dezidiert Anweisungen zur Komposition, z.B. zu der Stelle «und Finsternis...»: «Die mahlerischen Züge der Ouverture könnten diesem Rezitativ zur Begleitung dienen», oder zu «und der Geist Gottes...»: «In dem Chore könnte die Finsterniß nach und nach schwinden; doch so, daß von dem Dunklen genug übrig bleibe, um den augenblicklichen Übergang zum Lichte recht stark empfinden zu machen». Zit. nach H. WALTER, *Gottfried von Swietens handschriftliche Textbücher...*, Haydn-Studien *1* (München und Duisburg 1965–1967), 251.

male der Komposition beleuchtet sind, ist näher zu prüfen. Diese Prüfung muß insofern mit Vorsicht unternommen werden, als manchen Analysen, die sich auf die musikalische Struktur zu beschränken und alle Ergebnisse aus dem kompositorischen Befund zu folgern glauben, Worte und Vorstellungen wie die genannten gleichsam apriorisch zugrunde liegen, statt daß dieselben erst mit Hilfe der Analyse erschlossen würden.

Am ehesten kann dem Haydnschen Chaos «Finsternis» zugesprochen werden; dies dokumentiert sich ebenso in der Tonart c-moll wie in der Entgegensetzung zum C-dur des «Und es ward Licht». Das «Schaffen Gottes» glaubte H. SCHENKER in den Takten 12/13 der Ouvertüre erkennen zu können, weil die Horn- und Fagottstimmen hier einen Es-dur-Dreiklang vortragen, der – allerdings völlig anders rhythmisiert – auch dem Choreinsatz Takt 76/77 («Und der Geist Gottes...») zugrunde liege[10]. DILTHEY dachte sicherlich nicht an eine solche Entsprechung im einzelnen, die nicht eigentlich einleuchtend ist, wenn er im Chaos «vielleicht» das Schaffen Gottes erblickte. Ob HAYDNS Komposition mit «Leere» zu fassen ist, bleibe dahingestellt. Es bietet sich etwa der Anfangsklang, die ‹leere› Oktave C, an; sie hat zwar ihren kompositorischen Sinn, da durch sie die Tonart unbestimmt bleibt (dazu unten), aber der Übergang von einer ‹leeren› Oktave, mit der HAYDN auch Sinfonien beginnen läßt (z.B. Sinfonie Nr. 104, D-dur), zur «Leere der Erde», wie sie der Text betont, oder zum «leeren Raum» (empty space)[11], erscheint gewagt und wäre nur in einer so stark symbolhaften Verwendung von Klängen überzeugend, wie sie sie HAYDN in diesem Ausmaße bestimmt nicht vor Augen hatte. Schließlich bleibt die «Formlosigkeit». Soweit gemeint ist, daß die Chaoskomposition keinen formalen Aufbau besitzt, der an einem Formschema gemessen werden kann, ist es unberechtigt, von Formlosigkeit zu sprechen.

So heißt es bereits 1927 bei H. BOTSTIBER: «Aufmerksamer Betrachtung wird es nicht entgehen können, daß Haydn bei aller Freiheit doch eine Form gewahrt hat, gewissermaßen eine komprimierte Fassung der dreiteiligen Liedform»[12]. Tatsächlich ist durch den verkürzten Wiederholungsteil (T. 40–49) eine Dreiteiligkeit mit angehängter «Coda» (T. 50–59) gegeben. Dem wird auch seitens des Harmonischen entsprochen: der Orgelpunkt über Des (T. 21–24) wird T. 44ff. auf dem Dominantgrundton G wiederholt; diese

10 *Haydn: Die Schöpfung. Die Vorstellung des Chaos*, in: H. SCHENKER, *Das Meisterwerk in der Musik*, Bd. 2 (München, Wien und Berlin 1926), 163.

11 D. F. TOVEY, *Essays in Musical Analysis*, Bd. 5 (London, New York und Toronto $^{6}$1948), 115.

12 C. F. POHL, *Joseph Haydn*, Bd. 3 (weitergeführt von H. BOTSTIBER) (Leipzig 1927), 361.

Hinwendung zur Dominante vor Beginn der Coda ist bekanntlich eine der Grundlagen der Gestaltung klassisch-tonaler Musik. Was den formalen Aufbau betrifft, so ist in dieser Komposition keineswegs etwas «Chaotisches» zu erblicken; abgesehen davon, daß die Chaoskomposition breiter angelegt ist, kann sie formal in der Nähe der langsamen Einleitungen der späten Sinfonien HAYDNS gesehen werden, zumal da sie die gleiche einleitende Funktion besitzt. Darauf, wie HAYDN in der Wiederholung T. 40–49 den Einleitungsteil T. 1–30 komprimiert und welche Verhältnisse sich dadurch für die einzelnen Teile untereinander ergeben, kann hier nicht näher eingegangen werden.

Soweit unter Formlosigkeit dagegen «der Gestaltung widerstehend» verstanden wird und damit die rhythmischen, metrischen, melodischen und harmonischen Gegebenheiten des Satzes gemeint sind, liegen die Dinge etwas anders. Einen solchen Eindruck in der Komposition schlüssig nachzuweisen, ist besonders schwierig; denn für die Analyse gilt ganz ähnlich wie für das Schaffen das eingangs formulierte Paradoxon: sie ist darauf aus, den Beziehungsreichtum und kompositorischen Zusammenhang eines musikalischen Werkes aufzudecken, nicht gerade das Gegenteil. So kann das, was DILTHEY die «einförmige Wiederholung derselben Tonfolge» des Beginns nennt (gemeint ist vermutlich das abwärtsgerichtete synkopierte Halbtonmotiv in T. 2/3), vom Notentext her umgekehrt interpretiert werden: in der vor allem harmonisch und rhythmisch verschiedenartigen Verwendbarkeit dieses Motivs, die HAYDN voll ausschöpft (z.B. Baß T. 8f., 15f., 18f.; 1. Vi. T. 10f., 13f.), liegt einer der Gründe für das dichte Gewebe dieser Partitur, für ihre artifizielle Qualität beschlossen[13]. Sollen wir dabei stehenbleiben, daß eben zumal in der Musik der Wiener Klassik das Gestaltlose gestaltet sein muß?

Im Unterschied zur deutschsprachigen Literatur begnügt sich D.F. TOVEY in seiner beachtenswerten Betrachtung des Haydnschen Chaos nicht damit, den Text als Stütze heranzuziehen. Er greift vielmehr auf den Besuch HAYDNS bei dem Astronomen F. W. HERSCHEL zurück, der im Jahre 1792 – vier Jahre vor Beginn der Arbeit an der *Schöpfung* – stattfand und über den eine weiter nicht belangvolle Notiz HAYDNS erhalten ist[14]. TOVEY verweist auf den möglichen Zusammenhang mit den wissenschaftlich-kosmologischen Arbeiten der damaligen Zeit (KANT, HERSCHEL, LAPLACE): «Haydn, who did

13 Allein schon dadurch, daß im Chaos keine größeren thematischen Einheiten verwendet werden, sondern nur wenige Töne umfassende Motive vorkommen, liegt es nahe, daß besonders dicht komponiert ist; eine genaue Untersuchung, die hier nicht möglich ist, könnte dies verdeutlichen.

14 Eintragung in das «Erste Londoner Notizbuch» zum 15.6.1792; vgl. *Gesammelte Briefe und Aufzeichnungen*, a.a.O. 486.

a certain amount of dining-out in *fin-de-siècle* London, was as likely to have heard of the Nebular Hypothesis as a modern diner-out is likely to hear of Einstein and Relativity»[15]. Der Hinweis auf einen solchen Zusammenhang erscheint wichtig, und TOVEY versucht ihn durchzuführen, wobei er jedoch Gefahr läuft, diesen Zusammenhang zu sehr an kompositorischen Details dingfest zu machen, wie die bereits erwähnte Interpretation des Anfangsklangs als «empty space» beweist. Einen Notentext als einen Spiegel bestimmter wissenschaftlicher Theorien einer bestimmten Zeit aufzufassen, ist meistens nur in allgemeiner Form möglich und nicht in der Konkretion im materialen Bereich der Musik.

Im folgenden sei ein Weg beschritten, der HAYDNS Chaos weder als einen Spiegel der wissenschaftlich-kosmologischen Theorien seiner Zeit auffaßt noch es tonmalerisch oder mit Hilfe möglicher Assoziationen deutet. Es soll versucht werden, die immanenten musikalischen Bedingungen für die Darstellung des Haydnschen Chaos wenigstens in einer Dimension der Musik, nämlich im Harmonischen, aufzudecken. Die Berechtigung dieser Beschränkung kann daraus abgeleitet werden, daß geschichtlich gesehen in erster Linie die harmonische Seite der Musik mit kosmologischen Problemen zusammengesehen wurde[16].

2. In jenen kosmologischen Modellen, in denen auch die Musik durch die Vorstellung der Sphärenharmonie einen zentralen Platz einnahm, spielte das Problem der Kosmogonie kaum eine Rolle. Sowohl bei PTOLEMAIOS wie bei KEPLER, den beiden größten Vereinigern von Astronomie und Musiktheorie, wird der entstandene und ‹harmonisch› sich bewegende Kosmos betrachtet; an seine Entstehung rührte weder der kosmologische noch der musiktheoretische Blick. Gerade weil die Musik in so enger Beziehung zum Kosmos gesehen wurde, daß es in etwas verflachter Form zu einem mittelalterlichen Topos geworden ist, die Musik als das Abbild des Kosmos bzw. der kosmischen Ordnung zu begreifen, lag es lange Zeit fern, den Kosmos musikalisch *darzustellen*, und noch ferner, das Chaos darzustellen. (Die Frage der musikalischen Darstellung anzugehen, überstiege das vorgenommene Thema weit.)

Im Mittelalter – um es hier kurz zu vergegenwärtigen – fand die Ordnung des Kosmos ihr Abbild in der von den Zahlenverhältnissen beherrschten

15 A.a.O. 114.

16 Außerdem ist die Beschränkung auf kompositorische Sachverhalte dadurch ermöglicht, daß von germanistischer Seite eine umfangreiche neuere Arbeit zur geistesgeschichtlichen Stellung der *Schöpfung* vorliegt, die reiches Material mitteilt und interpretiert, wobei die Ausklammerung des Sündenfalls in der *Schöpfung* das Zentrum bildet: M. STERN, *Haydns «Schöpfung». Geist und Herkunft des van-Swietenschen Textes. Ein Beitrag zum Thema «Säkularisation» im Zeitalter der Aufklärung*, Haydn-Studien *I*, a.a.O. 121–198.

Ordnung der Konsonanzen, modern ausgedrückt: im Tonmaterial. Der auf Zahlenverhältnissen gegründeten Musik wurde zugesprochen, Abbild der kosmischen Ordnung zu sein, gleichwie auch immer die Musik konkret gestaltet sein mochte. Mit dem Ausklang des Mittelalters verlor in einem allmählichen und komplizierten Prozeß das Zahlengefüge der musikalischen Proportionen seine kosmologische Bedeutung. Nicht mehr sie, sondern der Dreiklang, die ‹trias harmonica›, wurde zum harmonischen Bezugspunkt der Musik. Zwar versuchte noch H. SCHÜTZ (1585–1672) in mehr theologischem als kosmologischem Verständnis die Abbildfunktion der Proportionen auf die Trias harmonica zu übertragen[17]; aber vorbereitet durch G. ZARLINOS *Istitutioni harmoniche* (1558) und durch die Beschreibung der Obertöne in M. MERSENNES *Harmonie universelle* (1636) brachte die Aufklärungszeit der 1. Hälfte des 18. Jahrhunderts die theoretische Fundamentierung der «Tonalität», das heißt des Grunddreiklangs und der Kadenz, vor allem in den großen Schriften J. P. RAMEAUS. Dreiklang und Kadenz waren nicht länger Repräsentanten einer außerhalb von ihnen liegenden Ordnung, sondern den harmonischen Grundlagen der Musik war endgültig jener Begründungszusammenhang genommen; das Harmonische war zu «reiner Musik» geworden.

Wenn bei den sogenannten «Vorklassikern» eine zumeist einfache Kadenzharmonik vorherrscht, dann darf dies nicht darüber hinwegtäuschen, daß für HAYDN als einem der Hauptvertreter der Wiener klassischen Musik der Dreiklang in seiner sinnlich wahrnehmbaren und nicht in seiner zahlenhaft gefügten Ordnung sowie die Verspannung des Dreiklangs in die Kadenz der Inbegriff von Musik ist. Und es kann hinzugefügt werden: Dreiklang und Kadenz, nichts anderes, sind die zentrale Ordnungsvorstellung seiner Musik. L. NOWAK sprach im Blick auf die einfachste Form der Kadenz, in die das «Und es ward Licht», das dem Chaos folgt, eingebettet ist, etwas zu pathetisch vom «Mysterium der Tonalität», das hier zum Ausdruck komme[18]. In der Tat steht hier die Einfachheit der Gestaltung gegen die Schwierigkeit, diese Einfachheit und ihre Wirkung zu erklären, sofern man sich mit einer Formulierung, wie sie ANKE RIEDEL-MARTINY im Blick auf die *Schöpfung* gebraucht, nicht zufriedengeben mag: «Daß klassische Musik auf Konsonanz abzielt, versteht sich von selbst»[19]. Vielmehr trifft der Satz zu, mit

17 Vgl. H. H. EGGEBRECHT, *Musikalische Analyse* (*Heinrich Schütz*), Musicological Annual *8* (Ljubljana 1972), 34f.

18 *Joseph Haydn. Leben, Bedeutung und Werk* (Zürich, Leipzig und Wien $^{2}$1959), 411.

19 *Das Verhältnis von Text und Musik in Haydns Oratorien*, Haydn-Studien *1*, a.a.O. 233.

dem H. H. EGGEBRECHT jüngst seinen *Versuch über die Wiener Klassik* beginnen läßt: «Die Musik der Wiener Klassik, die uns beim Hören als die selbstverständlichste Art artifizieller Musik erscheint, erweist sich immer von neuem als einer der schwierigsten Gegenstände musikwissenschaftlicher Befragung»[20].

Daß der Dreiklang und die Kadenz die hauptsächlichen Ordnungsvorstellungen der *Schöpfung* sind, zeigt sich am besten in der 2. Nummer, der Arie mit Chor «Nun schwanden vor dem heiligen Strahle». Hier wird im Chorteil der Text «Erstarrt entflieht der Höllengeister Schar...» folgenden Worten gegenübergestellt: «Und eine neue Welt entspringt auf Gottes Wort». Ein größerer Kontrast als der zwischen der Vertonung dieser beiden Textstellen, die unmittelbar einander folgen, ist musikalisch schwer denkbar. Der Wechsel von einer polyphonen zur homophonen Setzweise, von Moll nach Dur und von chromatischen Begleitstimmen der Violinen zu den Verzierungen und Akkordtönen der Flöte sind nur die auffälligsten Merkmale dieser Kontrastbildung, die sich bei genauerer Betrachtung in mehr als zwanzig Punkten aufzeigen ließe. Der Kontrast ist eines der vornehmsten Gestaltungsmittel HAYDNS, wogegen der Gedanke, etwas musikalisch zu entwickeln, noch wenig in seinem Blickfeld stand, obwohl er selbst mit dem Verfahren der «thematischen Absplitterung» eine der Voraussetzungen dazu schuf. Dies gilt für die Chaoskomposition ebenso wie für den Abschnitt aus der Chorarie. Zum Chaos wird stets wieder vermerkt, in ihm *entwickle* sich die Ordnung aus dem Chaos, gehe das Licht aus dem Dunkel hervor usw. Dagegen wird hier, und zwar im Großen, das C-dur des plötzlich hell strahlenden Lichts dem Dunkel der c-moll-Einleitung ebenso *entgegengestellt*, wie im Kleinen – und auch mehr in den Binnenstrukturen – die «Erstarrung» und die «neue Welt» kontrastieren. Daß VAN SWIETENS Libretto der *Schöpfung* der Möglichkeit zur Kontrastbildung immer und immer wieder Rechnung trägt, macht es zu einer höchst geeigneten Vorlage für HAYDN. Die vielen und auch berechtigten Vorwürfe literarischer und dramatischer Unzulänglichkeit, denen sich VAN SWIETENS Text von Anbeginn an ausgesetzt sah und die sehr kraß GOETHE aussprach[21], täuschen allzuleicht darüber hinweg, daß ein

20 *Versuch über die Wiener Klassik. Die Tanzszene in Mozarts «Don Giovanni»* (Wiesbaden 1972) (Beih. z. Archiv f. Musikwiss., Bd. 12), 1.

21 Brief vom 27.2.1811 an C. VON KNEBEL in bezug auf *Die vier Jahreszeiten*, zu denen ebenfalls VAN SWIETEN den Text eingerichtet hat: «Es sind sehr schöne Details drin, wenn nur das Ganze des Textes nicht so unendlich absurd wäre. Ich schicke dir diesen Gräuel, damit du den Componisten bedauerst, der auf ein solches Segeltuch seine Stickerey hat anwenden müssen» (*Goethes Werke* [Ausgabe Weimar 1887ff.], Abt. 4, Bd. 22, 40).

solcher Text den Grundlagen der Haydnschen Art zu komponieren in besonderem Maß entgegenkommt.

Vor dem Hintergrund des kunstreichen Kontrasts erhebt sich die Frage: Wie gestaltet HAYDN die Stelle «Und eine neue Welt...» musikalisch? Sie wird viermal komponiert, je zweimal aufeinanderfolgend und unterbrochen nach dem zweiten Mal durch die verkürzte Wiederholung des «Erstarrt entflieht...» Harmonisch handelt es sich bei den je achttaktigen Abschnitten um nichts weiter als eine Kadenz – viermal. Aber diese Kadenz erklingt nicht viermal gleich, sondern wird – ein Zeichen von Qualität – variiert; das zweite Mal wird sie um Nebenstufen bereichert und das vierte Mal, wo dem Abschnitt von acht Takten eine sechstaktige Koda angehängt ist, die mit ihren Dominant-Tonika-Schritten die Kadenz nochmals bestätigt, wird die doppelte Subdominante und die Doppeldominante mit einbezogen. Innerhalb dieser Kadenzen deklamiert der Chor akkordisch-homophon. Kein Melisma, kein akkordfremder Ton stört die doppel-, ganz- und allenfalls einmal halbtaktig wechselnde Harmonie. *Sinnfälliger* (in der doppelten – Hegelschen – Bedeutung von Sinn) kann kaum dasjenige gemacht werden, worauf die tonale Musik in ihrer klassischen Ausprägung gründet.

Kann in dieser Stelle nun der Inbegriff dessen gesehen werden, was der Haydnschen Musik als musikalische Ordnungsvorstellung vorschwebt? Im Text findet dies eine Stütze. Aber auch musikalisch läßt es sich aufzeigen, und zwar in der instrumentalen Chaoskomposition. Denn sie kann – harmonisch – geradezu als die Abweichung vom Grunddreiklang und der Kadenz angesprochen werden.

Eine vollkommene Kadenz, wie sie bei der «neuen Welt» auf kurzem Raum vierfach anzutreffen ist, findet sich im Chaos nur am Schluß (T. 56–59); die beiden anderen kadenzierenden Stellen (T. 39f., 48–50) markieren durch ihre Auflösung und Weiterführung keine festen Gliederungspunkte, was zu HAYDNS Zeit Aufgabe der Kadenz war[22]. Die Tonart (c-moll) wird insgesamt – außer in der Schlußkadenz – nicht klar bestimmt. T. 1 – allein der Grundton C – gibt keinen Aufschluß; vielmehr wird die Tonart durch das as der 2. Violine in T. 2 verschleiert. In T. 5, wo die Tonika c-moll erwartet werden könnte, erklingt wieder die Sexte as statt der Quinte g. Der C-moll-Akkord stellt sich nur beiläufig auf dem schwachen Taktteil von T. 7 ein, be-

22 Vgl. Art. «Tonschluß» in H. C. KOCHS *Musikalischem Lexikon* (Frankfurt a.M. 1802), Sp. 1563ff. – Bereits STENDHAL bezeichnet in den 1814 erschienenen *Lettres sur Haydn* die Motivbruchstücke (fragments de motifs) des Chaos als «toujours privés de cadence» (*Œuvres complètes*, hg. von E. CHAMPION, Bd. 3 (*Vies de Haydn, de Mozart et de Métastase*) (Paris 1914), 186).

zeichnenderweise in Sextakkordstellung; als vollständiger Grunddreiklang erscheint er nur ganz am Schluß, da an den kadenzierenden Stellen T. 40 und 50 verfahren wird wie in T. 1/2, also statt der Quinte g die kleine Sexte as gebracht wird. – Aus diesen kleinen Hinweisen auf die harmonische Anlage des Chaos, die nicht für sich in Anspruch nehmen, eine harmonische Analyse abzugeben, mag an einer Dimension der Musik ersichtlich geworden sein, nach welcher Richtung hin HAYDN sein Chaos komponieren konnte. Dabei gilt es eines festzuhalten: Auch beim Schaffen eines Chaos konnten zu HAYDNS Zeit die Normen des musikalischen Satzes nicht aufgehoben werden.

3. Klingt HAYDNS Chaos heute nicht gerade deshalb wenig «chaotisch», weil für den Hörer, der mit beinahe zwei Jahrhunderten Musikentwicklung über HAYDN hinaus vertraut ist, der Unterschied zwischen den Normen des damaligen Satzes und der Abweichung von ihnen sich verwaschen hat? Sofern von HAYDN erwartet wird, er solle musikalisch einen ungeordneten Zustand in einen geordneten überführen, so ist diese Erwartung nicht angemessen. Denn zum einen stand ihm die Möglichkeit einer musikalischen Entwicklung noch nicht zu Gebote; zum anderen verzichtet er als Vertreter der Wiener klassischen Musik auf Trommelsoli[23] und gesteigerte Lautstärke als Mittel der äußerlichen Gestaltung des Chaos. Solche Mittel waren noch für die Ouvertüre zum Ballett *Zaïs* von J. P. RAMEAU (1748) charakteristisch, in der das «Entwirren» des Chaos zum thematischen Vorwurf erhoben ist. Aber derselbe RAMEAU war es, der die Loslösung der Musik von ihrer zahlenhaften Verankerung im Kosmos theoretisch vorantrieb und entscheidend mithalf, den Boden zu bereiten für jenen Höhepunkt der tonalen Musik, als der die Wiener Klassik anzusehen ist. HAYDN gestaltet sein Chaos nicht wie RAMEAU mit Hilfe von außermusikalischen Vorstellungen von Geordnetem und Chaotischem; es lag auch nicht in seiner Absicht, die Geräuschsphäre als Darstellungsmittel des Chaotischen heranzuziehen – wie das heute auf Grund gewandelter musikalischer Ordnungsvorstellungen und eines auf alles Auditive erweiterten musikalischen Materials leicht erreicht werden könnte. HAYDN schuf vielmehr sein Chaos in der Auseinandersetzung mit der Ordnung seines musikalischen tonalen Materials. Aus diesem Grunde ist es auch besonders schwierig, diese Komposition an Ordnungsvorstellungen und Auffassungen des Chaos zu messen, die unabhängig von ihr bestehen.

23 Die Trommel findet in der Musik der damaligen Zeit nicht nur selten Verwendung, sondern ist darüber hinaus auch eines der wenigen nichtgestimmten Instrumente, das nicht eigentlich «musikalische» Töne hervorbringt.

STENDHAL stellte die Frage: «Quelqu'un qui n'aurait pas le mot reconnaîtrait-il là le chaos?»[24] Ist HAYDNS Komposition als Darstellung des Chaos mißglückt? Jedenfalls erwies sie sich als ein ebenso außerordentliches wie wegweisendes Musikstück.

24 A.a.O. 186.

# Heuristische Betrachtungen im Umkreis des Machschen Prinzips

KONRADIN WESTPFAHL

In einer so stark auf Formalisierung gerichteten Zeit ist es vielleicht nicht ohne Reiz, daneben auch die heuristische Kraft der anschaulichen Elemente einer physikalischen Theorie zu erproben, wie dies in den Arbeiten von HELMUT HÖNL so oft in exemplarischer Weise geschehen ist. Wir wollen dabei an eine Arbeit [1] über ein interessantes Elektronenmodell anknüpfen, in der es einleitend heißt, «daß dieses Gebilde... sich vermöge der Rückwirkung des von ihm erzeugten Gravitationsfeldes auf sich selbst... in besonderer Weise ‹steuert›». Wie die Autoren in einer nachfolgenden Arbeit [2] selbst bemerken, ist diese «gravitative Selbststeuerung» in ihren Gleichungen zwar noch gar nicht enthalten, läßt sich aber in einem zweiten Näherungsschritt quantitativ erfassen [3]. Im folgenden handelt es sich jedoch lediglich um heuristische Betrachtungen über qualitative Konsequenzen einer gravitativen Selbstwechselwirkung.

## 1. *Trägheit und Massenhorizont*

Zunächst sei an E. MACHS Versuch erinnert [4], neben der Gravitation auch die Trägheitskräfte als Wirkung der Verteilung und Bewegung der Materie im Universum aufzufassen. Der erkenntnistheoretische Fortschritt gegenüber der Newtonschen Auffassung der Trägheitskräfte als Manifestation des «absoluten Raumes» ist vor allem von EINSTEIN hervorgehoben worden [5]. MACH selbst ging es in erster Linie um die Deutung eines empirischen Faktums, nämlich der weitgehenden Übereinstimmung von «Trägheitskompaß» und «Fixsternkompaß». Nach dieser Deutung sollen die fernen Fixsternmassen zum Beispiel die auf der rotierenden Erde auftreten-

1 H. HÖNL und A. PAPAPETROU, Z. Phys. *112*, 512 (1939).
2 A. PAPAPETROU und H. HÖNL, Z. Phys. *114*, 478 (1939).
3 H. GOENNER, U. GRALEWSKI und K. WESTPFAHL, Z. Phys. *207*, 186 (1967).
4 E. MACH, *Die Mechanik in ihrer Entwicklung* (Leipzig 1883), S. 216ff.
5 A. EINSTEIN, Ann. Phys. *49*, 771 (1916).

den Corioliskräfte hervorrufen, welche die Drehung der Schwingungsebene des Foucaultschen Pendels bewirken.

Die Vorstellung, daß der ferne Massenhorizont (oder allgemeiner der Zustand und die Verfassung des Universums als Ganzes) wohldefinierte Globalwirkungen auf lokale Ereignisse ausübt (das heißt, auf die dynamischen Vorgänge in kleinen, abgrenzbaren Teilbereichen des Universums), ist von EINSTEIN als Machsches Prinzip bezeichnet worden[6]. Dieses Prinzip hat bei der in der allgemeinen Relativitätstheorie vollzogenen Verschmelzung von Trägheit und Gravitation zur höheren Einheit des metrischen Feldes zwar Pate gestanden[5], es hat sich jedoch gezeigt, daß das Machsche Prinzip bei der endgültigen Formulierung der lokalen Feldgesetze[5] völlig entbehrlich ist. Immerhin blieb die Hoffnung bestehen, daß bestimmte Lösungstypen der Feldgleichungen sich im Sinne des Machschen Prinzips interpretieren lassen.

In der Tat hat H. THIRRING schon bald nach ihrer Aufstellung eine Lösung der (linearisierten) Feldgleichungen angegeben[7], welche das metrische Feld im Innern einer rotierenden Hohlkugel beschreibt. Die geodätische Bewegung einer in dieses Feld eingeführten Probemasse zeigt nun eine weitgehende Analogie zur Bewegung einer Masse unter der Wirkung von Coriolis- und Zentrifugalkräften, wie sie in rotierenden Bezugssystemen auftreten. Bei der Deutung dieser partiellen Mitführung des Inertialsystems durch die rotierende Hohlkugel als Manifestation des Machschen Prinzips ist jedoch folgendes zu beachten: Zur Erzielung einer eindeutigen Lösung führt THIRRING die Grenzbedingung ein, daß das metrische Feld im räumlich Unendlichen in die pseudoeuklidische Metrik der Minkowskiwelt übergehen soll. Dieser starr vorgegebene metrische Saum spielt erkenntnistheoretisch dieselbe Rolle wie NEWTONS absoluter Raum, zu dessen Überwindung das Machsche Prinzip ja gerade führen sollte. Schon der Begriff der Rotation einer Hohlkugel in einer sonst leeren Welt widerspricht dem Machschen Prinzip, das Beschleunigungen von Massen nur relativ zu anderen Massen kennt.

Zur Vermeidung sowohl des Begriffs der absoluten Rotation als auch des anti-Machschen Einflusses der Grenzbedingungen ist das Thirringsche Modell von H. HÖNL dergestalt abgeändert worden[8], daß die Hohlkugel relativ zu einer homogenen Materieverteilung rotiert, welche den Raum zu einem endlichen, geschlossenen Kugelraum krümmt (statischer Einstein-Kosmos). Diese Ersetzung der Grenzbedingung durch eine topologische

6 A. EINSTEIN, Ann. Phys. *55*, 241 (1918).

7 H. THIRRING, Phys. Z. *19*, 33 (1918).

8 H. HÖNL und C. SOERGEL-FABRICIUS, Z. Phys. *163*, 571 (1961).

Forderung führt offenbar ein kosmologisches Element in das Modell ein, wodurch es einer Realisierung der Machschen Intensionen im Rahmen der Einsteinschen Theorie besonders nahekommt. Als Resultat dieser Untersuchung ergeben sich wieder Coriolis- und Zentrifugalkräfte, die jetzt aber *vollständig* auf eine beobachtbare Ursache zurückgeführt worden sind: die Rotation der Hohlkugel relativ zum materiellen Substrat der Welt.

## 2. *Strahlung und Absorber*

Nachdem sich eine Deutung der Trägheitskräfte im Sinne des Machschen Prinzips (wenigstens an speziellen Modellen) als durchführbar erwiesen hat, erhebt sich die Frage, ob eine analoge Deutung auch für jene *nichtmechanischen* Wirkungen möglich ist, die üblicherweise als Manifestationen des absoluten Raumes aufgefaßt werden. Insbesondere ist hier an die Strahlung einer beschleunigten Ladung zu denken, die gemäß den retardierten Wirkungen der Maxwellschen Feldgesetze auch dann auftritt, wenn keine weiteren Ladungen vorhanden sind, welche die Strahlung absorbieren können. Die für die Strahlung angegebene Ursache (Beschleunigung gegenüber dem absoluten Raum) ist somit eine Fiktion, da sie nicht in beobachtbaren Tatsachen verankert ist (zum Beispiel absorbierenden Ladungen).

An dieser Situation hat auch die Lorentz-invariante Quantenfeldtheorie im Grunde nichts geändert, obwohl sie sich darauf berufen kann, daß gemäß ihrer Vakuumvorstellung jedes reelle Teilchen in eine Wolke von virtuellen Teilchen eingebettet ist, die das gesamte Raum-Zeit-Kontinuum erfüllen, von reeller Materie jedoch nicht bedingt, sondern nur gestört werden. Die Beschleunigung eines reellen Teilchens kann jetzt als Beschleunigung relativ zu den stets vorhandenen virtuellen Teilchen (bzw. dem von ihnen aufgespannten metrischen Kontinuum) aufgefaßt werden und führt zur Erzeugung anderer reeller Teilchen (Strahlung). Dieser Versuch zur Restauration des Newtonschen Raumrealismus trägt jedoch unverkennbar tautologische Züge: Die a priori starr vorgegebene Invarianzgruppe (Bewegungsgruppe des Minkowski-Raumes) als Substrat einer linearen Feldtheorie für die Vakuumfelder führt zu quellenfreien Lösungen der Feldgleichungen (virtuelle Teilchen), welche a posteriori Darstellungsräume der Invarianzgruppe aufspannen.

Im Gegensatz dazu haben WHEELER und FEYNMAN einen überzeugenden Versuch unternommen[9], den Strahlungsvorgang im Sinne des Machschen

9 J. A. WHEELER und R. P. FEYNMAN, Rev. Mod. Phys. *17*, 157 (1945).

Prinzips umzudeuten (obwohl dieses Prinzip nicht expressis verbis erwähnt wird). Der zur Deutung der Trägheitskräfte eingeführte Massenhorizont wird jetzt durch Berücksichtigung elektromagnetischer Eigenschaften (wie Brechung und Dispersion) zu einem Absorber ausgestaltet, der sämtliche in seinem Inneren erzeugte Strahlung restlos absorbiert.

Weiterhin werden folgende Forderungen aufgestellt: 1. Eine beschleunigte Ladung in einer sonst *leeren* Welt (kein Absorber) strahlt *nicht*. 2. Wirkungen auf geladene Teilchen können nur von *anderen* geladenen Teilchen ausgehen. 3. Diese Wirkungen sind *zeitsymmetrisch*, genauer gesagt, halb retardierte, halb avancierte Wirkungsausbreitungen gemäß den Maxwellschen Feldgesetzen. Damit ist der Auffassung der Strahlung als Reaktion auf die absolute Beschleunigung einer Ladung der Boden entzogen. Eine relativ zum Absorber beschleunigte Ladung hingegen beschleunigt ihrerseits vermöge der retardierten Wirkungsausbreitung sämtliche Absorberteilchen, die überdies untereinander dergestalt wechselwirken, daß die avancierte Globalreaktion des Absorbers am Ort des ursprünglichen Teilchens genau der Strahlungskraft entspricht, die in der Absoluttheorie als Rückstoß der emittierten Strahlung aufgefaßt wird. Die retardierte Wirkung der Quelle korreliert die avancierten Reaktionen der Absorberteilchen nämlich derartig, daß die Gesamtwirkung, unabhängig von den speziellen Eigenschaften des Absorbers, durch den momentanen Bewegungszustand der Quelle vollständig determiniert wird. Diese *momentane* Reaktion des beliebig weit entfernten Absorbers auf die Bewegungsänderung der Quelle kommt durch das Zusammenspiel von retardierter und avancierter Wirkungsausbreitung zustande, obwohl beide nur mit der *endlichen* Lichtgeschwindigkeit erfolgen, wobei jedoch (im Gegensatz zu den Trägheitskräften) auch Beschleunigungs*änderungen* ins Spiel kommen.

## 3. *Zeitrichtung und Kosmologie*

Die de-facto-Auszeichnung der retardierten Wirkung und die damit zusammenhängende Irreversibilität des Strahlungsvorgangs versuchen WHEELER und FEYNMAN durch statistische Betrachtungen über die zeitlich asymmetrischen Anfangs- bzw. Endzustände der Absorberteilchen zu begründen. In unserem Zusammenhang verdient jedoch besonders der Versuch von J. E. HOGARTH Beachtung[10], der die zeitliche Asymmetrie quasilokaler Vorgänge (Strahlung) mit der durch die Expansion des Universums global

10 J. E. HOGARTH, Proc. Roy. Soc. *267*, 365 (1962).

ausgezeichneten Zeitrichtung in Zusammenhang bringt. Expandierende kosmologische Modelle, die sich durch konform-flache Riemann-Räume beschreiben lassen, gehören schon lange zu den Denkmöglichkeiten, um welche die allgemeine Relativitätstheorie die Kosmologie bereichert hat, und finden in der sogenannten Nebelflucht eine starke empirische Stütze.

Kurz gesprochen wollen wir unter dem Terminus «Machsches Prinzip» alle jene Tendenzen zusammenfassen, welche diejenigen Phänomene, die sich nicht durch lokale Naturgesetze (Feldgleichungen) beschreiben lassen (wie die Auszeichnung von Koordinatensystemen und Zeitrichtungen), auf kosmologische Einflüsse zurückzuführen suchen. Die allgemeine Relativitätstheorie enthält dieses Prinzip nicht automatisch, gibt jedoch die Mittel zu seiner modellmäßigen Realisierung an die Hand.

## 4. *Gravitationsstrahlung und asymptotische Symmetrie*

Für «isolierte Systeme» verflüchtigt sich dieses Prinzip allerdings weitgehend zu der schon erwähnten Forderung, daß die Metrik des Raum-Zeit-Kontinuums für räumliche Abstände, die groß sind gegen die Systemabmessungen, aber klein gegen den mittleren Krümmungsradius des Universums, asymptotisch in die Minkowski-Metrik übergeht. Der metrische Saum dieser asymptotisch flachen Welt wird durch den Massenhorizont aufgespannt, der nicht mehr zum System gehört. Aber selbst in dieser abgeschwächten Form einer Grenzbedingung – oder besser Übergangsbedingung – führt das Machsche Prinzip zu Konsequenzen, die keineswegs trivial sind. Dabei handelt es sich nicht um die dynamischen Effekte des Gravitationsfeldes im Innern des Systems, die zu extremen Abweichungen von der Minkowski-Metrik, ja sogar von der euklidischen Topologie führen können, sondern ausschließlich um die «kinematischen Effekte» des Massenhorizonts, die sich neben der Trägheit in einem überaus feinen metrischen Schleier manifestieren, der das System vermöge der Übergangsbedingungen zusätzlich mit dem Massenhorizont verbindet.

Genauer gesagt, sind die sekundären kinematischen Effekte um so geringer, je schneller sich die Metrik ihrem Minkowskischen Grenzwert nähert. Statische und stationäre Systeme können – ihr metrisches Eigenfeld mitnehmend – ohne Verzerrung ihrer Maßverhältnisse bewegt werden und realisieren dabei global die Gruppe isometrischer Bewegungen des Minkowski-Raumes (die sogenannte Poincaré-Gruppe). Bei instationären Systemen ist das jedoch nicht mehr der Fall: durch den irreversiblen Energietransport der Gravitationsstrahlung, die als von der Quelle abgelöste, verselbständigte und mit Lichtgeschwindigkeit expandierende metrische Störung vorgestellt werden kann, wird eine neue Qualität in die Kommunikation mit dem Massenhorizont hineingetragen. In der Tat realisieren die Globalbewegungen instationärer Systeme nicht mehr die Poincaré-Gruppe, weil die unendlich vielen verselbständigten Freiheitsgrade der Gravitationsstrahlung ins Spiel kommen, welche dynamisch als Strahlungsdämpfung in Erscheinung treten.

Damit ergibt sich im Rahmen der allgemeinen Relativitätstheorie die Notwendigkeit einer Neubegründung der – in der Theorie der Elementarteilchen eine so überragende Rolle spielenden – Poincaré-Gruppe, welche offensichtlich nur der «Trägheitswechselwirkung», aber nicht der «Strahlungswechselwirkung» mit dem Massenhorizont Rechnung trägt. Um ein einheitliches Bild zu haben, wollen wir uns den Massenhorizont zugleich als idealen Absorber für Gravitationsstrahlung vorstellen und den entsprechenden Wheeler-Feynmanschen Strahlungsmechanismus zugrunde legen. In diesem Bilde sind sowohl Trägheitskräfte als auch Strahlungskräfte – größenordnungsmäßig freilich sehr unterschiedliche – Reaktionen des Massenhorizonts auf Bewegungsänderungen von Teilchen, die als «kinematische» Effekte der Gravitation auf keine Weise zu eleminieren sind. Wir stehen somit vor der Aufgabe, diesen einheitlichen Ursprung durch eine Erweiterung der Poincaré-Gruppe um die «Freiheitsgrade der Gravitationsstrahlung» gruppentheoretisch zu verankern.

Bei der Lösung dieser Aufgabe kann man davon ausgehen, daß die Invarianzgruppe der allgemeinen Relativitätstheorie (die Pseudogruppe beliebiger Punkttransformationen) durch die Forderung der in bestimmten Koordinaten formulierten Minkowski-Asymptotik auf die wesentlich engere Gruppe derjenigen Koordinaten-Transformationen reduziert wird, welche diese Asymptotenbedingung invariant lassen. Nun hat P. G. Bergmann darauf hingewiesen[11], daß es nur dann möglich ist, neue Freiheitsgrade in eine erweiterte Invarianzgruppe aufzunehmen, ohne die Bedeutung der Poincaré-Gruppe zu relativieren, wenn die neuen Freiheitsgrade einen Normalteiler der erweiterten Invarianzgruppe bilden und die Poincaré-Gruppe die zugehörige Faktorgruppe ist. In der Tat ist es dann möglich, Funktionale der Feldvariablen zu konstruieren, die sich unter der Poincaré-Gruppe transformieren, bezüglich des Normalteilers jedoch invariant sind. Besonderes Interesse beanspruchen Funktionale, die (infinitesimale) isometrische Bewegungen in der asymptotischen Minkowski-Welt erzeugen: es

11 P. G. Bergmann, Phys. Rev. *124*, 274 (1961).

sind die für Lorentz-invariante Feldtheorien charakteristischen Erhaltungsgrößen (Bewegungskonstanten) Energie, Impuls, Drehimpuls und Schwerpunktsgeschwindigkeit. Sie spannen zufolge ihres gruppentheoretischen Ursprungs eine zehndimensionale Lie-Algebra auf.

Die aus der Minkowskischen Raum-Zeit-Symmetrie fließenden Erhaltungsgrößen bilden gegenwärtig das Fundament jeder Theorie der Elementarteilchen dergestalt, daß die quantenmechanischen Zustände dieser Teilchen hermitische Darstellungen der zugehörigen Lie-Algebra aufspannen. Die Elementarteilchen lassen sich dann nach *irreduziblen* Darstellungen klassifizieren, wobei ein kontinuierliches Massenspektrum und ein diskretes (halb-ganzzahliges) Spinspektrum auftritt. Die zugehörigen Observablen (Massen- und Spinoperator) ergeben sich dabei zwangsläufig als die maßgeblichen Gruppen-Invarianten, nämlich die Quadratsummen der Erzeugenden von Raum-Zeit-Translationen und Schwerpunkt-System-Rotationen.

Gruppenextensionen mit der Poincaré-Gruppe als Faktorgruppe hat übrigens auch L. MICHEL für die Verschmelzung der relativistischen Invarianz mit den inneren Symmetrien der Elementarteilchen – als Normalteiler bildende Eichgruppen aufgefaßt – vorgeschlagen[12]: Die Aufeinanderfolge mehrerer Poincaré-Transformationen, deren Produkt die Identität ist, kann sich in ihrer Wirkung auf das (quantenmechanische) System von der Identität um eine (unbeobachtbare) Eichtransformation unterscheiden.

Nach diesem Abstecher kehren wir zu der Frage zurück, ob sich das Bergmannsche Programm in concreto realisieren läßt. Zunächst ist darauf hinzuweisen, daß die Struktur der asymptotischen Symmetriegruppe noch wesentlich vom Charakter der Asymptotik und den Koordinaten, in denen sie formuliert wird, abhängen kann (wenigstens, solange keine globale Behandlung asymptotisch flacher Riemann-Räume vorliegt). Besonders vielversprechend ist hier der Versuch von BONDI, METZNER und SACHS, asymptotisch flache Riemann-Räume in Nullkoordinaten zu beschreiben[13,14]: Eine der Koordinatenhyperflächen ist eine Nullhyperfläche (deren Elemente überall den lokalen Lichtkegel tangieren), eine zweite Koordinate ist affiner Parameter längs der die Nullhyperfläche erzeugenden Nullgeodäten, während die beiden restlichen Koordinaten die einzelnen Nullgeodäten spezifizieren.

Zur Formulierung der Asymptotenbedingung entfernen wir uns nun nicht raumartig von der Quelle, sondern lichtartig längs einer Nullgeodäte. Dies hat den Vorteil, daß man beim Grenzübergang den Bereich der Strah-

12 L. MICHEL, Phys. Rev. *137* B, 405 (1965).
13 H. BONDI, M. VAN DER BURG und A. METZNER, Proc. Roy. Soc. *269*, 21 (1962).
14 R. SACHS, Phys. Rev. *128*, 2851 (1962).

lung (die sich längs Nullgeodäten ausbreitet) nicht verläßt, während man bei raumartiger Entfernung notwendig in Bereiche gelangt, die von der (sich mit Lichtgeschwindigkeit ausbreitenden) Strahlung noch nicht erreicht worden sind. In der Tat kann eine reale Quelle nur während einer endlichen Zeitspanne mit nennenswerter Intensität strahlen, weil ihre Energie begrenzt ist. Die asymptotische Symmetriegruppe wird nun von denjenigen Transformationen gebildet, welche die im lichtartig Unendlichen formulierte Minkowski-Asymptotik bewahren und Nullkoordinaten in Nullkoordinaten überführen. Die sich ergebende «Bondi-Metzner-Sachs-Gruppe» ist, kurz gesagt, das halbdirekte Produkt der (homogenen) Lorentz-Gruppe mit einem unendlich-dimensionalen Abelschen Normalteiler, der neben den Poincaré-Translationen noch die sogenannten Supertranslationen enthält.

Zum Verständnis der Supertranslationen betrachten wir Nullhyperflächen im Minkowski-Raum: sie sind entweder «gute» oder «schlechte» Lichtkegel, je nachdem die sie erzeugenden Nullgeodäten sich alle in einem Punkt schneiden oder nicht. Durch eine Translation werden nun «gute» Lichtkegel in «gute» übergeführt, während eine Supertranslation «gute» Lichtkegel in «schlechte» verwindet. In gekrümmten asymptotisch flachen Riemann-Räumen ist jedoch eine Unterscheidung zwischen «guten» und «schlechten» Lichtkegeln nicht mehr möglich, weil bei einer Zurückverfolgung der erzeugenden Nullgeodäten in den Quellbereich Koordinatensingularitäten auftreten werden, bevor entschieden werden kann, ob Astigmatismus vorliegt oder nicht. (Nichtflache Riemann-Räume lassen sich auf keine Weise mit einem einzigen singularitätenfreien Koordinatensystem überziehen.) Ebensowenig läßt sich entscheiden, ob eine Lorentz-Transformation einen Supertranslationsanteil hat oder nicht.

Aus diesen Gründen muß die *volle* Bondi-Metzner-Sachs-Gruppe als asymptotische Symmetriegruppe akzeptiert werden – *unabhängig* davon, wie schwach die Gravitationsstrahlung in der asymptotischen Wellenzone auch sein mag. Dies wird noch dadurch unterstrichen, daß diese Gruppe sich auch rein geometrisch definieren läßt: sie wird von den konformen Killingvektoren der Nullhyperfläche im lichtartig Unendlichen erzeugt. Im Sinne des Machschen Prinzips können wir den Absorber-Massenhorizont als Ursache der asymptotischen Symmetrien betrachten, wobei die «Supertranslationsfreiheitsgrade» als Korrelat der Freiheitgrade der Gravitationsstrahlung aufzufassen sind.

Bei genauerem Hinsehen erweist sich die neue Symmetriegruppe jedoch als Enttäuschung: nicht die Poincaré-Gruppe, sondern nur die Lorentz-Gruppe ist Faktorgruppe bezüglich des Normalteilers der Supertranslationen, in den auch die Translationen aufgenommen werden müssen. (Letztere bilden zwar bereits für sich einen Normalteiler, die Supertranslationen für sich jedoch nicht.) Somit ergibt sich eine der Minkowski-Welt fremde Differenzierung zwischen Translationen und Rotationen: Die Translationen bilden nach wie vor einen eindeutigen Normalteiler, während den Lorentz-Rotationen zusätzlich unendlich viele supertranslationsabhängige Untergruppen zugeordnet werden können. Damit hängt zusammen, daß der Poincaré-Massenoperator auch bezüglich der um die Supertranslationen erweiterten Gruppe invariant ist, der Spinoperator jedoch nicht.

Zwei Möglichkeiten zur Neubegründung der Poincaré-Gruppe in «asymptotisch flachen» Raum-Zeit-Mannigfaltigkeiten sind noch nicht voll ausgeschöpft: die Suche nach einer modifizierten asymptotischen Symmetrie[15,16] und die Einbeziehung realistischer kosmologischer Modelle (etwa des expandierenden Friedman-Kosmos)[17].

## 5. *Gravitationsstrahlung und Massenspektrum*

Abschließend wollen wir die weitere Möglichkeit ins Auge fassen, daß die Poincaré-Gruppe durch Einbeziehung der Freiheitsgrade der Gravitationsstrahlung zu einer sogenannten spektrumerzeugenden Gruppe erweitert wird. Bei dieser sind – im Gegensatz zu der oben betrachteten Symmetriegruppe – die neu hinzukommenden Generatoren *keine* Bewegungskonstanten. Zur Erläuterung erinnern wir an die Situation beim quantenmechanischen Wasserstoffatom: das Coulomb-Potential führt über die (kinematische) Kugelsymmetrie hinaus zu einer (dynamischen) vierdimensionalen Rotationssymmetrie. Sämtliche Darstellungen dieser Symmetriegruppe – aufgespannt durch die Zustände gleicher Energie – werden durch eine einzige (unitäre) *irreduzible* Darstellung einer nichtkompakten de-Sitter-Gruppe zum Hilbert-Raum aller gebundenen Zustände des nichtrelativistischen Wasserstoffatoms verschmolzen. Somit erzeugt die de-Sitter-Gruppe das vollständige Zustandsspektrum des Systems, obwohl ihre nichtkompakten Generatoren keine Symmetrieelemente (Bewegungskonstanten) sind.

Um die Freiheitsgrade der Gravitationsstrahlung in Generatoren von Nichtsymmetrieoperationen umzuwandeln, schlagen wir folgenden Weg

15 B. Aronson, R. Lind, J. Messmer und E. Newman, J. Math. Phys. *12*, 2462 (1971).
16 R. Geroch, J. Math. Phys. *13*, 956 (1972).
17 S. W. Hawking, J. Math. Phys. *9*, 598 (1968).

ein[18]. Wir konstruieren zunächst ein möglichst elementares klassisches Modell (kurz Spinteilchen), das die Poincaré-Gruppe realisiert, das heißt, dessen Makrobewegungsmöglichkeiten vollständig durch die Operationen der Poincaré-Gruppe beschrieben werden. Derartige Modelle – punktförmige Grenzwerte indefiniter Massenverteilungen wie etwa das eingangs erwähnte Elektronenmodell von HÖNL und PAPAPETROU – können als klassische Analoga quantenmechanischer Systeme aufgefaßt werden, deren Zustandsmanigfaltigkeiten irreduzible unitäre Darstellungen der Poincaré-Gruppe aufspannen. Klassisch wie quantenmechanisch besitzen diese Systeme notwendig eine Mikrobewegung («Zitterbewegung»), die nach den (linearisierten) Einsteinschen Feldgleichungen ihrerseits Quelle von Gravitationsstrahlung ist.

Die Reaktionskraft dieser Strahlung – die als gravitative Selbstwechselwirkung apostrophiert werden kann – modifiziert die Bewegung des Systems: seine Bewegungsformen realisieren nicht mehr die Poincaré-Gruppe, sondern eine – wegen der Willkür der Zitterbewegung – unendlich-dimensionale Erweiterung dieser Gruppe (oder zumindest eine entsprechende Lie-Algebra). Es werden somit nicht – wie sonst in Lorentz-Invarianten-Theorien üblich – freie Felder und Teilchen, sondern gravitativ selbstwechselwirkende Teilchen als die primären *irreduziblen* Elemente der Theorie aufgefaßt (deren Kopplung in einem zweiten Schritt störungstheoretisch zu behandeln ist). Interpretiert man die Strahlungskraft nach dem Vorgang von WHEELER und FEYNMAN als Reaktion des Absorber-Massenhorizonts auf die Mikrobewegung, so kann man das irreduzible selbstwechselwirkende System auch als ein mit der Gesamtheit der fernen Massen wechselwirkendes Teilchen charakterisieren.

In der Sprache der Quantenfeldtheorie handelt es sich um ein Teilchen, das erstens durch Emissions-Reabsorptions-Prozesse mit einer Wolke virtueller Gravitonen wechselwirkt – Prozesse, die zur Ruhmasse des Teilchens beitragen – und das zweitens reelle, Energie transportierende Gravitonen ins Unendliche emittiert. Da letztere mit zum System gehören, bleiben die üblichen Erhaltungssätze in Kraft: die zehn Erhaltungsgrößen erzeugen isometrische Bewegungen im Minkowskischen Untergrund (im Sinne einer Lorentz-invarianten Störungstheorie). Diese Erhaltungsgrößen lassen sich als eichinvariante, zeitlich konstante Hyperflächenintegrale über die dem Eigenfeld des Teilchens zugeordneten Dichten darstellen und schließen sich

18 H. RÖMER und K. WESTPFAHL (in Vorbereitung).

bei infinitesimalen Raum-Zeit-Bewegungen zu einer zehndimensionalen Lie-Algebra. (Die Eichinvarianz bezieht sich auf die «Eichgruppe» der linearisierten Gravitationstheorie.)

Darüber hinaus ergibt sich eine unendliche Hierarchie weiterer eichinvarianter, jedoch zeitlich variabler Größen analoger Struktur, die wir als Strahlungsmomente bezeichnen wollen. Die zehn niedrigsten dieser Momente bilden den Beitrag des Strahlungsfeldes (das heißt der emittierten Gravitonen) zu den Erhaltungsgrößen. Die Teilchenmomente – nämlich die Erhaltungsgrößen abzüglich des Strahlungsbeitrags – spannen nun zusammen mit der Gesamtheit der Strahlungsmomente bei Raum-Zeit-Bewegungen eine unendlichdimensionale Lie-Algebra auf.

Somit treten die Strahlungsmomente an die Stelle der sonst üblichen selbständigen Freiheitsgrade des Strahlungsfeldes, die durch die Konzeption des selbstwechselwirkenden Teilchens aus der Theorie eliminiert werden. Die eichinvarianten Teilchen- und Strahlungsmomente werden weiterhin als die dynamischen Variablen der Theorie aufgefaßt, und die von ihnen aufgespannte Lie-Algebra bildet das algebraische Substrat der klassischen Gravitationsstrahlungsdämpfung.

Die so (in erster Näherung) gefundene Lie-Algebra – nennen wir sie die Strahlungsalgebra – hat eine von dem Ausgangsmodell völlig unabhängige Struktur: die Strahlungsmomente bilden ein unendlich-dimensionales Abelsches Ideal, das mit einer Poincaré-Algebra (aufgespannt von den Erhaltungsgrößen) durch die halbdirekte Summe verknüpft ist. (Das heißt, die Poincaré-Algebra wirkt als Automorphismus auf den Strahlungsmomenten.) Damit ist die Poincaré-Algebra nicht nur unendlich vieldeutige Unteralgebra der Strahlungsalgebra, sondern sie ist – in Übereinstimmung mit dem Bergmannschen Postulat – auch isomorph zu deren Faktoralgebra bezüglich der Strahlungsmomente. Ferner ist jetzt auch der Poincaré-Massenoperator (ebenso wie der Spinoperator) *keine* Invariante der Strahlungsalgebra (kein Casimir-Operator).

Der Übergang zur Quantenmechanik ist nun klar vorgezeichnet: wir haben irreduzible hermitische Darstellungen der Strahlungsalgebra zu konstruieren und sie als von den möglichen Zuständen des selbstwechselwirkenden Systems aufgespannt zu interpretieren. Die sich bei der Ausreduktion dieser Darstellungen nach irreduziblen Darstellungen der Poincaré-Algebra ergebenden Unterräume können dann als Teilchenmultipletts gedeutet werden, das heißt, als diejenigen Poincaré-invarianten stationären Zustandmannigfaltigkeiten, die mit der Absorberwechselwirkung verträglich sind.

Da nun die beiden Poincaré-Invarianten (Masse und Spin) keine Invarianten der Strahlungsalgebra bilden, sind wesentliche (wenn auch nur notwendige) Bedingungen dafür erfüllt, daß die Teilchen eines Multipletts neben einem diskreten Spinspektrum auch ein diskretes Massenspektrum besitzen. In der Tat wird das gefürchtete O'Raifeartaigh-Theorem[19], das ein diskretes Massenspektrum bei endlich-dimensionalen, die Poincaré-Algebra einbettenden Lie-Algebren ausschließt, durch die unendliche Dimension der Strahlungsalgebra zwanglos außer Kraft gesetzt.

Zusammenfassend ist unser Bild sehr einfach: die Trägheitsbewegung des Spinteilchens realisiert die Poincaré-Gruppe, wird jedoch durch die Gravitationsstrahlung der inneren Bewegung modifiziert. Das gruppentheoretische Substrat dieser Modifikation ist eine unendlich-dimensionale Lie-Algebra, die quantenmechanisch ein Teilchenspektrum ermöglicht. Trägheit und Strahlungskraft haben eine gemeinsame Wurzel: sie sind gravitative Reaktionen des Massenhorizonts («Machsches Prinzip»).

19 L. O'Raifeartaigh, Phys. Rev. *139*, 1052 (1965).

# Rückerinnerung [1]

HELMUT HÖNL

Man wünscht von mir, daß ich in wenigen Worten etwas über meinen Werdegang sage. Wer vermag letzthin die Einflüsse und Motive recht zu beurteilen, die auf dem Lebensweg von Stufe zu Stufe geführt, Anschauungen und Überzeugungen geformt haben? Ich will es dennoch versuchen, Am besten werde ich dabei von einigen Erlebnissen und Ereignissen ausgehen. die mir bezeichnend für meinen Entwicklungsgang erscheinen. Ereignisse und Erlebnisse sind wie Buchstaben, die man als eine zusammenhängende Lebenserfahrung lesen muß, damit sie einen verständlichen Sinn, den Lebenssinn, erkennen lassen.

Schon in meinem Knabenalter ist wohl deutlich hervorgetreten, daß ich mich bei der Alltagswelt nicht beruhigen konnte, daß sich in mir ein lebhafter Drang regte, gleichsam «hinter die Dinge» zu kommen. Man mag diese Einstellung nachträglich als die philosophische bezeichnen. Jedenfalls ist mir erinnerlich geblieben, wie mich als Knabe von vielleicht sechs Jahren urplötzlich und ohne erkennbaren Anlaß mit jähem Schrecken der Zweifel an der Realität der Außenwelt überfiel. Konnte nicht alles, was mich umgab und umhegte, bloße Täuschung sein? Einige Tage ging ich wie verwirrt umher. Ich ahnte freilich damals noch nicht, daß das Problem der Realität, des Verhältnisses von Innen- und Außenwelt, von Subjekt und Objekt, fast alle Denker durch die Jahrhunderte tief bewegt und beschäftigt hat. Viel später sollte dieses Problem im Bereich meiner eigenen Forschung, der Physik, wieder auftauchen.

Ein anderes frühes Erlebnis scheint mir bezeichnend. Als ich auf dem Heidelberger humanistischen Gymnasium bei einem ausgezeichneten und wohlwollenden Lehrer in den elementargeometrischen Unterricht eingeführt wurde, machte ich zu meinem Erstaunen die Erfahrung, daß mir die geometrischen Sätze und ihre Beweise so selbstverständlich erschienen, daß

1 In kürzerer Fassung zuerst erschienen in: *Forscher und Gelehrte*, hg. von W.E. BÖHM in Zusammenarbeit mit G. PAHLKE (Stuttgart 1966), S. 139f.

mir ohne jede Anstrengung die Auflösung von Konstruktionsaufgaben gelang. Das Entscheidende bei diesem Erlebnis war, daß ich den Eindruck hatte, als ob ich mich an schon Bekanntes nur zu «erinnern» brauchte – eine Erlebnisform, die sich auch in anderen Lebensbereichen wiederholt hat. Hinsichtlich der Geometrie ist es dieselbe Erfahrung, die PLATON in seinen Dialogen als Anamnesis, als «Rückerinnerung», im Zusammenhang mit seiner Ideenlehre erregend geschildert hat.

Was meine frühen Studien betrifft, so muß ich es als ein besonderes Glück ansehen, daß ich schon auf der Schule mit zwei berühmten Naturforschern, dem Physiker PHILIPP LENARD und dem Astronomen MAX WOLF, über deren Söhne, die Klassenkameraden von mir waren, in persönliche, wenn auch nur lose Verbindung kam. Während monatelanger «Kohlenferien» im Ersten Weltkrieg hörte ich so die Experimentalvorlesungen von LENARD, die mich begeisterten. Mit einem der Söhne des Astronomen WOLF war ich eng befreundet; so kam es, daß mir während der Teestunden im Wolfschen Hause auf dem Gelände der Landessternwarte Königsstuhl bei Heidelberg «Privatstunden» in den Elementen der Astronomie von dem großen Astronomen persönlich erteilt wurden. Auch bot sich die Gelegenheit, eindrucksvolle Himmelsobjekte im Fernrohr zu betrachten; damals wie jederzeit hat mich die Schönheit der Naturobjekte, die nur subjektiv erfahrbare Seite der Naturgesetzlichkeit, tief beeindruckt. Da sich Jugendeindrücke besonders stark einprägen, so glaube ich, daß diese Begegnungen die Richtung meiner weiteren Studien maßgebend beeinflußt haben.

Für das Universitätsstudium reif geworden, war es dann mehr und mehr Herausforderung durch die Wirklichkeit, die mich reizte und meine intellektuellen Kräfte anspornte. Ich begann meine Studien in Heidelberg – in der Stadt, in der ich auch meine Jugendjahre verbracht hatte –, hörte Vorlesungen über Mathematik bei O. PERRON, Physik bei LENARD, Geologie bei W. SALOMON-CALVI und Mineralogie bei E. WÜLFING. Daneben übte auch die Philosophie eine Anziehungskraft auf mich aus, der ich mich nicht entziehen konnte; bei HEINRICH RICKERT besuchte ich eine Vorlesung über KANT und bei seinem Antipoden KARL JASPERS hörte ich Geschichte der neuzeitlichen Philosophie, aber erst später habe ich mich mit philosophischen Fragen eingehender beschäftigt. Im ganzen haben mich damals die naturwissenschaftlichen und mathematischen Studien weit mehr befriedigt; stets fühlte ich mich zu konkreten Problemen hingezogen, an denen ich meine Kräfte üben konnte. Die anschaulich-genetische Methode der Geologie, verbunden mit Lehrexkursionen, war mir ein erwünschtes Gegengewicht gegen die abstrakt mathematisch-naturwissenschaftliche Methode.

Da mein Hauptinteresse jedoch schon damals der Physik galt und mir die Einseitigkeiten LENARDS immer mehr bewußt wurden, entschloß ich mich, meine Studien in München fortzusetzen. Hier fand ich in ARNOLD SOMMERFELD den bedeutenden Lehrer, der meine spezifischen Anlagen zu fördern wußte, und zugleich eine Persönlichkeit von stärkster Ausstrahlung, die mich von der ersten Begegnung an in ihren Bann zog. Es war eine wundervolle Zeit, als ich mich in München intensiv mit physikalischen Problemen zu beschäftigen anfing, eine Zeit des Umbruchs in den bis dahin gültigen Anschauungen der Physik, ebenso reich an erregenden Entdeckungen auf experimentellem wie auf theoretischem Gebiet. Wir jungen Leute hatten wohl alle mehr oder weniger den Eindruck, daß sich hinter den vielen Einzelergebnissen, die untereinander für das damalige Verständnis voller innerer Widersprüche waren, eine ganz neue Wissenschaft der Natur, speziell des atomaren Geschehens, verbergen müsse. SOMMERFELD selbst hatte sich ganz der mathematischen Analyse des Atombaus und der spektralen Gesetzmäßigkeiten der Linienspektren zugewandt und glaubte in den mathematischen Strukturen den Schlüssel zu den neuen Erkenntnissen zu finden. Er war tief durchdrungen von der «Harmonie» der Naturgesetze, darin ein später Nachfahre eines PYTHAGORAS und KEPLER. Zugleich war er ein Mann des größten Erfolges in der Handhabung der mathematischen Methoden der Physik, besonders in ihrer Anwendung auf die damals noch junge, durch NIELS BOHR begründete Atomphysik. Ich hatte das Glück, daß mir SOMMERFELD ein Thema für die Promotion vorschlug, das mit den arithmetischen Gesetzmäßigkeiten des Atombaus (Intensitätsgesetze der Spektrallinien) zusammenhing und das ich, gleichzeitig übrigens mit anderen Forschern, definitiv zu lösen vermochte. Es enthüllte unerwartet neue «Harmonices mundi» im Bereiche des atomaren Geschehens. Der wirkliche Durchbruch erfolgte dann, etwa gleichzeitig mit meiner Promotion, durch WERNER HEISENBERG (in der Gestalt der Matrizenmechanik) und durch ERWIN SCHRÖDINGER (in seiner Wellenmechanik) und hat bald darauf als Quantenmechanik durch die Arbeiten von HEISENBERG, M. BORN, P. JORDAN und P.A.M. DIRAC die endgültige Form angenommen. Die von mir und anderen aufgefundenen Intensitätsgesetze wurden tatsächlich durch die Quantenmechanik bestätigt und bilden heute eine der Grundlagen für astrophysikalische Untersuchungen über die chemische Zusammensetzung der Sonne und der Sternatmosphären.

Die Münchner Jahre – nur unterbrochen durch ein Semester in Göttingen, wo ich bei MAX BORN eine später berühmt gewordene Vorlesung über Atomdynamik hörte – und die darauffolgenden Jahre haben zu meiner geistigen Entwicklung wohl am meisten beigetragen. Dazu kam nach Abschluß der Münchner Lehrjahre auf Grund eines Stipendiums ein einjähriger Aufenthalt in Utrecht, wo ich unter Anleitung des holländischen Physikers H.A. KRAMERS, der ein früher Mitarbeiter von NIELS BOHR gewesen war und der in gemeinsamen Arbeiten mit HEISENBERG über optische Dispersion an der Entstehung der Quantenmechanik einen entscheidenden Anteil hatte, tiefer in die Gedanken BOHRS über die Interpretation der formalen Gesetze der Quantenmechanik eingeführt wurde. Unvergeßlich sind mir aus dieser Zeit auch die vielstündigen Kolloquien bei dem geistsprühenden PAUL EHRENFEST in Leiden, einem nahen Freund EINSTEINS. In dieser Zeit entwickelte sich bei mir auch immer stärker ein Hang zur Philosophie, so daß ich meine spezielleren physikalischen Studien wohl auch gelegentlich vernachlässigte. Die erstaunliche Konformität des menschlichen Geistes mit der inneren Struktur der Naturgesetze, die gerade zu jener Zeit durch die Relativitätstheorie und die Quantenmechanik so eindrucksvoll ans Licht getreten war, mag mich damals in diese Geistesrichtung gedrängt haben. Ich hatte das Glück, daß ich mich schon früher an einen um mehrere Jahre älteren Freund anschließen konnte, dessen Hauptinteresse der Philosophie galt und der mir an historisch-philosophischen Kentnissen weit überlegen war; ich habe ihn durch einen frühen Tod verloren. Mit ihm habe ich in dieser Zeit mehrere philosophische Schriften (besonders PLATON, KANT, SCHELLING und manches andere) gelesen – gelegentlich auch in einem größeren Freundeskreis, wozu das Landhaus eines Freundes in dem herrlichen bayrischen Alpenvorland den äußeren Rahmen abgab. Was die Philosophie betrifft, so habe ich sie so gut wie gar nicht durch trockene Buchlektüre, sondern fast ausschließlich im lebendigen Gespräch kennengelernt, so daß ich fast behaupten kann, in dieser Beziehung eine antike Erziehung genossen zuhaben.

Damit waren die eigentlichen Lehrjahre zu Ende gegangen. Nach kurzer Assistententätigkeit bei GUSTAV MIE in Freiburg i.Br. wurde ich theoretisch-physikalischer Assistent bei PETER PAUL EWALD in Stuttgart, wo ich vor allem Anlaß und Anregung fand, mich mit der Theorie des Durchgangs von Röntgenstrahlen durch die Materie zu beschäftigen. Mit einer Arbeit aus diesem Themenkreis habe ich mich an der Technischen Hochschule in Stuttgart habilitiert. Der wohlwollenden Aufnahme meiner Arbeiten durch die Physiker verdankte ich meine Rufe zunächst nach Erlangen und bald darauf nach Freiburg i.Br. Während der Kriegsjahre war ich vorübergehend an der Aerodynamischen Versuchsanstalt in Göttingen (unter der Leitung von LUDWIG PRANDTL) tätig.

Von meinen weiteren wissenschaftlichen Arbeiten möchte ich hier nur so viel sagen, als sie mir die Erfüllung eines inneren Strebens brachten. Auf einer Reise nach Südafrika hatte ich mich, vor allem um mich vor den gewaltigen Natureindrücken zu retten, einer alten Neigung folgend der Pastellmalerei zugewandt. Dies brachte mich auch in theoretischer Hinsicht dem Problem der Farbe näher. Hierbei reizte mich vor allem der Gegensatz zwischen der Ostwaldschen Farbensystematik und der traditionellen Young-Helmholtzschen Farbentheorie. An diesem Gegensatz wurde mir der Unterschied zwischen der Denkweise des Chemikers und des Physikers – beide doch exakte Naturforscher – besonders deutlich. Diese Studien veranlaßten mich bald darauf, mich mit GOETHES Farbenlehre erneut und intensiv zu beschäftigen. Es handelte sich dabei für mich viel weniger um die Ehrenrettung dieses Schmerzenskindes des Goetheschen Genius – welche darauf hinausläuft, daß die Welt des Auges und der Anschauung eine ebenso lückenlos zusammenhängende Schicht der Wirklichkeit darstellt wie die durch mathematische Symbole repräsentierte Wirklichkeit des Physikers – als vielmehr um die erkenntniskritische Frage der verschiedenen Möglichkeiten des Naturverständnisses überhaupt. Diese Arbeiten haben mich wieder auf das Erkenntnisproblem zurückgeführt.

Schon bei meinen ersten theoretisch-physikalischen Studien war ich durch die Tatsache sehr beeindruckt, daß sich alle die komplizierten Interferenzerscheinungen der Optik und der Akustik auf eine einzige Wellengleichung (zusammen mit natürlichen Rand- und Nebenbedingungen) müssen zurückführen lassen können. Aber damals war nur eine einzige strenge Lösung des Beugungsproblems, SOMMERFELDS berühmte Behandlung der Beugung einer ebenen Welle an der Halbebene, bekannt. Zwar hatten HELMHOLTZ und KIRCHHOFF die allgemeine Theorie der Beugung wesentlich gefördert, waren aber doch nicht über eine gewisse Rechtfertigung der Fresnel-Fraunhoferschen approximativen Methode hinausgekommen. Diese Sachlage war vom theoretischen Standpunkt aus unbefriedigend und es reizte mich, mich mit dem Problem näher zu befassen. Es gelang mir, auf Grund des Fourierschen Integraltheorems eine Methode zu entwickeln, die es erlaubte, wenigstens die ebenen Beugungsprobleme in Strenge zu behandeln; die Sommerfeldsche Lösung für die Halbebene konnte auf diesem Wege neu begründet werden. Aus diesen Ansätzen ist schließlich ein umfangreicher, gemeinsam mit K. WESTPFAHL und A.-W. MAUE verfaßter Handbuchartikel hervorgegangen. Schon vorher hatte ich dieselbe Methode auf das Schallfeld einer mit Unter- und Überschallgeschwindigkeit bewegten Schallquelle angewandt.

Erst während des letzten Jahrzehnts habe ich mich daran gewagt, in ein Forschungsgebiet tiefer einzudringen, das meine Studien fast ständig begleitet hatte und in dem ich stets einen Höhepunkt menschlicher Geistestätigkeit erblickt habe: EINSTEINS Lehre von der Gravitation (allgemeine Relativitätstheorie); stellt diese Theorie doch eine einzigartige Verbindung von tiefster physikalischer Intuition, mathematischem Scharfsinn und konstruktiv-künstlerischer Gestaltung dar. Unterstützt durch meine Schüler habe ich die Einsteinsche Theorie nach einigen Richtungen weiter auszubauen versucht. Dabei hat mich besonders die Verbindung der Relativitätstheorie mit der Kosmologie, der Lehre vom Weltganzen, angezogen. Ich glaube im Zusammenhang mit dem sogenannten Machschen Prinzip neue Argumente beigebracht zu haben, welche einen in sich geschlossenen endlichen Kosmos nahelegen. Künftige Generationen werden vielleicht einmal über Endlichkeit oder Unendlichkeit des Universums entscheiden.

Man sieht: Fachmann im eigentlichen einschränkenden Sinne bin ich nicht geworden. Eine tiefe Abneigung gegen das bloße «Fachwissen» hat mich davon abgehalten. Geist sucht überall die selbstgeschaffenen Grenzen zu überwinden, sucht das Unbedingte, die Freiheit. Die wunderbare Erweiterung der physikalischen Erkenntnis, deren Zeuge ich in meiner Epoche wurde und die ständiges Umlernen erforderte, hat mich auch über die Physik hinausgehend geprägt und vor jeder Dogmatik in wissenschaftlicher und sonstiger Hinsicht bewahrt; sie begründete auch meine Einstellung zu den philosophischen und weltanschaulichen Problemen unserer Zeit.

Wie einseitig diese «Rückerinnerung», falls sie als eine Selbstdarstellung gelten sollte, erscheinen muß, liegt auf der Hand. Von den beiden Weltkriegen, den unglücklichen politischen Zuständen in Deutschland, die wichtige Jahre verdunkelt haben, von Krankheiten und persönlichen Verhältnissen war nicht die Rede. Dennoch dürfte dieses Bild meines wissenschaftlichen Werdeganges, über dem ein glückliches Geschick waltete, einigermaßen zutreffend gezeichnet sein.

# Die Autoren der Beiträge

KARIN ALT. Geboren 1928 in Klotzsche bei Dresden; Studium der klassischen Philologie, Philosophie und Germanistik in Tübingen, Freiburg i. Br. und Frankfurt a. M.; 1953 Promotion und Staatsexamen. Schuldienst bis zum Assessorexamen; Tätigkeit am Thesaurus linguae Latinae in München von 1956 bis 1958. Seit Oktober 1958 an der Freien Universität Berlin (Lektorin, später Akademischer Rat); Habilitation für klassische Philologie 1970; seit 1971 Professor.

FRITZ BOPP. Geboren 1909 in Frankfurt a. M.; war nach Promotion und Habilitation in Physik Dozent an den Universitäten Breslau (1941–1944) und Tübingen (1946). 1947 a.o. und seit 1950 o. Professor der theoretischen Physik an der Universität München.

SIEGFRIED BRÖSE. Geboren 1895 in Wolteritz (Kreis Delitzsch); studierte ab 1913 zuerst Natur-, dann Rechts- und Staatswissenschaften an den Universitäten Leipzig und Halle a.d. Saale. Im Ersten Weltkrieg von 1914 bis 1918 Soldat, 1919 in England. 1922 Eintritt in den Dienst der allgemeinen Staatsverwaltung, seit 1930 als Landrat. 1933 Ausscheiden aus dem Staatsdienst. 1934 Fortsetzung philosophischer Studien an der Universität Freiburg i. Br. bei Martin Heidegger. 1945 Ernennung zum Oberregierungsrat im badischen Wirtschaftsministerium. Von 1947 bis 1971 auch Präsident des Kunstvereins Freiburg i. Br. Lebt im Ruhestand in Freiburg i. Br.

HEINZ DEHNEN. Geboren 1935 in Essen. Studium der Physik an der Universität Freiburg i. Br. (Diplom 1959). 1961 Promotion bei Helmut Hönl und 1965 Habilitation für theoretische Physik. Anschließend Privatdozent in Freiburg i. Br. 1968/69 Lehrstuhlvertretung an der Universität München. Ab 1970 o. Professor im Fachbereich Physik der Universität Konstanz.

SIEGFRIED FLÜGGE. Geboren 1912 in Dresden; studierte Physik an der Technischen Hochschule Dresden und an der Universität Göttingen, wo er

1933 zum Dr. phil. promovierte. Anschließend Assistentenstellen an den Universitäten Frankfurt a. M. und Leipzig sowie am Kaiser-Wilhelm-Institut für Chemie in Berlin-Dahlem. 1940 Dozent der Physik an der Universität Berlin, 1944 a.o. Professor in Königsberg, danach in Göttingen; 1947 o. Professor in Marburg und seit 1961 in Freiburg i. Br. Dr. h.c. (Poitiers, Frankreich) 1962, Mitglied der Akademie Leopoldina in Halle 1969.

HANS-GEORG GADAMER. Geboren 1900 in Marburg; studierte Germanistik, Geschichte, Kunstgeschichte und Philosophie an den Universitäten Breslau, Marburg und München; 1922 Promotion zum Dr. phil. bei Paul Natorp. Ab 1924 Studium der klassischen Philologie in Marburg; Staatsprüfung für das höhere Lehramt 1927. 1929 Habilitation in Marburg bei Martin Heidegger; 1933 Lehrauftrag für Ethik und Ästhetik; 1937 Ernennung zum n.b.a.o. Professor. Von 1939 an o. Professor der Philosophie an der Universität Leipzig, deren Rektor er 1946 und 1947 war. 1947–1949 o. Professor in Frankfurt a. M. und seit 1949 in Heidelberg als Nachfolger von Karl Jaspers. Mitglied der Sächsischen Akademie der Wissenschaften zu Leipzig (1940), der Heidelberger Akademie der Wissenschaften (1950; 1968–1972 deren Präsident), der Darmstädter Akademie für Sprache und Dichtung (1951), der Akademie der Wissenschaften in Athen (1970); 1971 Ritter des Ordens Pour le mérite und Träger des Großen Bundesverdienstkreuzes mit Stern.

ANASTASIOS GIANNARÁS. Geboren 1920 auf Syme (Griechenland); studierte klassische Philologie und Philosophie an der Universität Athen (Staatsexamen 1946); anschließend Gymnasialprofessor im griechischen Staatsdienst. 1960 Promotion und 1968 Habilitation in Philosophie an der Universität Freiburg i. Br.; seither Dozent daselbst.

JOHANNES LOHMANN. Geboren 1895 in Diensthop (Niedersachsen); studierte Sprachwissenschaft und Philologie in Berlin, promovierte 1921 und habilitierte sich 1930 daselbst. 1933 nach Freiburg i. Br. umhabilitiert, wo er 1938 zum a.o. und 1949 zum o. Professor für allgemeine und vergleichende Sprachwissenschaft ernannt wurde. Seit seiner Emeritierung (1963) arbeitet er vorwiegend über Probleme der europäischen Wissenschaftsgeschichte und der Rolle der arabischen Philosophie und Wissenschaft in dieser Geschichte.

WOLFGANG MATTIG. Geboren 1927 in Brandenburg (Havel); studierte Astronomie an der Universität Berlin (Diplom 1952, Promotion 1957). 1952–

1961 wissenschaftlicher Mitarbeiter am Astrophysikalischen Observatorium Potsdam. Seit 1961 Mitarbeiter am Fraunhofer Institut in Freiburg i. Br.; 1968 Habilitation in Astrophysik und seitdem Privatdozent an der Universität Freiburg i. Br.

EKKEHARD NOWOTNY. Geboren 1944 in Freiburg i. Br.; studierte Physik und Mathematik an der Universität Freiburg i. Br. (Diplom in Physik 1971). Seit 1971 Aufbaustudium an der Universität Konstanz auf dem Gebiet der relativistischen Astrophysik.

ACHILLES PAPAPETROU. Geboren 1907 in Serrai (Griechenland); schloß 1930 ein Ingenieurstudium an der Technischen Hochschule (Polytechneion) in Athen ab und promovierte 1935 an der Technischen Hochschule in Stuttgart zum Dr. rer. techn. 1940 Professor der Physik an der Technischen Hochschule in Athen. Von 1946 an betrieb er Forschungen auf dem Gebiet der theoretischen Physik in Dublin, Manchester und Berlin. Seit 1960 Directeur de Recherche am Centre National de la Recherche Scientifique in Paris.

ALBRECHT RIETHMÜLLER. Geboren 1947 in Stuttgart; studiert an der Universität Freiburg i. Br. Musikwissenschaft bei Hans Heinrich Eggebrecht und Philosophie bei Anastasios Giannarás. Seit 1971 Promotionsförderung durch die Studienstiftung des deutschen Volkes.

KONRADIN WESTPFAHL. Geboren 1926 in Stettin (Pommern); Studium der Physik an der Technischen Hochschule München (Diplom 1951, Promotion 1954); 1956 Habilitation in theoretischer Physik an der Universität Freiburg i. Br., seit 1966 apl. Professor daselbst.

# Namenregister

Mythische Namen sind *kursiv* gesetzt